疏食圣经

THE
VEGETABLE
BUTCHER

〔美〕卡拉·曼奇尼◎著　　乔　鹏◎译

U0209066

北京科学技术出版社

First published in the United States under the title:

THE VEGETABLE BUTCHER: How to Select, Prep, Slice, Dice, and Masterfully Cook Vegetables from Artichokes to Zucchini

Copyright © 2016 by Cara Mangini

Cover photo by Rachel Joy Baransi, photographed for The Kitchn

Additional photos: Pages 201, 315, and spine art © fotolia.

Page 315 argonaut squash, Rachel Joy Baransi

Published by arrangement with Workman Publishing Co., Inc., New York.

The simplified Chinese translation copyright © 2020 by Beijing Science and Technology Publishing Co., Ltd.

著作权合同登记号　图字：01-2018-3420

图书在版编目（CIP）数据

蔬食圣经 /（美）卡拉·曼奇尼著；乔鹏译. —北京：北京科学技术出版社，2020.5

书名原文：THE VEGETABLE BUTCHER

ISBN 978-7-5714-0816-9

Ⅰ . ①蔬…　Ⅱ . ①卡… ②乔…　Ⅲ . ①素菜 - 烹饪　Ⅳ . ① TS972.123

中国版本图书馆 CIP 数据核字 (2020) 第 034601 号

蔬食圣经

作　　者：〔美〕卡拉·曼奇尼	译　　者：乔　鹏
策划编辑：宋　晶	责任编辑：张晓梅
责任印制：吕　越	图文制作：天露霖文化
出 版 人：曾庆宇	出版发行：北京科学技术出版社
社　　址：北京西直门南大街 16 号	邮　　编：100035
电话传真：0086-10-66135495（总编室） 　　　　　0086-10-66161952（发行部传真）	0086-10-66113227（发行部）
电子信箱：bjkj@bjkjpress.com	网　　址：www.bkydw.cn
经　　销：新华书店	印　　刷：北京宝隆世纪印刷有限公司
开　　本：787mm × 1092mm　1/16	印　　张：21.5
版　　次：2020 年 5 月第 1 版	印　　次：2020 年 5 月第 1 次印刷

ISBN 978-7-5714-0816-9 / T・1045

定价：128.00 元

我对我的家人怀有
无限的爱与感激

致 谢

在本书出版前的 10 年里，我一直有出版一本烹饪书的想法，并在脑海中不断地构思书的内容。在实现这个梦想的道路上，我经历了很多不曾预料的困难，也得到了身边很多人的鼓励。我要向他们表达最深切的谢意。谢谢！

彼得·格林伯格教导我面对所有的事情都要充满信心，并鼓励我不断前行，直到前面的道路清晰可见。萨拉·莫尔顿，你启发了我，你明确告诉我"成功没有捷径，努力方能成功"，并鼓励我去烹饪学校学习。葆拉·卡亚——一位优秀的老师，你对本书付出了很多，并引荐我拜访多里·格林斯潘和"烹饪阁楼"里的一群有烹饪天赋的女性。在她们的鼓励下，我做出了进入美食行业的决定。凯西·刘易斯·派瑞阿莉斯向我展示了成为领导者的意义，并支持我勇敢离开企业领域。我非常感谢你们！

萨拉·柯里德和我在纽约的闺密们，你们的鼓励和友情让我有力量向着一条新的道路前进。瑞安·奥基夫·特斯塔和达娜·塞克斯顿·维维耶，你们的鼓励和咱们的烹饪之旅——从巴黎的小公寓到西班牙的桃树农场——让我勇敢地坚持了自己内心的想法。

厨师长斯蒂芬·巴伯让我确定了职业目标，并让我了解和体会到用当地的食材烹饪意味着什么。安东尼娅·阿莱格拉给了我很多中肯的建议，并给我提供了构思和创作本书的场所。吉姆·怀特，你的教导及勇于尝试的精神让我想要（并相信我能）实现一切梦想。戴夫和南茜·叶伟尔，感谢你们为我提供居所、相信我、与我分享菜谱和美食故事，聆听我的想法并鼓励我，帮我检验所有菜谱，还给我介绍对我有重大影响的人。感谢优秀、有爱的朋友们！

利娅·沃尔夫，感谢你在烹饪研究方面为我提供的巨大帮助。莉萨·雷迪根、伊丽莎白·安德森和沙伦·豪尔科维奇，感谢你们对菜谱进行检验和完善。吉娜·马尼恩，感谢你对我全方位的支持，并教给我专业的菜谱检验方法。艾米丽·曼吉尼，感谢你帮助我研发和检验甜点菜谱。你的烹饪才能和乐于助人的品质给我留下了深刻的印象。我亲爱的哥伦布家族和鲍尔家族的朋友们，感谢你们接待我，支持我和我的小吃货餐厅，感谢你们为本书所做出的贡献及对本书的浓厚兴趣。

斯泰西·格利克从一开始就相信我，认可我对本书的构想，建议我继续努力，寻找最合适的编辑和合作伙伴，让构想成为现实。凯莉·福克斯·麦克唐纳——完美的编辑和合作伙伴，为我提供了完善本书的标准，教我关注细节，使本书趋于完美。能与你一起共事，我感觉非常幸运！感谢你对我和这个项目的信任！

安妮·克尔曼，感谢你不知疲倦地工作，帮我组建了一支优秀的摄影团队并进行图片拍摄，使本书得以成形。感谢主厨花园农场和梅利莎农产品公司为我们的拍摄提供的优质蔬菜。马修·本森，感谢你对蔬菜的爱与热情；感谢诺拉·辛格利和萨拉·阿巴朗，你们在烹饪方面的才华和平稳的心态让一切变得更美好。蕾切尔·乔伊·巴兰西，感谢你为本书拍摄了精美的封面照片。贝姬·特休恩，感谢你为本书所做的设计。

感谢沃克曼出版公司所有支持我的工作人员，特别是那些还在继续帮助我的人——苏西·博洛坦、丽贝卡·卡莱尔、莫伊拉·克里根、贝丝·利维、塞利娜·米尔、瑞秋·蒙·普莱曾特、芭芭拉·佩拉吉内、杰西卡·威纳和道格·沃尔夫。感谢你们诚挚的合作、对本书的热情及为本书所付出的精力。

本·格雷厄姆和小吃货餐厅整个的团队，你们的奉献精神和努力工作的态度使我们的公司不断发展壮大，你们让我有机会规划公司的未来，并帮我宣传本书。伊桑·芬克，你在小吃货餐厅建立初期，就每天尽全力帮我运营餐厅，以便我腾出时间去做与本书出版相关的工作。你还在本书的框架和连贯性上为我提供了很多中肯的建议，并给了我很多灵感；有你的大力支持，我真的很开心。贾内尔·基尔巴尼，你从本书规划开始至成书做了很多努力，感谢你的帮助、指导和建设性意见；没有你，我不可能完成这本书，小吃货餐厅也不可能在我离开的那段时间生存下来。你花了大量的时间帮我对书中的菜谱进行测试，你有敏锐的烹饪本能和独特的关注点，并给了我温暖的陪伴，我不知道该用什么文字来表达对你的感激。

妈妈和贝丝，感谢你们陪我走过本书出版过程中的每一步。你们的付出、洞察力和才华成了本书的一部分。爸爸和尼克，感谢你们成为我的听众，并给予我建议。纳娜，厨房中的大师，你是我的灵感之源，教会了我那么多。感谢我们这个大家庭中的所有人，感谢你们在生活中给予我无限的爱与力量；和你们围坐在餐桌旁时，就有一股神奇的魔力给予我灵感，让我知道该如何完成我所做的一切事情。

汤姆，我完美、无私、勤劳的丈夫：多年来，你支持我、支持本书的创作和出版，为小吃货餐厅付出了很多。我非常感谢你为我所做的一切——洗碗、深夜去杂货店采购、帮小吃货餐厅送外卖、为了我去参加社交活动，以及在没有我陪伴的情况下度过一个个孤单的周末。我永远感谢你为我所做的一切。感谢你相信我并支持我们第一次见面时我向你描述的所有疯狂的想法。没有你对我坚定的信心和坚定不移的支持，我无法完成任何事情。我对我们的下一次冒险充满好奇和期待！

目 录

序

我的祖父和曾祖父都是屠夫，是那种可以娴熟地处理里脊肉和整只鸡的传统屠夫。我虽然也会用刀，但我只会用刀切硬硬的冬南瓜，或把皱皱的羽衣甘蓝切成细丝。

直到在法国、意大利和土耳其旅行期间开始探索烹饪技艺时，我才意识到祖父和曾祖父的手艺早已传给了我。追随着自己的兴趣爱好，我不断旅行，品尝美食，并向那些不费吹灰之力就能将蔬菜处理好的天才主厨和家庭主妇们请教学习。无须预先做太多规划，他们就可以让应季农产品成为每餐的重要组成部分。当时，我在纽约的美容行业有一份不错的工作，可是这些与烹饪相关的旅行经历在我心中埋下了想进入烹饪行业的种子。那些经历鼓励我勇敢跳槽，并努力成为一名专业的厨师。

后来，我进入纽约自然美食学院学习烹饪技巧，这段经历促使我从纽约一路求学来到纳帕谷，其间我不断向各位大厨请教和学习。我曾在一家宜大利*超市餐厅做蔬菜处理工作，这家创意独特的超市餐厅由马里奥·巴塔利和利迪娅·巴斯蒂安尼奇共同经营。从我得到这份工作起，我就知道烹饪蔬菜将是我终生从事的事业。我能感觉到机会正在走向有准备的人。在宜大利，顾客拿着他们挑好的农产品走到我身边，我会对蔬菜进行清洗、去皮、切片，然后打包。我要把卷心菜切成丝，给蚕豆剥壳，给根芹去皮，还要把嫩洋蓟仔细打包。在工作中，我最喜欢教顾客一些处理蔬菜的技巧，并给他们一些关于如何处理家中新鲜蔬菜的建议。看到顾客品尝过我简单处理过的蔬菜后露

出惊奇的表情时，我就相当兴奋。我发现，即使是最挑剔的美食家，也不一定知道切每种蔬菜的最佳方式是什么，他们也需要一些鼓励和启发。这些经历坚定了我将处理和烹饪蔬菜作为一项伟大事业的信念。

之后，我去了加州的纳帕谷，那里到处是蔬菜，让我有机会可以从源头更多地了解蔬菜。我想了解蔬菜从种植、采摘到上餐桌的完整过程。于是，我向当地的农民和厨师陆续提了数百个问题，并得到了切实的回答，之后我也用所学到的为我的客户和学徒服务。后来我又在圣赫勒拿岛的长草甸牧场的有机农场及其下设的餐厅工作。我每天早早到农场为餐厅和农贸市场采摘农产品。我从泥土中挖出土豆，从田地里摘下甜瓜，从植株上剪下传家宝番茄，从高大的树上摘下无花果，从辣椒枝上摘下辣椒。到了晚上，我在餐厅从事流水线工作——备菜、烹饪并端上用我早上采摘的农产品做出的菜肴。

在圣赫勒拿岛和纳帕谷农贸市场，我重新回到了之前处理蔬菜的角色——回答客人的问题，教他们一些与蔬菜相关的知识，并为他们的正餐提供一些建议。我让他们意识到，不仅要会欣赏有光泽的茄子和多褶皱的芥蓝叶，还要知道如何烹饪它们。那段有重大意义的特殊日子进一步印证了我之前的观点：你无须太

---

*宜大利：英文为Eataly，是全世界规模最大、品种最全、集餐厅和超市于一体的意大利超市餐厅。——译者注

多加工，就可以让蔬菜变得很好吃。你只需掌握一些基本的刀工，充分了解如何购买和处理不同的蔬菜，并掌握一些简单易学的菜谱，就可以让烹饪蔬菜成为你的另一种天赋，而且之后你将不再依赖外卖。故此，我开始创作本书。

在纳帕谷期间，我遇到了两位老师，他们为我的职业生涯和个人生活提供了很多有益的建议。一位是安东尼娅·阿莱格拉，她是一位受人尊敬的作家兼美食家，她在她的树屋中为我提供了一间办公室。在那里，我不仅可以俯瞰山谷，阅读她收藏的精美的烹饪图书，还能聆听她非常有益的绝妙建议。另一位是吉姆·怀特，他是一位作家，同时还是一位食品天才，他不仅鼓励我继续帮助人们了解如何在家中烹饪蔬菜，而且建议我在市场上直接用农产品做菜给大家吃。他们不仅以不同的方式让我参加了旧金山莫斯克尼会议中心的食品行业大会——成千上万的参展商在那里进行产品展示和销售，还带我去了珍妮美味冰激凌店展台，与汤姆·鲍尔进行了会面。汤姆陆续给我尝了很多种口味的冰激凌，那是我尝过的最好吃的冰激凌。其间，我还向他提到了我的梦想——有朝一日，开一家创意农产品餐厅和杂货店。几天后，我们又一起吃了一顿商务午餐，还深入地聊了很长时间。自那之后，我就对汤姆的很多想法充满了兴趣（此后，我一直关注着汤姆）。

汤姆劝我来俄亥俄州哥伦布继续做与蔬菜相关的工作。他的家族企业在这片沃土上发展壮大，所以他希望我也可以在这里有一番作为。他告诉我，俄亥俄河谷有很多勤劳的农民、优秀的厨师和上好的蔬菜，这些都可以满足我的需求。因此，在这个意外又完美的机缘下，我嫁给了汤姆，并以此为契机，调整了目标，开始逐步实现自己的梦想。此后，我开了一家创意农产品餐厅——小吃货餐厅，还在哥伦布北部市场开了一家农产品和手工食品联营的专卖店——小吃货农产品供应店。在那里，我和我优秀的团队一起鼓励人们在家中烹饪蔬菜。我和我的事业在哥伦布扎了根，这里有很多优秀的人支持我们。我们与这里勤劳、有想法的农民进行合作，他们为我们提供产自俄亥俄州的最好的蔬菜（汤姆之前说得对极了）。当然，我们也尊重他们的工作，并为他们的健康而努力。

本书是我多年来一直专注于研究蔬菜烹饪的心血的结晶，包含我多年来收集的所有笔记和积累的经验。我希望它可以成为一本蔬菜烹饪的终极指南——本书以实用、详尽的方式简单明了地为大家烹饪蔬菜提供了非常有价值的信息（从某种程度上来说，这些知识可能从来没有人教过你）。在这里，蔬菜是主角，而不是配菜或烹饪完成后才想补充的菜。它们是时尚的、迷人的，而且是非常可口的——它们本就如此。

本书使用指南

本书开篇即为刀具的选择和护理，并介绍了其他便于处理和烹饪蔬菜的工具、设备和厨房用品。你会学到一些常用的刀工（见第9~16页），以及能帮助你快速提高烹饪水平的技巧和方法。

本书包括洋蓟、西葫芦等各类蔬菜。我在书中写了一些我最喜欢的蔬菜的实用信息，并提供了挑选和储存蔬菜的建议。"大厨建议"列出了注意事项，并提供了针对不同蔬菜的"小贴士"和技巧。书中的图解照片可以帮你了解处理蔬菜的各个细节。我还在书中标出了每种蔬菜的最佳食用季节。注意，不同地区的蔬菜生长季节不尽相同，你所在地区的蔬菜生长季节可能比我所在地区的早或晚得多。有些蔬菜在你所在的地区也许全年都是应季蔬菜（那你真是太幸运了）。我建议你关注蔬菜种植方面的信息，以最大限度地保证蔬菜的质量和口味。你会发现（如果你还没有发现）应季蔬菜的味道更好、更具有大自然的气息，而且价格通常也更低。

本书中的大部分蔬菜还配有必学的烹饪方法——这些方法简单明了，方便易学。这部分菜谱与传统菜谱相比更加简单灵活，只要你有时间，就可以在市场或在家里尝试做这些菜（标注了"🐦"的菜谱是自由发挥的菜谱——它们只提供了烹饪的大致操作方法，没有教你详细的烹饪方法，你可以自由发挥，研发出自己的菜谱）。

书中还有些传统菜谱，这些菜谱打破了主菜需要肉、酱汁和淀粉类食物的传统。在本书中，汤、蘸料、小吃和饮品都令人印象深刻，"沙拉"的品种也更多样化，味道也会出乎你的意料。你会发现，在春天你可以在洋蓟中填馅，在秋天可以将花椰菜做成花椰菜排。

别再犹豫，和当地农场签订每周送菜的合同吧！有了这本书，你就可以在厨房熟练地处理案板上所有的蔬菜啦！

我相信，你会为你从本书中所学的菜肴感到自豪，而且当你尝到自己用蔬菜做的佳肴时，你肯定会惊讶于自己的厨艺。

卡拉·曼吉尼

切菜之前必须了解的知识

挑选、储存与清洗

在切菜之前，你必须认真挑选、储存并清洗蔬菜，因为这样才能确保你吃到的是最新鲜的蔬菜，也会为你之后的准备工作和烹饪工作打下良好的基础。在购买蔬菜前，你要确定自己的购买理念，这样在购买时才会目标明确、过程简单。你喜欢社区支持农业模式，还是更爱去农贸市场、蔬菜店或超市？你想购买合格的有机蔬菜吗？我给你一条建议：搞清楚你所在地区的时令蔬菜的生长时间。

挑选

不管在哪里购买，你都要多花点儿时间精挑细选——你一定要挑颜色鲜艳、新鲜的应季蔬菜。这说起来简单，做起来却不容易——千万不要挑颜色暗沉的蔬菜或者过软的、打蔫的、不水灵的蔬菜（有些蔬菜虽然长得不好看，但很新鲜，这种蔬菜你可以放心购买。虽然大自然没有赋予这些蔬菜漂亮的外表，但这不影响它们的食用价值）。在最佳采摘时间内采摘的蔬菜可存放的时间最长，就算储存一段时间再用于烹制美食，它们的口感也很好。农贸市场和蔬菜店中的蔬菜比较新鲜。如果你习惯去超市买菜，那么我建议你挑选应季蔬菜，或者适合长期储存的蔬菜，如洋葱、甜菜、卷心菜、胡萝卜、芜菁甘蓝等。如

有机农产品和转基因农产品

根据美国农业部的标准，合格的有机农产品在生长过程中未使用任何合成农药和转基因技术。对我来说，不管是从蔬菜店还是从农贸市场购买蔬菜，有机蔬菜都更有利于身体健康，也更有利于环境保护。如果你认同我的观点，请购买有USDA认证标志的有机蔬菜。但要记住，农贸市场上的蔬菜不一定就是有机蔬菜。你可以向卖菜的人询问他们种植蔬菜的方式，问一问他们有没有使用转基因种子或施用化学肥料。由于有机农产品认证需要投入不少时间和金钱，所以一些小农户要么对认证并不感兴趣，要么正处于从传统农业向有机农业转型的过渡阶段。

总而言之，我建议你尽量购买有机农产品，尤其是有机蔬菜。调查发现，如果使用传统种植方法，有些蔬菜（如柿子椒、芹菜、生菜、土豆、菠菜、叶用甘蓝）上会残留较多的农药。（苹果、蓝莓、樱桃、葡萄、桃子、草莓等水果上也会残留大量农药。）

什么是转基因农产品？

转基因农产品是指通过生物技术而非通过自然或传统的杂交方法培育的动物和植物，这类农产品的基因结构通过改变和合成DNA的方式被人为改变了。目前，人们对这类农产品颇有争议。支持者认为转基因农产品对农户和消费者都大有裨益，而反对者则质疑此类产品的安全性，并要求给予更多的监管。在我看来，油菜、大豆、玉米等转基因农作物并不安全，而有机农产品则是安全的、健康的。

果能买到当季最新鲜的蔬菜，那么你的前期准备工作就已经完成了一大半，因为你所购买的蔬菜可储存的时间更长，用它们做的菜肴也更可口。

储存

蔬菜在采摘之后越早食用，营养价值和口感越佳，因此购买之后须尽快食用。虽然冰箱湿冷的环境有利于蔬菜的储存，但是你仍然要采取妥当的处理措施，以免蔬菜发霉或腐烂。你可以在装蔬菜的保鲜袋上戳几个洞，或敞开袋口，以保持空气流通（除非蔬菜对储存条件有特殊的要求）。注意，有些蔬菜不用放在冰箱里储存，如南瓜、番茄、洋葱、蒜、土豆、红薯等，这类蔬菜放在厨房中凉爽的地方即可。如果你储存的蔬菜不太新鲜了，我建议你在烹饪前采取一些"抢救措施"，如把不新鲜的或蔫软的部分切掉。

清洗

无论你准备的蔬菜是什么样的（削过皮的或有机的），在烹饪之前你都必须先清洗一下。不下锅烹饪的生蔬菜，需要多清洗几次。在后面的菜谱中，当我认为有必要重点提示时，我会将清洗说明写上去，但默认所有菜谱中都有清洗步骤。

刀具

亲自动手做准备工作是烹饪的一大乐事，如把蔬菜上不好的或不需要的叶子择掉，把绿色蔬菜一片片掰开，把芦笋一段段切好，把豆子从豆荚里一个个剥出来，把西蓝花的小花球一朵朵掰下，将香草细细切碎，将洋蓟外面的老苞片削掉，再用刀把芯取出等。在做烹饪前的准备工作时，最重要的工具便是各种高质量的刀了。

20厘米长的厨师刀是一种多功能刀，几乎可以满足所有的用刀需求。厨师刀握着越舒服越好用，所以我建议你到厨用商店亲自试用后再买。

削皮刀长7~10厘米（我喜欢用9厘米长的削皮刀），在对蔬菜进行精细处理时非常适用，如给番茄去籽、给蒜瓣去皮或处理刺菜蓟。

长锯齿刀长20~30厘米，齿刃深度适中，且很锋利，适合切洋蓟、番茄等蔬菜。

我也喜欢日式菜刀。日式菜刀与长且锋利的西式刀具相比，刀身稍短，呈方形。在我收藏的刀具中，这把刀虽不是必需的，却是一件有趣的"收藏品"，我当初购买时也花了不少钱。在对蔬菜进行精细处理，如细削精切时，我会选择这种刀具。另外，日式菜刀刀面较宽，你如果想把切好的蔬菜从案板转移到其他地方，那么用这种刀就比较方便。

在挑选刀具的时候，你会发现制造各种刀具所用的材料不同，刀的价格也不同。现在市场上大部分高质量的刀具是用高碳不锈钢制成的。这类刀具兼具碳钢刀具的锋利和不锈钢刀具的抗腐蚀特点。大部分信誉好的刀具制造商会为他们的刀具提供终身保修。

刀具的护理

在购买了合适的刀具后，你还要对刀具进行正确的护理。不要用刀去切食物以外的物品，否则刀刃很容易损坏。在做烹饪前的准备工作时，可将不用的刀具平放，并使刀背朝向自己。你也可以在旁边放一

磨刀棒

日式菜刀

锯齿刀

削皮刀

厨师刀

不要觉得刀架上能放很多把刀，就购置很多把刀。我建议你只买三把必需的刀，再另外配一把自己喜欢的刀就够了。

块湿布，每切完一种蔬菜，都将刀具擦拭干净。刀具用完后，需立即用温热的肥皂水清洗干净（刀背朝向你）。注意，切勿将刀具放入洗碗机中。刀柄和刀身都擦干后，你可以将刀具竖直放到磁性刀架上，或插入塑料保护套中。木制刀架占用的空间太大，而且倾斜的插槽会使刀刃变钝。但如果你喜欢用木制刀架，可将刀背向下放入刀架中，而不要将刀刃向下。你可以选用通用刀架或磁性刀架，因为这些刀架不仅可以存放各种形状和大小的刀具，而且不会使刀刃变钝。

用磨刀棒磨刀

让刀刃保持锋利对充分发挥刀具的性能和安全使用来说相当重要（钝刀切蔬菜时不是切碎蔬菜，而是磨碎或压碎蔬菜，而且钝刀易导致手滑，进而伤人）。刀刃由非常精细的、几乎看不见的齿状物组成。平时使用时，尤其用刀切蔬菜的根部或冬

南瓜等坚硬食材时，刀刃极易损坏。这时，即使肉眼看不出来，刀刃事实上已经变钝了。你可以使用金属磨刀棒磨刀。磨刀棒只会将刀刃上的毛刺磨平，将刀刃拉直，使刀恢复之前的锋利状态，并不会使其变得更加锋利。如果用磨刀棒磨了后，刀仍然很钝，那么就得请专业磨刀师傅帮忙打磨了。

我每次在使用刀具之前都会用磨刀棒磨一下刀刃，以期达到最佳的使用效果并保证使用安全。如果你经常使用刀具，你一定要养成在使用前用磨刀棒打磨刀刃或一旦发现刀刃变钝就及时打磨的好习惯。

我的去皮刀使用频率不高，所以我很少用磨刀棒磨它的刀刃。你唯一无法用磨刀棒打磨的刀是锯齿刀——当锯齿刀的刀刃变钝时，你要请专业的磨刀师傅进行打磨。其他的刀具，你可以根据需要自己用磨刀棒打磨。

如何判断刀具是否变钝了？

通常情况下，你用刀切菜时，应该是干脆利落、轻松不费力的。如果你切菜时感觉很费力，或切菜时刀滑了，或蔬菜的切口不整齐，像碾碎、磨碎、锯坏的，那就说明你的刀钝了。切菜时，如果你用了很大力气，还是切不好，这时你就需要磨刀了。

你可以通过一张纸来测试刀具的锋利程度：一只手竖直地拿着一张纸，另一只手拿着刀，冲着纸张小心地划过去（从上到下，或以一定的角度划去一角）。锋利的刀可以干脆利落并轻松地划开纸张，而钝刀则很难划开纸张。即使划开纸张，纸张上也会留下参差不齐的锯齿状切口。

用磨刀石或磨刀器磨刀

如果刀具经过磨刀棒打磨后，切菜时还是不好用，就需要用磨刀石或磨刀器磨刀了。用磨刀棒磨刀的重点是将刀刃上的毛刺磨平，而用磨刀石或磨刀器磨刀则要将刀身打磨掉一部分，磨出新的刀刃。大多数信誉良好的厨房用品商店和刀具商店都会提供这项服务，磨一把刀约 5 美元。

如果你希望能随时磨刀，我建议你使用电动磨刀器。电动磨刀器可以将刀以正确的角度放在磨刀石上。如果你没有磨刀经验，使用普通的磨刀石很难将刀磨好。

握刀方法

握厨师刀的方法有捏握法或抓握法。采用捏握法时需要将拇指和食指放在刀柄的前端，握住刀柄与刀身连接处，这样你就可以很好地控制刀身的顶端。 如果你觉得这种握刀方法不舒服或需要时间来习惯这种握刀方法，你还可以用抓握法，就是将拇指和食指放在刀柄上。

如果削皮刀的长度和重量适中，在切菜时你可以在这两种握刀方法之间随意切换。给洋葱去皮或给蒜瓣去芽时，刀背要抵在手掌上，刀刃朝向与拇指的指向一致，

如何用磨刀棒磨刀？

1. 用磨刀棒磨刀最简单、最安全的办法：在案板上放一块叠起来的抹布，让磨刀棒与案板垂直，磨刀棒的尖端要抵在抹布上，以便固定；刀刃向下，紧贴磨刀棒，刀身与磨刀棒成 20° 角（想象一下划火柴时火柴和火柴盒的角度）；用力握着刀，使刀刃尾部贴着磨刀棒，向后拉磨至刀尖部位。

2. 每拉磨一次换一个刀面，刀身和磨刀棒要一直成 20° 角。重复此步骤5~8 次后，在最后一次拉磨刀刃的两面时，力道要轻一些。最后用抹布擦拭刀具，保持刀刃朝外。

清洁并保养木制案板

案板要用热肥皂水清洗，清洗后需立即将其擦拭干净（切勿用水浸透案板或将案板完全浸入水中，否则案板容易产生裂缝）。如果你想彻底清洁案板，请将醋和水按照1∶5的比例混合后清洗案板。如果你想去除案板上的污渍和异味，可在需要清洁的地方撒上盐，几分钟后用半个柠檬擦拭，最后用湿抹布将案板擦净即可（用蒜和洋葱除异味的效果也很好）。如果你想长期保护好案板并保持其表面干燥，可用食品级矿物油（或某些案板制造商提供的保养剂）擦拭案板。保养木制案板的具体方法如下：用洗净的手或干净的抹布将食品级矿物油或保养剂均匀地涂抹在案板表面；5~10分钟后，用抹布擦去多余的食品级矿物油或保养剂即可。如果你经常使用案板，可每2~3周用食品级矿物油或保养剂保养一次；如果案板的使用频率不高，一个月保养一次即可。

食指和中指按在刀身一侧，以便固定并安全使用刀具，拇指在刀身另一侧作为支点，以稳定刀具。

案板

案板对切菜来说至关重要。案板表面应平整且硬实，这样你在切菜时才能自如使用。在做烹饪前的准备工作时，一块坚固、耐用且不打滑的大案板必不可少。大案板空间大，切菜也安全——别用窄小的案板！一块好的案板放在工作台上会很稳固且不打滑，你在上面切菜时也容易控制。我不建议你使用45厘米×30厘米的案板，至少也要用50厘米×38厘米的案板。

我的首选是传统木制案板。传统木制案板表面美观，且很好用，切菜时可以给人带来愉悦感。我的第二选择是柚木案板，它很耐用。这些案板，特别是大一些的，价格都不低；但如果认真保养，一块案板用一辈子还是没问题的。我建议你选购一块带把手的双面案板。

厚实的塑料案板虽然便宜，也很好用，但很容易刮坏，也容易使刀具变钝，切菜时的感觉也没那么好。为了防止案板打滑，你可以在塑料案板和较轻的木制案板下放一块湿纸巾（每次使用案板后，你都要将案板下面的湿纸巾丢弃，下次使用时换上新的，以免滋生的细菌残留在上面）。钢化玻璃案板表面光滑，切菜时刀容易打滑，而且会损坏刀刃，使刀刃变钝，所以建议你尽量不要使用这种案板。

我还会备一套柔韧性好的切菜垫，在切一些小的、软的，特别是多汁的蔬菜时，将其放在木制案板上。切菜垫在大部分厨房用品店都可以买到。

厨房工具

除了厨房必备的基本设备，以下列出的是我经常使用的厨房工具。其中有些工具虽不是必需的，但是它们在你处理蔬菜时可以帮上很大的忙。

· 刮刀
· 食物搅拌器
· 四面刨
· 滤锅（标准的或双层网眼的）
· 可折叠蒸笼
· 食物料理机
· 手动榨汁机

- 厨用剪刀
- 蔬果刨（最好买有手柄的日式蔬果刨，我最爱用日本京瓷的产品）
- 柠檬刨刀
- 厨房秤（见右侧色框中的文字）
- 蔬菜脱水器
- 漏勺（手柄较长的金属滤网）
- 蔬菜清洗刷（选用天然猪鬃材质且手柄较短的）
- 削皮器（圆形和 Y 形）
- 刨丝刀

基础刀法

为了使蔬菜达到最佳食用口感，不同的蔬菜需要处理成不同的大小和形状，具体请参见"基础刀法图解"（见第 12 页）。每种蔬菜都有自己的特点。蔬菜的表皮是又薄又软的吗？可以直接吃吗？蔬菜的外皮粗糙、干燥或太硬吗？要用削皮器削皮吗？如何将蔬菜切得大小均匀呢？刀法不仅影响烹饪效果，还影响蔬菜与调料的混合以及菜的品相。蔬菜是切块（块的大小）、切条，还是切片（薄片或厚片，方片或圆片）——这些因素都会影响菜的口感。

去皮

如果蔬菜的表皮较薄或纤维较多，你可以用削皮器削皮。在给胡萝卜、黄瓜、茄子、欧洲防风、土豆、蒜叶婆罗门参和红薯去皮时，我建议你使用圆形削皮器；在处理如小红萝卜、芜菁甘蓝（无蜡）、洋姜、冬南瓜等圆形蔬菜，以及芹菜茎和刺菜蓟时，我建议你使用 Y 形削皮器。

削皮刀适合挖核和去皮，特别适合处理表皮很薄、很软或纤维较多的蔬菜，如番茄、黏果酸浆、煮熟的甜菜、蒜、姜、小红葱头、洋葱、芹菜、刺菜蓟和食用大黄。

厨师刀适用于给表皮较厚、较硬、粗糙或呈蜡质的蔬菜去皮，如根芹、凉薯（有蜡）、苤蓝、芜菁甘蓝（有蜡）和表皮既厚又硬的南瓜。

称重

本书中所列的一些菜谱只需用 1 个中等大小的西葫芦或 2 个大番茄——蔬菜的大小对烹饪的效果影响不大时，你可以凭自己的直觉及手头可用的蔬菜量选择用量。但是，当蔬菜的量对烹饪效果影响比较大时，或者对小型蔬菜（如抱子甘蓝和洋姜）称重很有必要时，我会标明蔬菜所需的量。厨房秤（最好是电子秤）可以帮你准确地称出所需的量。

切块、切末和切丝

如果菜肴对蔬菜块的大小没有特别的要求，如炖汤或做蔬菜泥时，粗粗地把蔬菜切一下就行。切后的蔬菜的大小虽然不必一致，但最好差不多大（通常为 2~3 厘米），这样在烹制时可以确保蔬菜受热均匀。在切欧芹等脆嫩的香草和迷迭香叶等比较硬的香草时，你要因材制宜，在保证蔬菜具有一定形状的同时，尽可能切得小些。

切末其实就是把蔬菜切得更小些。在将蔬菜切末的过程中，你要不断调整握刀姿势，以便刀始终在切剁蔬菜，而不是猛烈切剁案板。

在切绿叶蔬菜和叶片较大的香草时，你可以先把它们卷起来，再用厨师刀细细地切，这样切出的菜既好看又匀称。

切片

蔬菜的形状不同，切后的形状也不尽相同，可能是圆片或椭圆片（如胡萝卜），可能是薄片或厚片（如西葫芦或茄子），也可能是丝（如洋葱、茴香根或辣椒）。切好的蔬菜可以直接使用，或者进一步加工成细丝（见本页右侧）。如果想把蔬菜切成纸一般薄的片，你可以用蔬果刨或削皮器（见第9页）。

切菜前，你要考虑蔬菜切完的形状及其与菜品中其他蔬菜的搭配情况。如在切胡萝卜形状的蔬菜、像甜菜之类圆根状的蔬菜、黄瓜之类圆柱形的蔬菜及绿叶蔬菜时，你可以采取基本相同的切法，只需稍微调整一下即可。但在切形状不规则的蔬菜，如洋蓟、刺菜蓟和辣椒时，你要用不同的切法。具体方法参见对应的章节。

蔬菜切片时，请将不拿刀的手放在蔬菜上，手指弯曲，整个手呈爪状，将蔬菜牢牢固定在案板上。握刀的手指关节顺次排列在刀身一侧，把刀握紧。这样才能把菜切好。刀放在蔬菜上要轻轻地切——从刀尖向刀尾切。放在蔬菜上的手要一直保持爪状，根据想要的蔬菜的厚度，指关节向后滑动，以便可以连续地切。

使用蔬果刨

蔬果刨不仅可以刨出非常薄且均匀的片——从纸片般薄到6毫米厚，还可以快速地刨较硬的蔬菜，如甜菜（熟的或生的都可以）、胡萝卜、根芹、黄瓜、苤蓝、洋葱、土豆、萝卜、芜菁甘蓝、洋姜、红薯和芜菁。如果蔬菜需要去皮，那么在切片之前请先削皮。如果蔬菜比蔬果刨的刀片宽，请先将蔬菜切成两半，再分别刨片。

切丝

如果你想切出均匀的细丝（宽2~3毫米），可以用厨师刀或刨丝刀，或将刨丝刀片安装在蔬果刨上。如果你想用厨师刀切丝，见第12页。

刨丝刀的使用方法与用常规的削皮器将西葫芦、胡萝卜、黄瓜、土豆和红薯去皮的方法相同。你可以一只手固定刨丝刀，一只手不断转动蔬菜来刨，或者将蔬菜按在案板上，将刨丝刀按压在蔬菜上，沿着蔬菜表面滑动。

如果你想用装有刀片的蔬果刨切丝，就要调整或更换刀片。一只手按压手托，一只手拿着蔬菜在蔬果刨上来回滑动，以切出均匀的细丝，见第16页图解。

擦丝

四面刨或孔比较大的柠檬刨刀使用起来非常简单。这样的工具可以用来粗加工甜菜、胡萝卜、黄瓜、白萝卜、欧洲防风、土豆、红薯和西葫芦。

大厨建议

· 切片时，握刀具的手腕要直，以便切出厚薄一致的片。如果你想知道自己在切片时手腕是不是直的，你可以看看自己握刀的手：如果你看不到刀刃，那么你的手腕就是直的；如果你能看到刀刃，那么你切出的片就会厚薄不均。如果你切的蔬菜片厚薄匀称，那么你在切别的食材时也会游刃有余。

如果你想把蔬菜擦成细丝，你可以用四面刨上最小的出丝孔，或者用柠檬刨刀最小的出丝孔擦丝。这两种工具在将柑橘类水果的果皮、蒜、姜和辣根擦丝时，特别好用。注意，在使用柠檬刨刀擦丝时，不要来回擦，要一直沿一个方向擦。

当然，你也可以使用安装了擦丝刀片的料理机快速地将较硬的蔬菜切成细丝——尤其是当有很多蔬菜需要处理时，比如你不仅要处理一棵卷心菜，还要处理一堆土豆、红薯和根芹。所以，当准备做卷心菜沙拉、蔬菜蛋糕或者油炸杂菜时，你可以考虑使用食物料理机。

相反，当需要处理的蔬菜量比较少时，如仅需要处理少量的卷心菜、抱子甘蓝、菊苣、芽苣等小棵蔬菜时，你可以使用厨师刀。

1. 粗粗地擦蔬菜时，请先将蔬菜末端切整齐，之后用均匀的力道将蔬菜按在四面刨最大的出丝孔上来擦。
2. 将柑橘类果皮或蔬菜擦细丝时，请用柠檬刨刀。在擦丝时，要沿着同一个方向擦（在处理柑橘类水果的果皮时，如果看到了白色部分，就不要再擦了）。

基础刀法图解

你可以在后文具体介绍每种蔬菜的切法时了解相应的刀法。不过，基础刀法可以用来处理大部分蔬菜，大部分蔬菜都可以归到以下基本形状中，如像胡萝卜一样的圆锥形、像西葫芦一样的圆柱形、圆形蔬菜以及绿叶蔬菜，形状相似的蔬菜处理时采用的刀法也相似（在切菜前，请先根据蔬菜的形状用削皮器、削皮刀或厨师刀削皮）。

切像胡萝卜一样的圆锥形蔬菜

如胡萝卜、欧洲防风、黑婆罗门参和白蒜叶婆罗门参

切圆片、椭圆片或丝

1. 将蔬菜放在案板上，切去两端。将刀放在蔬菜上竖直切下，就可以切出圆片了（用蔬果刨也可以刨出纸片般薄的圆片，见第 16 页；在刨较大的根茎类蔬菜时，可以先从中间剖开，再用蔬果刨刨片）。

2. 如果想切出椭圆片形，须斜向切。这样切出的片表面积比较大，方便烧烤或者叠在一起后进一步细切。

3. 如果想切丝，须先将切好的片堆叠后再切。切的丝要细且均匀。

切粗条、细条或丁

1. 将蔬菜切成 2~3 段。

2. 切条：较粗的根茎可以均匀切成 4 份；较细的根茎或者根茎末端可以均匀切成两半（处理中心木质化的大个欧洲防风时，你可以将切好的长条立起来，切去木质化部分）。蔬菜头部第一次切出的条可能仍然很粗，这时可以再将其切成 6 根或 8 根细条，以满足烹制的需求。

3. 如果想切丁，可以将切好的粗条并排放在一起，想要多大的丁，就切多大。

切西葫芦形状的圆柱形蔬菜

如黄瓜、长茄子、土豆、红薯和西葫芦

切圆片或椭圆片

1. 将蔬菜放在案板上，先切去两端，再将刀竖直切下，就可以切出想要的圆片了（用蔬果刨也可以刨出纸片般薄的圆片，见第16页）。
2. 如果想切椭圆片，须斜向切。

把椭圆片切成粗条或细条

将2~3片椭圆片堆叠后，按想要的宽度切长条。

切粗条、细条或丁

方法 1

1. 切去蔬菜的两端，然后从中间切成 2 段。
2. 将每段切面较大的一面向下，立在案板上，竖着切为两半。在切黄瓜时，如有需要，可以用小勺将黄瓜籽掏出。
3. 将蔬菜段放在案板上，蔬菜皮朝下，切成 4 根长条（一共可以切出 16 根长条）。
4. 如果想切丁，就将切好的长条并排放在一起，切出大小均匀的丁即可。

方法 2

1. 切去蔬菜的两端，然后从中间切成 2 段。
2. 将每段切面较大的一面向下，立在案板上，按想要的厚度切片。
3. 将片堆叠后按想要的宽度切条。
4. 如果想切丁，就将切好的条并排放在一起，切出大小均匀的丁即可。

切圆形蔬菜

如甜菜、根芹、凉薯、苤蓝、萝卜、芜菁甘蓝、芜菁、圆茄子和圆南瓜

去皮

1.切去蔬菜的两端，切出平整的切面。
2.把蔬菜立在案板上，切面较大的一面朝下，从

上至下削皮。
3.将残留的皮或皮下纤维较多的部分削去。

切圆片

1.切去蔬菜的两端，切出平整的切面。
2.将蔬菜立在案板上，切面较大的一面朝下，按想

要的厚度竖直切片（用蔬果刨也可以刨出纸片般
薄的圆片或半圆片，见第 16 页）。

切条或丁

1.将 2~3 片圆片堆叠后，按想要的宽度切条。

2.如果想切丁，就将切好的条并排放在一起，切出
大小均匀的丁即可。

蔬果刨安全使用注意事项

刚使用蔬果刨时，你可能有点儿手生，不过熟能生巧，多使用几次你就能自如使用了。在练习使用蔬果刨时，请务必使用配备的护手器。护手器有助于你对蔬菜稳定施压，使蔬菜在刀片上来回擦动。如果你想更好地保护自己，我建议你准备一双有弹性的防割手套——这种手套在大部分厨房用品店都可以买到。请妥善放置蔬果刨，否则它有可能在你不注意的时候对你造成伤害。请特别留心蔬果刨的刀刃，如果刀刃朝外，要提醒周围的人多加注意。

如何使用蔬果刨

1. 调整蔬果刨的刀片，以切出你想要的厚度的片。
2. 将蔬菜需要刨的那一面按在蔬果刨的刀片上，另一只手握紧上方的护手器。

注意，使用时尽量小心，按压时用力要均匀，前后滑动蔬菜，就可以切出厚度均匀的片了。当护手器碰到蔬果刨凸起的平面时请停下来，此时蔬菜已经刨完了。

切绿叶蔬菜和香草

如绿甘蓝、羽衣甘蓝、芥蓝、瑞士甜菜、罗勒和薄荷

切条并剁碎

1. 将几片菜叶堆叠起来，沿主叶脉对折。
2. 将对折后的菜叶卷成卷。
3. 横着细细地切，就可以切出条了。

4. 若需要将菜叶剁碎，就将切出的条并排放在一起，从一头向另一头细细地切即可。

厨房必需品

除了厨房的基本设备和刀具外，在烹制蔬菜时你还可以放一些能提味的东西，这样菜肴的味道会更好。本书中的菜谱会用到橄榄油、盐、胡椒、葡萄酒醋、柠檬汁、香料和枫糖浆等基本原料，你还会用到谷物、豆类、坚果和奶酪等，这些食材会让菜肴更可口。只要你习惯使用它们，并且了解配比情况及如何使用，那么即使没有菜谱，你也可以自如地烹制出美味。

橄榄油

在我看来，特级初榨橄榄油是蔬菜的最佳拍档。橄榄油的品质一定要优良，而"优良的品质"这一说法太过宽泛。我建议你在烹制时使用味道温和的橄榄油。你要找到一种自己最喜欢的橄榄油（不用太贵），坚持长期使用。在菜肴出锅时，你要使用味道浓郁的橄榄油——我称为"家里最好的特级初榨橄榄油"。你可以将这种橄榄油淋在生的或者水煮的蔬菜上，也可以用面包蘸着吃，或摆盘时做装饰。

其他植物油

芥花籽油、玉米油、大豆油、红花籽油、葵花子油和葡萄籽油（我最喜欢的植物油）等植物油都有微妙的风味。这些油的发烟点较高，所以也适用于油炸。发烟点即油开始冒烟时的温度，此刻油开始分解。

不管你选用哪种植物油，请确保你用的是有机油，而不是转基因油（尤其是玉米油和大豆油，见第 4 页）。

盐

除非另有说明，我通常用细海盐调味，最后我会往菜肴中撒一些片状海盐。莫尔登海盐是我日常用盐的首选。烹制一些特殊菜肴时最后我会使用一些盐之花（盐之花代表最高品质的盐）。盐之花不仅口感和风味绝佳，溶解也很快。

醋

我经常在厨房里储存一些红葡萄酒醋、白葡萄酒醋、意大利香醋、香槟酒醋、雪利酒醋和未经过滤的苹果醋，用于调制油醋汁。我还储存了白米醋，我会将这种味道较淡的醋加入沙拉酱或者炒菜酱中，用来提味。要注意的是，白米醋有时也叫米醋，你应该不想用含糖的调味白醋。

柑橘类水果

我经常用从橙子、柠檬和青柠等水果中直接挤出的果汁来调味。我喜欢用柠檬刨刀刨果皮屑，并用手动榨汁机榨取果汁。

糖

我喜欢在甜点中加入适量白砂糖、红糖或糖粉；我还会使用一些未经提炼的天然甜味剂，如枫糖浆和蜂蜜等，以平衡味道。

盐水

如果在烹制蔬菜、意大利面或谷物的食谱中要求用"煮沸的盐水"，你要在水中多加些盐。不过，盐的用量还是由你自己定。我建议每汤匙盐兑4~5升水。如果蔬菜、谷物和豆类需要长时间炖煮，且在水分减少时会吸收盐分，那么你就不必在水中加盐或用"只加了一点儿盐的沸水"煮。在后一种情况下，你只需添加少量的盐。

枫糖浆

纯枫糖浆是我首选的甜味剂。浅琥珀色的枫糖浆因其纯正独特的味道而好评如潮。我建议你平时储存一些枫糖浆，以备调配沙拉酱或给生蔬菜调味时使用。颜色较深的枫糖浆，味道更浓，但烹制后味道会变柔和。你可以在烤蔬菜或做甜点时用此类枫糖浆。

蜂蜜

我在本书中提到的蜂蜜指的是纯天然的原蜂蜜。这种蜂蜜没有经过高温杀菌，散发着清悠的香味，与杂货店中售卖的工业化生产的蜂蜜有很大的不同。另外，许多人认为，距离你所在地较近的蜂蜜产地出产的蜂蜜可以帮你有效地缓解季节性过敏症状——这是蜂蜜的附加优点。

谷物

如果你的厨房储存了很多不同的谷物，那么你随时可以做出各种美食。

你可以用水简单地焖煮谷物，也可以用高汤为其提味（为获得最佳口感，请遵循包装说明）。烹制谷物时为了获得最好的风味，你要先在平底锅或小炖锅中用食用油或黄油中火烘炒谷物；或者在加入谷物前，先在锅中放入蒜和香料等煎炒，用以提味。

干豆

干豆是人体基本的蛋白质来源，并且对烹制蔬菜至关重要。浸泡和煮干豆虽然需要一定的时间，但制作过程却很简单。干豆的口感和风味也比罐装的好得多。具体方法如下。

1. 将豆子中的小石子等杂物挑出。
2. 洗干净豆子，之后在水中浸泡4~6小时，或浸泡一夜，以缩短煮豆子的时间。
3. 沥干、冲洗豆子，将豆子放入一口大炖锅。在锅中倒满水，大火煮沸后，撇去浮沫。5分钟后，改为小火慢煮。煮时，不要盖严，翻动豆子，将下面的豆子翻上来，不时搅拌，并根据需要添加热水，直到豆子变软。一般豆类煮45分钟~1.5小时即可变软，而一些厚皮传家宝品种的豆类则需煮3小时左右。豆子快煮好时，可加少许盐提味。

如果你想给豆子多加点儿味道，可在加水前将炒好的调料（如切碎的蒜、洋葱、茴香叶和整片的月桂叶）加入锅中。

罐装豆

虽然我不在我的餐厅里用罐装豆，但是我会在家里储存一些罐装豆（不含可能引发多种疾病的工业化学品双酚A）或者一种更好的产品，即利乐盒装豆。如果我没有时间提前准备，我就用利乐盒装豆。不过，罐装豆在使用前要过一过水。

红豆：1 杯干豆 =3 杯煮熟后的豆；煮 40~45 分钟即可变软。

黑豆：1 杯干豆 = 约 2½ 杯煮熟后的豆；煮 45 分钟（有时需 1 个多小时）即可变软。

意大利白豆：1 杯干豆 = 约 2½ 杯煮熟后的豆；煮 1~1.5 小时即可变软。

白扁豆 / 塔布豆 / 法国白豆：1 杯干豆 = 约 2¼ 杯煮熟后的豆；煮 1~1.5 小时即可变软。

鹰嘴豆：1 杯干豆 = 约 2½ 杯煮熟后的豆；煮 1.5~2 小时即可变软。

博罗特豆：1 杯干豆 = 约 2½ 杯煮熟后的豆；煮 45~60 分钟即可变软。

小扁豆：1 杯干豆 = 约 2 杯煮熟后的豆；煮 20~30 分钟即可变软。注意，不要长时间煮（煮之前可以不提前泡豆，但是如果提前泡 1~2 个小时，那么煮出来的效果会更好）。

豌豆瓣：1 杯干豆 =2 杯煮熟后的豆；煮 20~30 分钟即可变软。注意，这种豆不宜煮太长时间。

坚果和种子

我喜欢储存一些烤坚果和种子，如杏仁、核桃仁和南瓜子。请务必将冷却后的烤坚果存放在密闭容器中，并于一周内吃完。你还可以将生坚果（特别是不常用的坚果）放入密闭容器或冷冻袋，冷冻起来。这样能储存数月。

核桃仁、榛子等烤坚果和芝麻油等种子油可用于调拌沙拉酱，也可在做蔬菜泥、蔬菜汤或烤、蒸蔬菜时做装饰。坚果和种子如果存放在冰箱中，可以储存 4~6 个月；如果储存更长时间或在常温中存放，就会变质。使用前，凝固的油块要放在室温环境中回温（如果你不想花时间等，可以将盛放油块的瓶子放在温热的水中，加热至室温）。

烘烤坚果时，请先将烤箱预热至 190℃，之后将坚果平铺在有边的单层烤盘中。烘烤时注意观察坚果，烘烤时间到一半时翻动一下，直至坚果飘出香味并呈金黄色（较小的坚果熟得更快），整个烘烤过程用时 5~12 分钟。在使用或储存坚果前，你需要将烤好的坚果完全冷却，因为冷却后的坚果更脆。

烘烤种子时，你需要将它们放在一口干的大煎锅中用中火烘烤。在整个烘烤过程中，你要不停地转动煎锅，直到种子飘出香味且呈金黄色，整个烘烤过程用时 3~5 分钟。此方法也适用于烘烤松子和少量（1~2 把）其他品种的坚果。

面包糠

自制面包糠很容易，其质量也远胜于从商店买的原味面包糠。本书所列的菜谱中用到的面包糠要么是粗粒面包糠，要么是精细的面包糠——都是新鲜的、烘烤过的或风干的。我会用手边剩下的各种面包做面包糠。请注意，50~60 克面包可以做出 1 杯左右的鲜面包糠（烘烤或烘干后，它们会缩小约 1/3）。你可以将鲜面包糠放在密封袋中，冷藏可保存数天，冷冻可保存数周。

做鲜面包糠时，请用锯齿刀切去面包较硬的外表皮（除非面包很软），之后将面包撕成几块，以便放入食物料理机中。

在做粗粒面包糠时，将面包搓成蓬松的、大小不一的面包糠。大小不同的面包糠会丰富食物的口感。

在做精细的面包糠时，揉搓面包使面包变成大小均匀的碎屑。如果需要更精细的面包糠，可以将面包糠进行烘烤。

烘烤面包糠时，请先将烤箱预热到180℃。将面包糠放入碗中，加入 1 小撮盐，每杯面包糠加入约 2 茶匙橄榄油。将面包糠放在烤盘上，薄薄地铺开。烘烤时偶尔翻动一下，直至面包糠呈金黄色，整个烘烤过程用时 10~15 分钟。

烘干面包糠时，请先将烤箱预热至120℃。将鲜面包糠铺在较浅的烤盘中，之后将烤盘放在烤箱中层烘烤，其间翻动一次，直到面包糠变干且呈金黄色。精细的面包糠烘干约需 10 分钟，大颗粒粗面包糠约需 15 分钟。（或者将面包糠在已断电、但温度仍然很高的烤箱中放一夜——第二天千万别忘了取出面包糠哦！）

脆面包片

脆面包片是用于搭配各种蔬菜的小的烤面包片。本书所列的菜谱中经常使用脆面包片，脆面包片可用于蘸酱或涂酱，或用于搭配软质奶酪和精心准备的蔬菜。

在做小的脆面包片时，你可以购买直径约 8 厘米（普通法棍或意大利面包都不错）的面包，将其切成 1 厘米厚的片。将烤箱预热至 200℃，将面包片铺在单层或双层烤盘上，注意面包片之间要留一定的空隙。你也可以先用橄榄油刷一下面包片再烤，烤 6~10 分钟，面包片就会变脆且呈浅金色。若烘烤过度，面包片会变干、变硬。脆面包片最好趁热吃。你也可以提前几个小时烘烤，待脆面包片在烤盘上完全冷却后再储存起来。

在烤大的脆面包片、开放式三明治或法式三明治时，我建议你使用天然酵母硬面包、酸面团面包或有嚼劲的球形硬皮面包。将面包切成 0.6~1.3 厘米厚的片。将烤箱预热至 200℃后（做少量面包片，用烤面包机即可），将面包片铺在单层或双层烤盘上，面包片之间留一定的空隙。烘烤6~10 分钟，面包片就会变得有点儿脆且呈金黄色。烤后的面包片有一定的嚼劲，而不应是干干的、硬脆的或难嚼的。

奶酪

本书的许多菜谱中使用的是帕尔玛干酪，建议你使用印有 "Parmigiano-Reggiano" 的上品。在菜肴烹制完成后，你可以在菜肴上撒一些帕尔玛干酪碎，这很简单，我经常这么做。真正的帕尔玛干酪会为各种蔬菜增添无与伦比的口感和浓浓的坚果味。

格拉娜·帕达诺干酪是一种硬质奶酪，其风味和口感与意大利同一地区的奶酪相似，但价格较低，可以替代帕尔玛干酪。

注意，千万不要买已经制作好的奶酪碎，这种奶酪碎没有什么味道。

酸奶

买全脂或低脂的原味酸奶，不要买脱脂酸奶。全脂或低脂的原味酸奶味道更丰富、更好且有奶油的口感。你品尝后，就会发现它们之间的差异了。

蔬菜高汤

从商店购买高汤确实很方便，不过这种高汤的味道远不如家里自制的味道好。

其实自制蔬菜高汤并不难。在本书中有很多制作各种口味高汤的菜谱，你可以用未用完的蔬菜做高汤。菜与水的比例为1:2，将蔬菜放入锅中炖40分钟~1小时，直至蔬菜的营养成分和味道从中渗出，之后将蔬菜捞出（如果未用完的蔬菜比较多，你可以将菜与水的比例调为1:1，这样做出的高汤味道更浓郁）。如果未用完的蔬菜较少，你可以先将蔬菜冷冻，等有足够的剩余蔬菜时再制作高汤，或者加入大块的胡萝卜、芹菜和洋葱，以增加高汤的味道。一些不错的高汤配料有：芦笋的末端和芦笋皮，洋蓟外面深绿色的苞片（处理下来的），玉米皮，干净的洋葱皮。深绿色的韭葱尖，番茄碎和茴香叶，罗勒茎和欧芹茎，红辣椒尖（去除茎干）和蒂，葱段，胡萝卜皮、欧洲防风皮和芜菁皮及其他切下不用的部分，硬的或不用的蘑菇菌柄，多纤维的南瓜瓤和南瓜子。

如果你想用罐装或盒装的高汤，就要明白产品不同，质量和钠含量也不同。你可以试用各种高汤产品，之后从中选出最喜欢的一种（我常备一盒太平洋或斯旺森牌的有机蔬菜汤）。你在挑选高汤时要选钠含量低的，也要根据其中是否加盐来决定在做菜时是否再加盐。

● 棕色蔬菜基础高汤
2~3升

准备1个大洋葱（切成5厘米长的片）、2根胡萝卜（切成5厘米长的条）、2根芹菜的茎（切成3厘米长的段）。你还可以准备1根欧洲防风（切成5厘米长的条）、1个茴香根（切成4块）、1根韭葱（清理干净并切成4段）、110~230克蘑菇和5~8瓣蒜（捣碎）。在锅里倒入3~4升水，放入

蔬菜，高温煮沸。撇去浮沫后，放入2片月桂叶、6根新鲜的欧芹茎、2枝鲜百里香和6粒黑胡椒。将火调小，煨1小时左右，直至蔬菜完全变软，最后加1~2撮盐调味。待高汤冷却片刻后，用网眼较小的双网滤勺过滤高汤。此高汤在密封容器中冷藏可保存4天，冷冻可保存3个月。

● 营养丰富的烘烤蔬菜高汤
3~4升

将烤箱预热至200℃。准备1个大洋葱、2根胡萝卜、1根欧洲防风和1个茴香根，分别切成5厘米长的条（将切除的部分留下）。你还可以准备1根韭葱（切成5厘米长的段）、1个红柿子椒（去茎、去籽、切成粗条）、1个芜菁（切成3厘米见方的块）。将蔬菜与5~8瓣未剥皮的蒜放在铺了烘焙油纸的烤盘上。在烤盘上淋少许橄榄油，放入少量细海盐，轻轻地颠一下烤盘（如果有的蔬菜相互压着，也没关系）。

在烘烤时间到一半时，可以翻动一下蔬菜，烘烤至蔬菜变软并呈浅焦黄色，整个烘烤过程用时30~40分钟。随后将蔬菜转移到一口大锅中，倒入4~5升水后开始加热。你还可以加入处理蔬菜时切除的部分。煮沸后，撇去浮沫，加入2片月桂叶、6根去叶鲜欧芹茎、2枝鲜百里香、2枝新鲜迷迭香和6粒黑胡椒。将火调小，煨1小时左右，直到蔬菜完全变软。最后加1~2撮盐调味。

待高汤冷却片刻后，用网眼较小的双网滤勺过滤高汤。此高汤在密封容器中冷藏可保存4天，冷冻可保存3个月。

洋 蓟

洋 蓟苞片较尖，顶端苞片紧实，花芽看起来被保护得密不透风，也许不宜食用。诚然，我们要处理掉洋蓟的叶尖，并除掉洋蓟上的绒毛，但隐藏其中的可口的叶子和脆甜的洋蓟芯却是美味。一旦你掌握了烹制前的基本准备工作，你就可以变着花样享受这个妙不可言的"报春者"了。

最佳拍档

芦笋、意大利香醋、面包糠、细叶香芹、蚕豆、蒜、山羊奶酪、柠檬、蘑菇、新土豆、橄榄油；橙子、帕尔玛干酪、欧芹、豌豆；玉米粉、腌渍乳清奶酪、红葱、龙蒿、百里香、白葡萄酒。

最佳食用季节

春季（秋季也可以）。

品种

绿球洋蓟（顶部大，苞片厚）、紫色洋蓟（顶部细长，苞片呈紫色且较尖）和嫩洋蓟（顶部小，叶与绒毛可食用，生吃也可以）。

挑选

若洋蓟大小差不多，要挑选重量较重、苞片紧实的洋蓟。摩擦洋蓟的苞片，以确定其新鲜度；如果洋蓟是新鲜的，苞片会发出吱吱声，并且花萼周围的外层小苞片会噼啪作响。不要购买苞片呈褐色或黑色且干燥分散的洋蓟。但如果洋蓟上只有些黑斑，倒没关系，不会影响味道；如果洋蓟的茎变黑了，你可以剥皮后再食用。蒸熟或煮熟的洋蓟，吃起来相当有肉感。

储存

将洋蓟密封在保鲜袋中，放入冰箱。洋蓟须尽快使用（洋蓟在收获后不久，水分就开始流失），最好在购买后的几天内食用。

蔬菜的处理

去掉苞片和绒毛

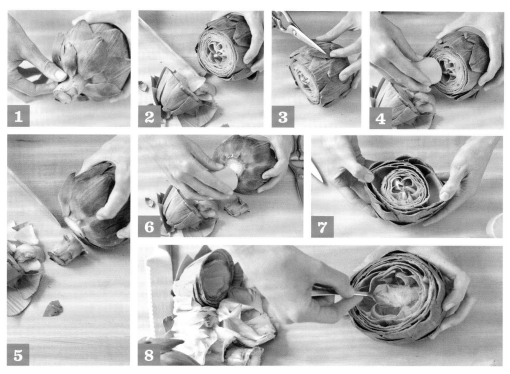

1. 在碗中倒入柠檬水（见第 25 页 "大厨建议"）。去掉洋蓟底部和茎上小而硬的苞片。

2. 用锯齿刀将洋蓟顶部 1/4~1/3 切掉，剪去苞片尖端。

3. 旋转洋蓟，剪掉剩余苞片的尖端。

4. 用柠檬擦拭切面。

5. 用锯齿刀或厨师刀将茎平齐切下，以便洋蓟能立在案板上。（如果茎有 5~15 厘米长，你可以用削皮刀或削皮器去皮，然后煮熟，见第 26 页。）

6. 用柠檬擦拭切面。

7. 如果你想在洋蓟中填充馅料，可以掰开苞片，使中心部分露出。

8. 用勺子（最好是葡萄柚匙）掏出中心部分带刺的苞片和绒毛。将洋蓟放入柠檬水中，烹饪时再取出。

切成 2 等份或 4 等份

（大洋蓟）

 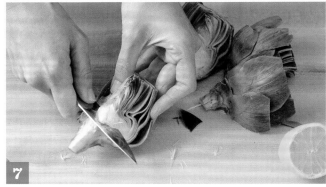

1. 在碗中倒入柠檬水（见第 25 页 "大厨建议"）。择去底部和茎上小而硬的苞片。

2. 用锯齿刀将洋蓟顶部切掉（切记：用柠檬擦拭所有切面）。

3. 用厨用剪刀剪去苞片尖端。如果有茎，保留茎。

4. 用削皮刀削去茎上坚硬的纤维质表皮。

5. 用锯齿刀将洋蓟纵向切成 2 等份，用勺子将洋蓟芯里的黄色苞片和绒毛掏出。

6. 如果想将洋蓟分成 4 等份，你可以将切成两半的洋蓟再次纵向切开。

7. 用削皮刀切除洋蓟绒毛。将洋蓟放入柠檬水中，烹饪时再取出。

切成 2 等份或 4 等份

（嫩洋蓟）

1. 在一个中等大小的碗中倒入柠檬水（见下方"大厨建议"）。用锯齿刀切掉洋蓟的底部和顶部的 1/4。

2. 掰下洋蓟外层较硬的苞片，直至露出较软的、浅绿或偏黄的苞片。将洋蓟浸入柠檬水中，之后取出。

3. 用削皮刀削掉茎及底部坚硬的纤维质表皮，并将外层的苞片剥掉。如果小洋蓟的直径超过 8 厘米，可以纵向切成 4 份；如果小于 8 厘米，则切成差不多大小的两半即可。

4. 如果芯内已经长有绒毛，用勺子将绒毛掏出。将洋蓟放入柠檬水中，烹饪时再取出。

大厨建议

·紫色的球形洋蓟最适合蒸、煮、烤、炖，大个的洋蓟还可以塞入馅料。

嫩洋蓟可以蒸、炖、烤。洋蓟也可以生吃，切成薄片后，放入柠檬汁、橄榄油和帕尔玛干酪搅拌均匀，即可食用。

·为了防止洋蓟氧化变成棕色，我建议你在切好洋蓟后立即用 1/2 个柠檬擦拭切面，之后将其放入柠檬水中（水中兑入柠檬汁，并放入 1~2 块切成两半的柠檬）。准备烹饪时再取出。你还可以

将洋蓟泡在柠檬水中，盖好后放在冰箱中可冷藏 24 个小时。

·不要忘了吃洋蓟芯哦！一旦将洋蓟苞片吃完后（如果烹制前你没有掏绒毛），要用勺子或黄油刀将纤维质绒毛从鲜嫩的洋蓟芯上切除。

·你也可以从商店买冷冻的洋蓟芯。冷冻的洋蓟芯不如新鲜的口感好。但如果你需要大量的洋蓟芯做菜时，冷冻的洋蓟芯比较方便，如烹制洋蓟托塔饼（见第 29 页）时。

最适合的烹饪方法

蒸洋蓟

将蒸笼放入一口大锅中，向锅中加入足量的水。将洋蓟顶部朝上放在蒸笼上；如果洋蓟比较多，可以将多个洋蓟放在一起蒸。大火将水烧开后，盖上锅盖，蒸至洋蓟外层的苞片可轻松掰掉，茎完全变软，且洋蓟芯用削皮刀可以轻松穿透。嫩洋蓟要蒸 8~12 分钟，中等大小的洋蓟要蒸 20~30 分钟，大洋蓟则需蒸 30~40 分钟。蒸洋蓟时，若水变少，需加水。

煮洋蓟

将洋蓟放入煮沸的盐水中，并放入 1~2 块切成两半的柠檬。在洋蓟上扣一个与锅口差不多大的、隔热的盘子或盖子，盘子或盖子要重一点儿，以便能稳稳地把洋蓟压入水中。小火煮至洋蓟叶片变软，且洋蓟芯用削皮刀可以轻松穿透。整个过程用时 10~30 分钟，具体时间可以据洋蓟大小而定。

煮好的洋蓟苞片和洋蓟芯可以蘸着熔化的黄油、微咸的橄榄油、意大利香醋调制的混合酱料，龙蒿酸奶酱（见第 179 页）或辣根奶油酱（见第 281 页）吃。

烤嫩洋蓟

烤嫩洋蓟既快又简单。将嫩洋蓟切成两半后，放在有边的烤盘上。在嫩洋蓟上涂抹大量的橄榄油，并用盐和胡椒粉调味。将嫩洋蓟平铺在烤箱的单层烤盘中。烤箱预热至 200℃，烤 15 分钟，直至洋蓟开始变软且呈金黄色。将洋蓟翻面，再烤 10 多分钟，直至整个洋蓟外脆里嫩。

烹制洋蓟茎

先将洋蓟茎坚硬的纤维质表皮去掉，洋蓟茎可以不切，也可以切成薄薄的圆片。将洋蓟茎与洋蓟的其他部分一起蒸或煮 10~20 分钟，直至洋蓟茎完全变软。具体蒸煮时间视洋蓟茎的大小而定。你也可以把洋蓟茎作为洋蓟苞片和洋蓟芯的配菜，或把洋蓟茎放入炖菜中。

🧅 在洋蓟中填入馅料
2~4 人份

两个准备填入馅料的大洋蓟（见第 23 页）。

在碗中倒入 2 杯新鲜的粗粒面包糠（见第 19 页）、1 茶匙蒜蓉、1/4 杯新鲜的平叶欧芹碎、2 撮盐、1/4 茶匙红辣椒碎、2 茶匙柠檬皮屑、1/2 杯现磨帕尔玛干酪碎（或罗马诺干酪）和 1/4 杯橄榄油。用手或勺子将调好的馅料塞入洋蓟顶部苞片之间的空隙中。将洋蓟竖直放在烤盘中，以便紧贴烤盘。之后在每个洋蓟中滴入 1/2 茶匙橄榄油或在每个洋蓟上放 1/2 茶匙黄油碎块。将 2 杯水或等量的蔬菜高汤倒入盛有洋蓟的烤盘中，直至没过洋蓟底部约 3 厘米。最后加入半个蒜瓣及半个柠檬皮，再倒入柠檬汁，并加几撮盐调味。

用锡纸将烤盘密封，将烤箱预热至 200℃，烤 35~40 分钟，直至洋蓟的外层苞片和底部用削皮刀可以穿透。揭开锡纸再烤约 10 分钟，直至外层的馅料呈淡褐色，变得酥脆，且洋蓟苞片可轻松掰开。

烤洋蓟

烤洋蓟

2~4 人份

我喜欢变换花样来吃洋蓟。虽然手会弄脏，但是我特别喜欢用手剥开烤后的洋蓟苞片的感觉。在本菜谱中，我将洋蓟先蒸软，再用柠檬醋腌制，最后烘烤至出现烘烤痕迹时，翻动一下洋蓟。这时洋蓟就可以和多汁的柠檬一起食用了。因为洋蓟已在酱汁中腌过，所以吃的时候不需要另外蘸酱。这样做出来的洋蓟超级入味。

---

3 个中等大小的带茎洋蓟（参见第 24 页第 1~4 步，切成 4 等份，去掉里面的绒毛）

1 个柠檬的皮屑

2 个大柠檬（1 个切成两半，取汁；1 个切成 4 等份）

1 汤匙意大利香醋

1/3 杯特级初榨橄榄油

2 瓣蒜（切末）

1/2 茶匙细海盐

1/8 茶匙现磨黑胡椒碎（多准备一些，用于调味）

1/2 杯松散的新鲜平叶欧芹叶（粗切）

适量粗粒或片状海盐（出锅时使用，用于调味）

---

1. 将蒸笼放入大锅中，向锅中加入足量的水，没过蒸笼底部。大火将水烧开，将洋蓟放在浅层蒸笼片上。盖上锅盖，放入洋蓟蒸 15~20 分钟，直至洋蓟外层苞片可轻松掰下，且洋蓟芯完全变软，用削皮刀可以轻松穿透。锅内的水不多时，需加水。

2. 蒸洋蓟时，将柠檬皮屑、柠檬汁、意大利香醋、橄榄油、蒜、细海盐、1/8 茶匙黑胡椒碎和 3/4 的欧芹叶放在一个大碗中搅拌，调成柠檬酱汁。

3. 将蒸好的洋蓟放入调好的酱汁中，调拌均匀，腌制 30 分钟 ~3 小时。你也可以在碗上盖上盖子，放入冰箱冷藏一夜。

4. 中火预热烤箱 10~15 分钟。

5. 用夹子将洋蓟夹到烤炉上，注意切面朝下，贴着烤炉。将调好的柠檬酱汁放在烤炉旁。洋蓟烤 5 分钟后会呈金色，翻面继续烤。

6. 将切成 4 等份的柠檬果肉朝下放在烤炉上，与洋蓟一起烤 3~5 分钟，烤至稍稍变焦，且洋蓟完全变软。将柠檬果肉放入盘中。把洋蓟放入柠檬酱汁中翻动，使其均匀裹上柠檬酱汁。之后将洋蓟摆盘，并撒上剩余的欧芹叶、粗粒海盐或片状海盐，再撒点儿黑胡椒碎，趁热食用。

洋蓟托塔饼

6~8 人份

托塔饼是意大利甜味或咸味蛋糕、塔、派的总称——意大利的每个地区都有其独有的制作方式。下面这份托塔饼的制作方式虽然不是传统做法，却是我的曾祖母教给我的，她是意大利利古里亚人（她在加利福尼亚北部的那段时光可能给予了她改良菜谱的灵感）。这种托塔饼用嫩洋蓟、鸡蛋和帕尔玛干酪及一种独特的面包糠为馅料。这个菜谱是我家最为珍贵的菜谱之一，非常特别。我保证你从没吃过这种味道的托塔饼。

适量细海盐

900 克嫩洋蓟（参见第 25 页 1~4 步，切成两半或 4 等份，再掏出里面的绒毛；见"小贴士"）

1/4 杯特级初榨橄榄油（多准备一些，用于调味）

1 个大洋葱（切成 1 厘米见方的块）

3 个大蒜瓣（切末）

1/4 茶匙新鲜的黑胡椒碎（多准备一些，用于调味）

1/2 杯新鲜的平叶欧芹叶（切碎）

1 茶匙干的意大利香料

1/4 茶匙肉豆蔻粉

1½ 杯普通粗粒面包糠（干的或鲜的都可以；见第 19 页）

7 个大鸡蛋

1 杯现磨帕尔玛干酪碎（约 60 克）

---

1. 大火煮沸一大锅盐水。将洋蓟放入锅中煮 3~5 分钟，具体时间视洋蓟大小而定。待洋蓟变软，用削皮刀可以穿透时捞出，放入滤锅中沥干。

2. 将烤箱预热至 180℃。在一口平底煎锅中，中火将 1/4 杯橄榄油加热。放入洋葱和蒜，翻炒 5 分钟，直至洋葱开始变软并呈半透明状。放入洋蓟翻炒，并加入 1 茶匙细海盐和 1/4 茶匙黑胡椒碎调味。翻炒 3 分钟，直至洋蓟开始变软。放入欧芹、意大利香料和肉豆蔻粉，翻炒约 2 分钟，以便入味。将锅从火上移开，让锅快速冷却下来。

3. 选用容量为 2~2.5 升的长方形或正方形烤盘。用橄榄油刷烤盘底部，将 1/2 杯面包糠撒在烤盘上。摇动烤盘，使面包糠均匀铺在底部。

4. 准备一个大碗，在碗中打入鸡蛋，并放入 1/4 茶匙细海盐和 1 撮黑胡椒碎。在鸡蛋中加一小勺之前炒好的洋蓟，迅速搅拌，使洋蓟与鸡蛋混合均匀（这样可以使鸡蛋的口感更顺滑）。再放入一些洋蓟，继续搅拌，注意一次只放一点儿。再放入 1/2 杯面包糠，并把所有的帕尔玛干酪碎也放进去。

5. 将搅拌好的蛋液倒入准备好的烤盘中，注意让洋蓟均匀铺在烤盘上。再将 1/2 杯面包糠洒在上面，并淋一些橄榄油。这样烤出来的面包糠特别脆。

6. 烤 35~45 分钟，直至面包糠变成浅棕色，鸡蛋定形，且牙签插到中间拔出后无附带物（如果面包糠很快变成浅棕色，就用锡纸盖在烤盘上）。烘烤完毕再在烤箱中静置 10 多分钟。你可以趁热吃，也可待托塔饼稍凉些再吃。如果你提前做了托塔饼，那么食用前要将烤箱调至 190℃，重新烘烤一下。

小贴士：处理小洋蓟的外皮时，要能看到里面的黄色叶片才行。因为外层叶片比较厚，在做托塔饼时很难变软。如果洋蓟有绒毛，请掏出（见第25页）。

如果你买不到新鲜的小洋蓟，可以用冷冻的洋蓟芯做托塔饼。你可以提前一天将冷冻的洋蓟芯放入冰箱冷藏柜中解冻。

衍生做法

西葫芦托塔饼：你可以将上面菜谱中使用的洋蓟替换成700~900克西葫芦，并将西葫芦切成1厘米见方的块，之后你就可以按照上述菜单开始制作了。不过在第二步中要用罗勒代替欧芹。

普罗旺斯炖洋蓟
配意式奶酪玉米糊

4~6 人份

我本想向我的密友——巴黎备受尊敬的"烹饪女神"波勒·卡亚讨要一个菜谱，她却慷慨地给了我一张列满诱人菜谱的清单，于是我花了很长时间思考到底该选择哪一个菜谱。最后，我选定了普罗旺斯炖洋蓟。虽然你也可以用别的不错的方法烹制洋蓟，但我还是要推荐这种方法，因为这种方法不仅简单，做出来的洋蓟也非常好吃。你只需用橄榄油和白葡萄酒炖小洋蓟、胡萝卜和蒜，直到洋蓟芯和叶片变软且口感顺滑即可。配上意式奶酪玉米糊，这道用洋蓟做出的令人开胃的质朴餐点必定会给你非常深刻的印象。如果不配波伦塔，这道菜也很适合作为配菜。

2/3 杯特级初榨橄榄油

1 个大个的黄洋葱（切成 0.6 厘米见方的块）

1 根中等大小的胡萝卜（切成 0.6 厘米见方的块）

8 瓣蒜（纵向切成两半；见"小贴士"）

900 克嫩洋蓟（参见第25页第 1~4 步，切成 4 等份，并掏出绒毛）

1 茶匙细海盐

1/4 茶匙现磨黑胡椒碎

2/3 杯干白葡萄酒（如长相思干白葡萄酒或灰皮诺白葡萄酒）

4 小枝鲜百里香

1 片月桂叶

3 根粗的鲜欧芹茎（去叶；可选）

意式奶酪玉米糊（菜谱见文后；配菜吃；可选）

1. 在荷兰炖锅中加入橄榄油，中火加热。放入洋葱、胡萝卜和蒜，约 5 分钟后，蔬菜开始变软，洋葱不再是黄色，而呈半透明状。放入洋蓟、盐和黑胡椒碎后搅拌，再倒入葡萄酒和足量的水（约 1 杯），使水面几乎没过洋蓟，加入百里香、月桂叶和欧芹茎。

2. 盖上锅盖开始炖 15~18 分钟，期间可以搅拌锅中的食材，直至洋蓟变软，用削皮刀可以刺穿。用漏勺将洋蓟从锅中捞出，放入一个准备好的碗中，并挑出里面的百里香、月桂叶和欧芹茎。

3. 将火调成中小火，将锅中的汤汁炖 8~10 分钟，直至汤汁减少一半并变稠。

4. 洋蓟蘸汤汁可以当配菜吃，或将洋蓟放在意式奶酪玉米糊上，淋些汤汁。

小贴士：务必将蒜瓣的顶端切去，并切掉发出的芽。波勒在做这道菜时不剥蒜皮，但我一般剥蒜皮。

意式奶酪玉米糊
4 杯

3/4茶匙细海盐（多准备一些，用于调味）
1杯玉米糊（玉米粉）
2汤匙无盐黄油
1/2杯帕尔玛干酪碎（多准备一些，用于调味）
适量现磨黑胡椒碎

1. 将 5 杯水和 3/4 茶匙盐放入一口中等大小的炖锅中，大火煮沸。用打蛋器或木勺缓慢搅玉米糊，倒入锅中煮 2 分钟，并不时搅拌，直至变稠。

2. 把火调到最小，每 5~10 分钟彻底搅拌一次，直到玉米糊变得软糯浓稠，呈奶油状，但没有结块，需 45~50 分钟。如果玉米糊变得很硬，你可以加点儿水搅拌，一次滴几滴即可，最多加 1/2 杯水。做好的玉米糊很疏松，在碗内容易散开，但不会流动。

3. 放入黄油搅拌，直至黄油溶解，再放入帕尔玛干酪碎。适量加点儿盐，调一下咸度，再撒入黑胡椒碎，并用帕尔玛干酪碎调味。最后，把玉米糊盛在浅口碗中，趁热食用。

芝麻菜和水菜

芝麻菜是一种辛辣的细齿形绿叶蔬菜。水菜是芝麻菜的"近亲"，是一种羽状的蔬菜，产自日本，常用于做法式蔬菜沙拉。芝麻菜刚长出的锯齿形叶子很漂亮，有温和的芥末味和辛辣味；这种菜长得越大，叶子的辛辣味越重。

最佳拍档

苹果、洋蓟、芦笋、牛油果、意大利香醋、甜菜、柿子椒、蓝纹奶酪、意大利白豆和蔓越莓豆、花椰菜、茄子、鸡蛋、菲达奶酪、茴香、无花果、鹰嘴豆、山羊奶酪、蜂蜜、柠檬、甜瓜、蘑菇、坚果、橙子、帕尔玛干酪、梨、罗马诺干酪、南瓜子、白米醋、乳清奶酪、腌渍乳清奶酪、红葱、雪利酒醋、核果、番茄和南瓜。

最佳食用季节

春季和秋季。

挑选

不要挑选菜叶松软、变黄或过于潮湿的芝麻菜；收获后的芝麻菜上有过多的水分，对菜叶不好。做沙拉时，要选择较嫩的芝麻菜，或选用商家标明的"嫩芝麻菜"。小芝麻菜做出的沙拉的味道比较温和。如果你购买的是塑料盒装的预洗过的芝麻菜，请确保盒中没有可见的水分，叶子不过于潮湿或菜叶没有变黄。

我建议你选择脆嫩的、绿色的水菜，而不要买湿漉漉的、黏糊糊的或枯黄的水菜。

储存

将捆好的、未洗的菜或散装菜放在敞口的塑料袋中，之后放在冰箱中，可以储存 4 天。如果菜叶潮湿或者在储存时出水了，请将蔬菜放在厨房纸巾上铺开，之后松散地卷起来，放入敞口的塑料袋中。

蔬菜的处理

除了前期的准备工作有点儿特殊外，芝麻菜和水菜的处理方法与其他绿叶蔬菜的（见第116~117页）相同。

撕菜叶

蔬菜洗好后，在使用前要完全晾干（见第5页），不过储存前就不必这么麻烦了。你要将硬的粗茎切去，之后将大的叶片撕成约5厘米长。嫩芝麻菜或准备做沙拉用的水菜，不必切去茎或撕菜叶。

大厨建议

· 如果做沙拉，可用水菜和蒲公英的小叶子（见第311页）代替芝麻菜。如果烹制，可用成长时间长一些、大一些的水菜和蒲公英叶代替芝麻菜。

· 你可以把芝麻菜放蔫后（尤其是比较大片的成熟芝麻菜），放入烤根类蔬菜或炒蔬菜中。

最适合的烹饪方法

炒芝麻菜

在一口荷兰炖锅中倒入几汤匙橄榄油，中火加热。放入切好的蒜瓣，翻炒约3分钟，直至蒜瓣变软但还没有变成褐色。加入少量的芝麻菜，一次加入一把的量，并用盐和现磨黑胡椒碎调味。翻炒使芝麻菜完全沾上橄榄油后，再不时翻炒几次，直至2~3分钟后芝麻菜变蔫。加入柠檬汁和少许柠檬皮屑，并调整调味品的量来调味。

简易芝麻菜沙拉

4~6人份

简易芝麻菜沙拉配任何食物都很好吃。准备一个大碗，在碗中放入鲜嫩的芝麻菜，滴几滴上好的橄榄油，再放入1撮片状海盐、新鲜黑胡椒粒和柠檬汁，搅匀即可。

芝麻菜沙拉
配草莓、烤杏仁和菲达奶酪

4~6人份

如果想做一大份芝麻菜沙拉，你要准备140克（4~6把）嫩芝麻菜，并用柠檬醋（见第40页）泡一下。将嫩芝麻菜与切成片的草莓、桃、李子或杏放在一起搅拌，或与哈密瓜块和西瓜块，或与半个烤的小南瓜（见第321页）拌在一起。再加入烤杏仁、核桃或南瓜子，以及菲达奶酪碎或蓝纹奶酪。如果与烤南瓜一起拌，可以在沙拉上撒些石榴籽（这样就做出了1份完美的假日沙拉）。

芦笋

芦笋的出现是春天到来的标志。芦笋是一种很容易处理的蔬菜。在整个冬天，你都在切表皮坚硬的蔬菜和根茎类蔬菜，芦笋出现后，你就可以放松地享受简单的准备过程了。芦笋的新鲜度及其产地与你所在位置都很重要。因此，建议你在春季购买芦笋，并且尽可能购买当地产的芦笋。这样，你就可以品尝到芦笋在其他时候都品尝不到的清甜的草香味了。

最佳拍档

洋蓟、芝麻菜、黄油、腰果、香葱、鸡蛋、麦米、蚕豆、蒜薹、山羊奶酪、青蒜、榛子、韭葱、柠檬、薄荷、蘑菇、洋葱、橙子、帕尔玛干酪、欧芹、豌豆、罗马诺干酪、藜麦、萝卜、熊葱、青葱、红葱、野菠菜、塔雷吉欧奶酪、龙蒿和核桃仁。

最佳食用季节

春季。

品种

绿芦笋（此颜色最常见，大小不一）、紫芦笋（若生吃，口感比绿芦笋更甜些；若烹制，颜色和口味与绿芦笋的无异）和白芦笋（比绿芦笋和紫芦笋的味道温和些）。

挑选

一般情况下，优质的绿芦笋和紫芦笋从头到尾都是鲜艳的颜色，不会出现白色或者根部枯萎、干裂的情况。优质的白芦笋上应该不会出现棕色。你在挑选时，要仔细检查芦笋尖，不要买笋尖变棕色或有些张开的芦笋；芦笋尖有些散开，说明芦笋采收后放了很长时间，或者芦笋开始变老了。你还要看芦笋的根部是否潮湿，如果根部潮湿，说明芦笋刚采收后不久。千万不要买根部干裂的芦笋。

储存

我建议你购买芦笋后尽快使用。你也可以将芦笋放在敞口塑料袋中，冷藏于冰箱内。如果芦笋尖在长期储存后开始变软，我建议你在使用前将芦笋放在水中泡泡，以补充水分：将芦笋根部切去约 0.6 厘米，之后插入冷水中，在冰箱冷藏室中放置 30~60 分钟（时间越长越好），芦笋会变得硬一些。

蔬菜的处理

掰或切根部

1. 在大多数情况下，芦笋的根部你可以用手轻松掰下来。

2. 如果芦笋比较粗，你可以将多根芦笋并排放在一起，用刀切下它们的根部。

大厨建议

• 绿芦笋和紫芦笋粗细不一，可能比铅笔还细，也可能特别粗。我建议你购买中等粗细（直径约1厘米）且笋尖较大的芦笋。

• 白芦笋需要去皮——皮苦涩且口感较硬。你需要掰掉或切下芦笋的根部（见上文）。之后将芦笋嫩茎放在案板上，从芦笋尖下方开始剥皮，一直剥到根部为止。

• 你可以用切下来的绿芦笋和紫芦笋的根部做高汤（白芦笋的味道太苦，不宜做高汤），也可以用作芦笋汤的汤底，或者用来制作熊葱芦笋烩饭（见第224页）。

切片或段

1. 如果你不想将芦笋嫩茎整个烹制，可以用此方法切比较粗的芦笋。将几根芦笋并排，即可切出大小相仿的圆片。切芦笋尖时，刀要与芦笋垂直，切出 0.3~0.6 厘米厚的片。

2. 用刀斜着切，切出 3~5 厘米长的段。

最适合的烹饪方法

焯芦笋

如果你想吃脆一些的芦笋（如蘸酱吃或在上面刷酱吃），这种方法最适合。准备一大锅盐水，大火煮沸；同时准备一碗冰水。将处理好的绿芦笋或紫芦笋的嫩茎或芦笋块放入沸盐水中，不盖锅盖焯 1~2 分钟，直至芦笋变得脆嫩。用夹子或漏勺将芦笋全部取出，放入冰水中。从冰水中取出后，擦干表面水分即可食用。

烧烤芦笋

在绿芦笋和紫芦笋嫩茎刷上橄榄油，用盐和胡椒调味。用中高火烤，中间翻 1 次面，每面烤 2~5 分钟，直至芦笋变软并有轻微的烧烤痕迹，具体时间视芦笋粗细而定（不要烤像铅笔一样细的芦笋，会烤焦）。

生吃芦笋

将绿芦笋和紫芦笋处理干净后，用 Y 型蔬菜削皮器纵向削芦笋嫩茎，削出细长的芦笋条。你也可以将芦笋切成 0.3 厘米厚的圆片（见第 35 页），之后放入鲜榨柠檬汁或橙汁、橄榄油、盐、胡椒和帕尔玛干酪，搅匀后食用。

烤芦笋

将烤箱预热至 200℃。将处理好的绿芦笋或紫芦笋嫩茎与橄榄油、盐和胡椒搅拌均匀。烤 10~15 分钟至芦笋变软即可。

煎芦笋

在平底煎锅中倒入橄榄油或放 1 块黄油，中火加热。将处理好的整根或切好的绿芦笋或紫芦笋放入锅中，放一点儿盐调味，中高火煎约 2 分钟，直至芦笋变成褐色。翻炒芦笋，并加入少许食用油或黄油，盖上锅盖煎 2~3 分钟，直至芦笋变软。

蒸芦笋

在蒸绿芦笋或紫芦笋时，需在锅中倒入 0.6 厘米深的水，盖上锅盖蒸至芦笋变得鲜嫩酥脆。直径不足 1 厘米的芦笋蒸 4~5 分钟，粗芦笋蒸 5~6 分钟。蒸白芦笋时，在锅中倒入 1 厘米深的水，蒸 8~15 分钟。蒸芦笋用香草黄油（见第 178 页）拌着吃。

🥄 奶酪芦笋烘蛋
6~8 块

将 7 个大鸡蛋，1 汤匙龙蒿碎，1 汤匙香葱碎，1 汤匙新鲜薄荷碎，1 茶匙现磨柠檬皮屑，1/2 茶匙第戎芥末，1/2 茶匙细海盐和 1/8 茶匙现磨黑胡椒碎放在一起搅匀。在耐热不粘煎锅中倒入 2 汤匙橄榄油，中火加热后放入 1 大棵韭葱（提前洗净，切碎）。翻炒韭葱至变软。接着加入 1/2 个芦笋（切成 3 厘米长的段）并翻炒。再加入 1/4 茶匙盐和 1/8 茶匙黑胡椒，不时翻炒，3~5 分钟后，芦笋刚好变软。

将火调至中小火，倒入蛋液，摇晃煎锅使蛋液均匀分布在锅底，至蛋液边缘凝固成形，中间稍微凝固。再在上面撒 1/3 杯山羊奶酪，放入预热至 190℃ 的烤箱中烤 6~8 分钟，使鸡蛋中间凝固但不烤干，且蛋液边缘呈黄棕色。稍微晾凉后即可食用。

奶酪芦笋蛋帕尼尼

奶酪芦笋蛋帕尼尼

2 人份

这款三明治是春季必不可错过的美味之一。芦笋先用柠檬、橄榄油和香草腌制，之后放在烤炉上烤，以增加些烟火味；再将芦笋夹在 2 片硬皮面包片之间，放入 1 个溏心煎蛋，放点儿塔雷吉欧奶酪和辛辣的芝麻菜。这款三明治与它的名字一样，听起来就感觉非常可口。如果再配上维蒙蒂诺白葡萄酒或玫瑰干红葡萄酒，味道更佳（对我来说，葡萄酒是必需的）。

---

1 汤匙鲜榨柠檬汁

1/2 茶匙现磨柠檬皮屑

1/4 茶匙细海盐（多准备一些，用于调味）

1/8 茶匙现磨黑胡椒碎（多准备一些，用于调味）

2 汤匙特级初榨橄榄油

1 茶匙香葱碎

1 茶匙新鲜的薄荷碎

8 根小的或中等大小的芦笋（处理好；见"小贴士"）

2 茶匙植物油

2 个大鸡蛋

2 汤匙无盐黄油

4 片天然酵母硬面包（每片 1 厘米厚；或酸面团面包或硬皮厚面包）

125 克塔雷吉欧奶酪

1 杯嫩芝麻菜

---

1. 中高火加热一个烤盘（或一口大煎锅）。

2. 将柠檬汁、柠檬皮屑、1/4 茶匙细海盐、1/8 茶匙黑胡椒碎、橄榄油、香葱和薄荷叶在一个大碗中拌匀。放入芦笋，使其均匀裹上酱汁。

3. 用夹子将芦笋从酱汁中夹到热好的烤盘上。为保证芦笋均匀受热，可以翻面，每面烤 2~5 分钟，具体时间视芦笋粗细而定。烤至芦笋表面金黄，里嫩外脆。将芦笋从烤盘中取出，放回酱汁中，晾至室温（你也可以将晾凉的芦笋和酱汁放在密闭的容器中，在冰箱中冷藏一夜，在使用时放至室温时再用）。

4. 在一口中等大小的不粘煎锅中倒入植物油，中火加热。转动煎锅，使油均匀覆盖锅底，将鸡蛋逐个打入煎锅中（你也可以先将鸡蛋打在小碗中）。放少许细海盐和黑胡椒碎调味。将鸡蛋煎约 2 分钟，直至蛋白凝固，蛋黄仍能流动。如果你希望蛋黄是微熟的状态，可以用菜铲小心翻动鸡蛋。将鸡蛋倒入盘子，放在一边。

5. 在同一口煎锅中，中火熔化黄油。转动煎锅，使黄油和煎蛋剩下的植物油均匀覆盖锅底，将面包片放入煎锅中。将塔雷吉欧奶酪切成片，在每片面包上均匀放 3~4 小片。煎 3~4 分钟，直至干酪熔化。

6. 将芦笋、煎鸡蛋和芝麻菜放在 2 片面包上。在另外 2 片面包上淋上剩余的酱汁，并将其盖在堆放蔬菜的面包片上。注意，有奶酪的一面在下面。用曲柄抹刀轻轻按压三明治，使其成为一个整体。用锋利的厨师刀或锯齿刀将三明治切成两半，放入餐盘中。

小贴士：不要用太粗、太大的芦笋（太粗、太大的芦笋不适合做这款三明治）。如果你要用太粗、太大的芦笋，请先纵向切成两半。也不要用铅笔般细的芦笋，这种芦笋会被烤焦，而且吃起来也没有肉肉的口感。

如果没有烤盘或煎锅，你可以用烤箱烤芦笋，或者在户外用中火烧烤芦笋，步骤同上。

芦笋沙拉

4~5 人份

蔬菜＋谷物＋坚果＋奶酪＋醋（备选）＝各种各样的美食。你既可以在此公式中添加材料，做成自己喜爱的美食，也可以根据季节变化更换蔬菜品种。在小吃货餐厅我们会用当地的蔬菜搭配藜麦、法老小麦或斯佩耳特小麦，制作各种美食。我自己非常喜欢这种搭配出来的美食（我的顾客们也相当喜欢），所以我向你特别推荐其中的部分菜谱。

本菜谱充分利用了"春天的馈赠"，用到了芦笋、藜麦、薄荷和榛子。在春天，这种搭配让人百吃不厌，但在夏天，我会将藜麦和罗勒油醋汁（见第 179 页）、烤西葫芦、杏仁和青葱，或传家宝品种的圣女果和新鲜玉米粒拌着吃，这样味道也非常好。在秋天，我会用甘甜或辛辣的抱子甘蓝和红薯或甜菜和茴香根拌着法老小麦、橙醋吃，那种味道也让人难以忘怀（见第 74~75 页）。我在本菜谱中使用的是柠檬醋，用橙醋也可以。你也可以根据自己的喜好选择不同品种的醋；如果你不想加醋，也没关系。

适量细海盐

1 捆较粗的芦笋（约 450 克，切去底部，保留芦笋尖，将芦笋嫩茎切成约 0.6 厘米厚的片）

适量柠檬醋（做法见文后）

2 汤匙红葱末（1 棵中等大小的红葱；或者 1/3 杯青葱花，4~5 棵）

3 杯熟白藜麦

1/4 茶匙现磨黑胡椒碎（多准备一些，用于调味）

1/3 杯烤榛子（或烤腰果；切碎）

1/4 杯袋装新鲜薄荷叶（切成细丝；多准备一些，用于调味）

3~4 杯嫩菠菜（切碎；可选）

1/3 杯盐渍乳清奶酪（或菲达奶酪碎；多准备一些，用于调味；可选）

---

1. 将一大锅盐水煮沸，并在灶边准备一大碗冰水。

2. 将芦笋放入沸盐水中焯 2~4 分钟，至稍

变软但仍很鲜脆（可以尝尝），具体时间视芦笋的粗细程度而定。用漏勺或笊篱将芦笋从锅中捞出，放入冰水中。待芦笋

冷却至可触摸时，放在滤锅中沥干。再
将芦笋放在厨房纸巾上，将表面水分进
一步吸干。

3. 制作柠檬醋，并放入红葱，做好后放在
一旁。

4. 将白藜麦和芦笋放在一个大碗中，搅拌
均匀。在碗中倒入足量的柠檬醋（约1/4
杯），搅拌至碗中的食材都均匀沾上醋。
再放入1/4茶匙细海盐、1/4茶匙黑胡椒
碎、榛子、薄荷叶、嫩菠菜和1/3杯盐渍
乳清奶酪或菲达奶酪碎（如果你喜欢吃
奶酪，可以加奶酪），继续搅拌。加入适
量细海盐、黑胡椒碎和柠檬醋调味，将
剩余的奶酪和薄荷叶洒在上面。你可以
趁热吃，也可以晾至室温时食用。

衍生做法

将藜麦和1/4杯罗勒油醋汁（见第179
页）、450克切成两半的传家宝品种的圣女
果、2杯新鲜玉米粒和1把切成细丝的新鲜
罗勒放在一起，搅拌均匀。你还可以加入
1/3杯菲达奶酪或山羊奶酪碎。

柠檬醋

约 1/2 杯

1茶匙柠檬皮屑（1个柠檬）
2汤匙鲜榨柠檬汁（1个柠檬）
1汤匙白米醋
1茶匙第戎芥末
1茶匙纯枫糖浆
1/4茶匙细海盐
1/4茶匙现磨黑胡椒碎
1/4杯特级初榨橄榄油

　　在一个小碗中放入柠檬皮屑、柠檬汁、
白米醋、第戎芥末、枫糖浆、细海盐和黑
胡椒碎，搅拌均匀。再慢慢倒入橄榄油，
一边倒一边快速搅拌，直至酱汁变黏稠。

牛油果

牛油果是热带水果——没错，它是一种水果！牛油果通常将自己伪装成蔬菜（内部果肉的口感像蔬菜）。奶油口感的绿色牛油果果肉富含有益健康的脂肪，会为大部分咸味餐点增添别样的风味。你也可以用其他方式制作牛油果美味，如用牛油果做甜点。

最佳拍档

芝麻菜、罗勒、甜菜、柿子椒、卷心菜、切达干酪、辣椒、芫荽、黄瓜、茴香根、菲达奶酪、苦菊、蒜、山羊奶酪、葡萄柚、柠檬、青柠、杧果、洋葱、橙子、荷兰豆、甜脆豌豆、萝卜、番茄和豆瓣菜。

挑选

大部分出售的牛油果还没有成熟。你在购买时要挑选比较硬的，相对其大小比较重的，比较大的牛油果（这种牛油果的果肉较多）。不要买过软或黏糊糊的牛油果。

储存

在室温存放即可，待其变熟后在1天内食用。如果想催熟牛油果，将牛油果放入纸袋，放在温暖的地方；或者放在盛放了别的水果的果篮中，1天左右即可变熟。如果牛油果捏着有些软，便是熟了。尽量不要把牛油果放在冰箱中，因为冰箱的环境会破坏它的味道。只有牛油果完全熟透了或切开后想延长其保质期时，才可以将其放进冰箱冷藏。

最佳食用季节

全年（哈斯牛油果：春季和夏季；富埃尔特牛油果：秋季和冬季；佛罗里达牛油果：5月末到次年3月）。

品种

哈斯牛油果（比较受欢迎的一个品种，表皮凹凸不平且呈绿色，成熟后表皮呈黑紫色；黄油般的果肉可放在食物上，或者做成牛油果泥）、富埃尔特牛油果（表皮较薄的绿色牛油果比哈斯牛油果大一些，但是味道较哈斯牛油果的淡一些）和佛罗里达牛油果（不适合做牛油果酱，但是可以用来做沙拉或三明治）。

蔬菜的处理

去核

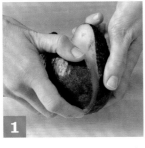  

1. 用厨师刀将牛油果纵向切成两半。朝相反的方向拧，掰开牛油果。

2. 在手上垫上叠好的抹布，抓住带核的半个牛油果，将厨师刀放在核上，向下按压，使其嵌入核中。

3. 小心转动厨师刀，并朝相反方向转动牛油果，待核松动后，将核取出。

去皮并切片

1. 用大点儿的勺子将牛油果果肉和果皮分开，注意从底部向顶部划，这样可以将果肉整块从果皮中取出。之后横着切出厚度合适的片。

2. 如果你想切楔形片，就要纵向切牛油果，并将刀倾斜一定的角度。

大厨建议

· 从你用刀切牛油果的那一刻开始，牛油果就开始氧化了。如果你只需要用半个牛油果，就留下带核的另一半，核可以减少暴露在氧气中的果肉面积。用保鲜膜将暂时不用的另一半严密包裹起来，包起来时将保鲜膜按压在切面上，以减少切面与氧气的接触。

· 与常识不同，将牛油果放在牛油果酱中并不会避免氧化，但是在牛油果上加一些柑橘类水果的果汁可以延缓氧化。如果想储存几个小时，你也可以在切好的牛油果中挤一些柠檬汁或青柠汁，并用保鲜膜包好。

切块

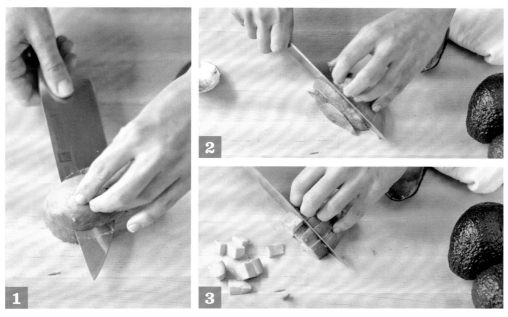

1. 将切成一半的牛油果的切面向下放在案板上。使刀与案板平行，将牛油果水平切开，从底部向顶部切。

2. 将厚片切成宽度一致的条。
3. 将牛油果条横着切成大小相当的块。

带皮切块

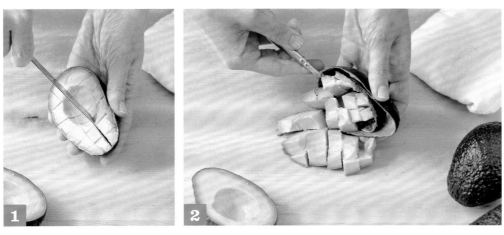

1. 握紧去核的牛油果，用削皮刀或黄油刀在不切坏果皮的情况下，将果肉切成大小均匀的块。

2. 用大勺子将果皮里的块掏出。

最适合的烹饪方法

经典牛油果酱

6~8 人份

调制牛油果酱时，你要不断品尝，不断调整，直到牛油果酱味道纯正可口。如果加墨西哥辣椒，味道是辣度正好还是过辣了？牛油果成熟了吗，口感细腻软滑吗？如果放入蒜，味道会不会太冲了？要再放一些青柠汁或盐吗？请参考下面的做法。

准备一个大碗，在碗中轻轻碾碎 4 个已切成两半且去核的牛油果（最好是哈斯牛油果），在碾碎的过程中保留一些大块。加入 1~2 瓣碾碎或切成末的蒜，半个切成小块的中等大小的红洋葱，1~2 个掏空后切成小块的墨西哥辣椒，3 汤匙鲜榨青柠汁和 1/2 茶匙盐。放入 3 个去籽后切块的李子番茄，轻轻搅拌，再放入 1/4~1/3 杯粗切的新鲜芫荽调味。放入墨西哥辣椒、青柠汁或盐进一步调味。

牛油果酱用保鲜膜密封后，冷藏可保存 1 天。

你也可以做牛油果杧果酱：将上面做法中的 2 个李子番茄替换成 1 个中等大小的杧果，杧果要去皮并切成 0.6 厘米见方的块。

巧克力牛油果布丁
配肉桂和海盐

2½ 杯（5~6 人份）

巧克力和牛油果——地球上最好的两种食品——搭配在一起，可以做出一道奢华细腻的意大利布丁。可能你一时想不到这两种食物可以搭配在一起。但是当这两种貌似完全无关的食物与枫糖浆、肉桂、卡宴辣椒粉和奶油混合在一起，味道绝对出人意料。如果再配上海盐，品尝过这道布丁后，你的口中定会留下世间难觅的甘甜与辛辣混合的味道。

你如果没有电动打蛋器，可以用土豆捣烂器将牛油果捣碎或用勺背将牛油果手动碾碎（先弄碎，再加其他调料）。待牛油果完全变成泥后，用勺子搅拌，也可以将牛油果泥搅拌至奶油状。这样做出来的布丁虽说不是很顺滑，但是很爽口。

---

2 个中等大小的熟透的牛油果	1/8 茶匙卡宴辣椒粉
1/4 杯纯枫糖浆	1 撮细海盐
1/4 杯可可粉	125 克微甜或中甜巧克力（或 2/3 杯优质的巧克力豆）
1 茶匙纯香草精	1/2 杯淡奶油（选用乳脂含量较高的；见"小贴士"）
1/2 茶匙肉桂粉	适量粗粒或片状海盐（做装饰）

---

1. 将牛油果切成两半并去核。用勺子将果肉挖出放在碗中，放入枫糖浆、可可粉、香草精、肉桂粉、卡宴辣椒粉和细海盐。用电动打蛋器中高速搅拌至顺滑。

2. 将巧克力放入耐热碗中，放在快要烧开的水中。不时搅拌，5~8 分钟后巧克力会变得丝滑、有光泽。倒入搅拌好的牛油果混合物中并搅拌。

3. 将淡奶油放入一个大碗。用干净的电动打蛋器低速搅打 30 秒左右，至奶油表面出现鱼眼泡，再用中高速继续搅打 60~90 秒，直至干性发泡。

4. 用大点儿的勺子或硅胶刮刀轻轻翻拌搅打好的奶油和牛油果混合物。同时转动碗，使奶油分布均匀。

5. 将布丁分装到五六个小盘子、小罐子或玻璃碗中，用勺背将表面抹平，在表面覆盖一层保鲜膜，冷藏 3 个小时 ~1 天，至凝固。食用前撒一些粗粒海盐或片状海盐。

小贴士：如果你不喜欢奶油，可以不放，不放奶油的布丁更紧实些。

甜菜

众所周知，甜菜根有土腥味和甜味，但甜菜根也是主要的食用部分。另外，甜菜深绿色的叶片也是可以食用的——这就是"一菜两吃"！甜菜根可制作多种菜肴，味道浓郁；叶片蒸或炒都很好吃。

最佳食用季节

夏季至冬季。

最佳拍档

苹果酒醋、芝麻菜、牛油果、蓝纹奶酪、小麦片、黄瓜、法老小麦、茴香根、菲达奶酪、苦菊、山羊奶酪、榛子、辣根酱、羽衣甘蓝、柠檬汁和柠檬皮屑、野茴、橙子、碧根果、腌洋葱、酸奶油、核桃仁、豆瓣菜、白葡萄酒醋和南瓜

挑选

较小的甜菜根虽然特别嫩、特别甜，但是处理起来很费事，所以我觉得没必要。你可以挑选果肉硬实、表皮光滑且没有被磕破的中等大小的甜菜根。较大的甜菜根虽然有很多纤维，但很适合做甜菜泥。

如果甜菜根上还带着叶子，说明它很新鲜。你要挑选叶子新鲜、叶脉较细的甜菜。

品种

红甜菜（颜色鲜艳，最常见，也最容易弄脏手）、白甜菜（很甜，不要沾上其他颜色！）、基奥贾甜菜（红白条纹，烹饪后呈粉色）和黄金甜菜（微甜，颜色也会沾在手上）。

储存

将甜菜买回家后，你要立即择下甜菜根上长于3厘米的叶子，这些叶子只能储存几天。你要用湿的厨房纸巾将叶子松松地卷起来，放入敞口塑料袋中，在冰箱中冷藏。

甜菜根也要松松地包起来，放在敞口塑料袋中，冷藏可保存4周。有些甜菜根可以储存几个月。在储存期间，你要不时更换塑料袋或用湿的厨房纸巾将甜菜包起来，以防袋子里有积水。储存得不错的甜菜根看起来很硬实、很新鲜，就是甜味不如刚收获时好。

蔬菜的处理

甜菜前期处理干净后，切的刀法和切其他圆形蔬菜（见第 15 页）的刀法相同。

清洗和去茎

1

2

1. 甜菜在使用前，要先洗干净。如果想将甜菜洗得很干净，你可以将甜菜放在水龙头下或冷水中用蔬菜清洗刷刷。清洗时注意不要弄破甜菜的表皮，以防甜菜汁在烹制时流失。

　　用厨师刀将甜菜须切下，但要留一点儿。

2. 去茎，留约 3 厘米长的茎在甜菜根上（在前期处理时，一般不需要去皮，以防营养、糖分、颜色和水分流失）。

去皮

　　如果需要给甜菜去皮，你可以用削皮器去皮。再用厨师刀将须和茎切下。

　　如果给熟甜菜根去皮，你可以用手或削皮刀

（或手和削皮刀一起）。在大部分情况下，你用手一捬，皮就会掉；但有时也需要借助刀具。去皮时，尽量削得薄一些，这样可以多留一些食用的部分。

清洗甜菜叶

切下的甜菜茎（或特别粗的茎）扔掉，或者切成块后炖或煎着吃。将甜菜叶轻轻放入盛满凉水的碗中，翻动甜菜叶，洗掉上面的泥土和沙子。将甜菜叶捞出时，不要搅动碗中的水，以免碗底的土浮起来。必要时，你可以将甜菜叶再洗一遍。

大厨建议

· 切甜菜根时，我会用一块薄塑料案板，这样的话清理起来比较方便。切完甜菜根后，要迅速清洗案板，以免甜菜汁渗入案板，将案板染色。切甜菜根时，我习惯穿上围裙，戴上塑胶手套，以防弄脏手和衣服。这些用品你在厨房用品商店或超市都可以买到。

· 如果想切出整齐的超薄圆形片，你可以使用蔬果刨（见第16页）。不管甜菜根是生的还是熟的，你都可以用蔬果刨刨片。你也可以用锋利的厨师刀切出厚度合适的片。

· 甜菜根的大小差异很大，即使是同一捆甜菜，大小也各异。你需要根据甜菜根的大小，调整制作时间。如果较小的甜菜根先烹制好了，就先取出来。烹制后的甜菜根很软——用削皮刀很容易插入其中。如果甜菜没有熟透，味道会有些苦。

· 烹制时（在大多数情况下），如果你不想让甜菜汁流失，就不要去皮，也不要切开。熟甜菜根的皮很容易去掉；你用手指或削皮刀就可以轻松把皮去掉。

最适合的烹饪方法

烤甜菜根

烤后的甜菜根有一种与众不同的、浓郁的甜味。将未去皮的甜菜根用锡纸包起来，根据甜菜根的大小分批烤。将甜菜根放在有边烤盘中，用 200℃烘烤，烤至甜菜根变软，用削皮刀可轻松插入中心。烤小点儿的或中等大小的甜菜根最多 1 小时，烤特别大的甜菜根最多 1.5 小时。烤好后将甜菜根晾凉，待其可以用手触摸时用手或削皮刀将皮去掉。

烘烤后，你可以根据自己的喜好，在甜菜根上撒一些海盐片，滴几滴油或醋汁，或者挤一些柠檬汁（我喜欢将烤好的甜菜切片，放在三明治中，再配上香草山羊奶酪、牛油果片和绿叶蔬菜一起吃）。

炖甜菜根

将未剥皮的甜菜根放在一口炖锅中，加入水，水面比甜菜高约 5 厘米。大火煮沸后将火调小，盖上锅盖炖 30~45 分钟，直至甜菜根变软。

蒸甜菜根

可折叠蒸笼放入大炖锅，倒入足量水。大火将水煮沸，将小的或中等大小的未去皮的甜菜根放入蒸笼（甜菜根紧挨着放在一起）。盖上锅盖蒸，水不足时可加些水，蒸至甜菜根变软。小甜菜根需蒸 25 分钟，中等大小的甜菜根需蒸 35~40 分钟。

待甜菜根晾凉后，就可以去皮了。你可以按照烤甜菜根时提到的吃法吃，也可以在甜菜根中拌入罗勒或薄荷意大利青酱（见第 180 页）后食用。

焦糖甜菜根

甜菜根蒸好后，去皮、切块后用烤箱烘烤，使甜菜根焦糖化。焦糖甜菜根的味道更浓郁。你也可以在甜菜根煮熟或蒸熟后不去皮，用油煎脆。

炖甜菜叶

你可以用甜菜叶代替瑞士甜菜、菠菜或绿甘蓝。甜菜叶饱满的口感和温和的味道很适合炖着吃。你可以参考第 118 页列出的两种炖菜的方式。甜菜叶也可以炒：在一口大炒锅中放入橄榄油或黄油，将蒜末或红葱末放入锅中，中火炒 1~2 分钟，加入甜菜叶（甜菜叶洗好后要稍带些水，或放入甜菜叶后加几汤匙水），用盐和胡椒调味，炒 3~5 分钟，至甜菜叶变软。你还可以根据自己的喜好，倒入雪利酒醋、红葡萄酒醋或鲜榨柠檬汁。

柠檬皮屑速腌甜菜根

2~4 人份

用烤箱烤 450 克甜菜根。将甜菜茎保留 3 厘米，甜菜须不切，烤至甜菜根变软。烤好后去皮，切滚刀块，放入大的耐热容器。炖锅中加 1/3 杯苹果酒醋、2 茶匙糖、1/2 茶匙细海盐、1 瓣蒜（切两半）、1 片月桂叶，中火加热，搅拌至糖溶化。将酱汁淋在甜菜上，搅拌几次。冷却后的甜菜盛在容器中，密封好，冷藏可保存 5 天。

食用前，取出月桂叶，沥干甜菜表面酱汁。用 1 汤匙特级初榨橄榄油、1/2 茶匙柠檬皮屑、1 茶匙新鲜香草碎和 1 撮粗粒海盐或片状海盐撒在甜菜上，搅拌均匀。

煎甜菜根

配阿根廷青酱和山羊奶酪

4 人份

这个菜谱是我最珍贵的菜谱之一。我是在法戴餐厅工作时学会做这道菜的。法戴餐厅位于纳帕谷，是一家农场自营餐厅。有机农场生产什么，餐厅就提供相应的餐品。这份菜谱创意独特，绝无仅有，可以用甜菜做出独特的菜肴。我在法戴餐厅工作时，顾客经常点这道菜，许多顾客还会询问这道菜怎么做。这个菜谱是我改良后的。

做这道菜分几个步骤，不过，每步你都可以提前完成。你在做这道菜时，如果再配上阿根廷青酱摆盘，味道就更好了（我建议你至少提前 2 个小时做好阿根廷青酱）。待甜菜根煎好后就可以搭配阿根廷青酱食用了。

1/2 杯山羊奶酪（125 克，室温放置）

3/4 杯淡奶油（选用乳脂含量较高的）

适量细海盐

680 克小的或中等大小的甜菜根

1¼ 杯苹果酒醋

2 瓣蒜（切成两半）

1 片月桂叶

3 汤匙特级初榨橄榄油

适量现磨黑胡椒碎

适量阿根廷青酱（做法见文后）

4 杯嫩芝麻菜

---

1. 把山羊奶酪、奶油和 1 小撮细海盐放入碗中，搅打均匀，用塑料保鲜膜密封后放入冰箱冷藏，最多保存 3 天。

2. 在一口炖锅中放入甜菜根、5 杯水、苹果酒醋、蒜、月桂叶和 1 茶匙细海盐，大火煮沸。将火调小后炖 35~50 分钟，锅不要盖严，直至甜菜根变软，用削皮刀可以轻松插入其中。炖的时间视甜菜根的大小而定。

3. 将甜菜根捞出，晾至可用手触摸。取出月桂叶。用削皮刀将甜菜根上特别长的须切掉。将甜菜根逐一放入两个沙拉盘中间，按压甜菜根，将甜菜根按扁，但不要弄碎（如果甜菜根裂开或者甜菜皮掉落，不必担心）。

4. 在一口煎锅中倒入橄榄油，中高火加热至泛油光，放入甜菜根，中途翻一次面，至甜菜根表皮酥脆且焦糖化。每面煎 3~4 分钟，并加入盐和黑胡椒碎调味。

5. 在碗或盘子中涂抹第 1 步中做好的山羊奶酪奶油混合物，将甜菜根放在山羊奶酪奶油混合物上，用勺子在上面浇一层阿根廷青酱，放些芝麻菜，再淋一些阿根廷青酱。

小贴士：这里提到的按压甜菜根的方法同样适用于煮好的未去皮的新土豆、小的育空黄金土豆和小土豆。你可以直接吃土豆泥，也可以配着辣根奶油酱（见第281页）和香葱一起食用。

阿根廷青酱

1/2 杯

1/4杯红葡萄酒醋
1瓣蒜（剥皮）
1/4茶匙红辣椒碎
1/2杯特级初榨橄榄油
1/2杯新鲜平叶欧芹
1/2杯新鲜芫荽叶（去掉粗茎）

1/4杯新鲜罗勒叶
1/4茶匙孜然粉

　　将红葡萄酒醋、蒜、红辣椒碎、油、欧芹、芫荽、罗勒和孜然粉放进食物料理机或食物搅拌器中打匀。将打匀后的混合物倒入密闭容器中，放入冰箱冷冻2小时~2天。

烧甜菜
配小麦片

6~8 人份

深　红色的甜菜看起来很漂亮，所以我烹制甜菜时喜欢突出而不是淡化这种颜色。在这道菜中，甜菜和小麦片一起炖，会让整道菜都泛起一层红晕。这道菜还会用到人们通常不吃但营养丰富的甜菜叶。这道菜营养丰富，富含纤维，甜度适中，口感细腻。如果再加上1勺希腊酸奶黄瓜酱或浓稠的原味希腊酸奶，这道菜营养会更均衡，味道更好。未用完的菜也可以做沙拉：在小麦片混合物上撒一些菲达奶酪碎和1大撮新鲜香草后，你就可以做出一道全新的塔博勒沙拉了。

　　你需要提前1天做好希腊酸奶黄瓜酱，这样在你准备小麦片时，它在冰箱中已经做好了。

---

2 茶匙特级初榨橄榄油

1/2 个红洋葱（或黄洋葱或白洋葱；切成小块）

2 瓣蒜（切末）

1 杯生小麦片

1/2 茶匙孜然粉

680 克带叶子的甜菜根（叶子切成细丝，甜菜根去茎、去皮，切成1厘米见方的块；"小贴士"）

3/4 茶匙细海盐

1/4 茶匙现磨黑胡椒碎

1/3 杯烤松子

1 汤匙鲜榨柠檬汁

适量希腊酸奶黄瓜酱（见第140页；或原味希腊酸奶；配菜吃）

---

1. 在炒锅或荷兰炖锅中倒入橄榄油，中火加热。放入洋葱和蒜，翻炒2分钟左右，至洋葱和蒜变软。放入小麦片和孜然粉，再翻炒2分钟左右，至小麦片颜色变深且散发出香味。

2. 放入甜菜根、2½ 杯水、细海盐和黑胡椒碎。将火调大，水煮沸后，再将火调小。盖上锅盖炖15分钟左右，将水基本烧干。在小麦片上放入甜菜叶（不要将甜菜和小麦片混合），盖上锅盖再加热5分钟，待甜菜叶变蔫时拿掉锅盖。将甜菜叶和小麦片混合翻炒，再加热2~5分钟，将剩余的水分烧干。

3. 关火，放入松子和柠檬汁搅拌均匀。盖上锅盖，吃的时候再盛出来。吃的时候，

将菜盛在深口碗中，在上面浇1勺希腊酸奶黄瓜酱，趁热吃。

小贴士：在甜菜季末期买的甜菜没有多少新鲜的叶子。你可以用450克甜菜，再用110~250克瑞士甜菜、羽衣甘蓝、皱叶菠菜或平叶菠菜以及绿甘蓝代替甜菜叶。

甜菜泥

约2杯

这道甜菜泥丝滑顺口，其中添加了柠檬汁和芝麻酱。我敢说，这道菜的味道绝对出乎你的意料。这道菜色、香、味俱佳。你可以像平时吃常见的鹰嘴豆泥一样，配上法式蔬菜沙拉和热皮塔饼吃。我特别喜欢把它放在脆面包片上，再放些山羊奶酪碎和新鲜的薄荷食用，或者将其作为三明治底，再放一些牛油果片、黄瓜片、芝麻菜叶和海盐片后食用。

如果想吃到最好的口感，烹制的时候，我建议你使用食物料理机或高速搅拌器。

450克甜菜根（约3个中等大小的，留3厘米长的茎，须保留，清洗干净）

1/2茶匙细海盐（多准备一些，用于调味）

1汤匙鲜榨柠檬汁

1汤匙芝麻酱

1汤匙特级初榨橄榄油

---

1. 将烤箱预热到200℃。

2. 用锡纸将甜菜根包起来（如果甜菜根个头差别太大，就分别包起来）。

3. 将甜菜根放在一个有边的烤盘上，烤至变软，用削皮刀可轻松插入中心。小点儿的或中等大小的甜菜根需要烤45分钟~1小时，特别大的甜菜根最多烤1.5小时。烤好后将甜菜根晾至可用手触摸。

4. 晾凉后，用手或削皮刀去皮，注意不要戳破甜菜根。

5. 将每棵甜菜根切成4等份，放入食物料理机中。放入1/2茶匙细海盐、柠檬汁和芝麻酱后高速搅动，使其变得黏稠丝滑。将食物料理机容器壁上的混合物刮下，加入细海盐调味。倒入橄榄油，继续搅拌，使混合物混合均匀。甜菜泥放在密闭容器中，冷藏可保存5天。

衍生做法

可以用1汤匙苹果酒醋代替柠檬汁和芝麻酱，再加些橄榄油调味。

青菜

青菜，茎多汁，叶片深绿色，类似卷心菜的口感。我觉得乌塌菜是青菜中最美的；乌塌菜很小，叶片深绿色，呈圆形，还有一种甜甜的泥土香。

最佳食用季节

春季、秋季和冬季。

最佳拍档

胡萝卜、腰果、椰奶、蒜、姜、大米、青葱、香菇、芝麻、荷兰豆、酱油、香油、白味噌酱和赤味噌酱。

品种

小白菜（生吃时有淡淡的辛辣味；烹制后口味适中且多汁）、小油菜、上海青、菜心和乌塌菜（后四种的味道都比小白菜的更甜些）。

挑选

挑选小白菜时，你要选叶片鲜嫩、菜帮比较硬实且没有裂开的，不要买叶片打蔫的。

储存

不清洗，放在打孔塑料袋中，冷藏可保存4天。

蔬菜的处理

清洗和切条
(小白菜)

1. 清洗大个的小白菜时，将叶片一片片掰下来；或用厨师刀将小白菜底部切下 3 厘米长，再将菜叶与帮分开。清洗小点儿的小白菜时，根部不要切去。将小点儿的小白菜放在水龙头下用冷水冲洗，或者放入盆中多洗几遍。菜帮容易沾上泥土和沙子，清洗时注意检查。你可以将菜帮掰开，放在水龙头下用冷水冲洗。

2. 用厨师刀将菜叶和菜帮切开。如果菜帮很长，贯穿整个叶片，你可以从菜叶中间以 V 字形切开。如果菜帮的根部裂开或变黄，切去。

3. 如果菜帮的宽度超过 3 厘米，纵向切为两半。

4. 将菜帮堆叠在一起，横着切成 0.6~2 厘米宽的条，或者根据菜谱的具体要求切。

5. 将菜叶叠起来，从左向右卷起来（不要从上往下卷）。

6. 横着切菜叶。将菜叶和菜帮分开储存（烹制时有些菜谱会要求菜帮多烹制一会儿）。

切成 2 等份或 4 等份

（小油菜）

将小油菜干枯、变硬或变黄的根部切掉，注意
不要切太多，要确保整棵小油菜不散开。纵向切成
2 等份或 4 等份，具体情况按菜谱要求处理。你也可
以先将叶子切下，再将菜帮切成 3~5 厘米长的长条。

切条

（乌塌菜）

将菜茎底部切下，将叶片分离。叶子上保留约
3 厘米长的茎，将茎横着切成 3~5 厘米长的条。

大厨建议

·小白菜在生长的任何阶段都可以
采收。完全成熟的小白菜可能特别大，
有 25~50 厘米长，你需要在烹制前先切

开，注意要将叶子从菜帮上切下。小油菜，菜如
其名，很小，比较甜，你可以直接将整棵小油菜
切成 2 等份或 4 等份。

最适合的烹饪方法

🥬 蒸小油菜
2~4 人份

将可折叠蒸笼放入一口锅中，向锅内倒入水。大火将水煮沸。将 4~5 棵小油菜纵向切成两半，放在蒸笼中。盖上锅盖蒸 4~6 分钟，至菜帮开始变软，期间如有需要可再加水。同时，将香油、酱油和红辣椒碎混合均匀，洒在蒸好的小油菜上。

🥬 炖小白菜
2~4 人份

将 2 汤匙植物油倒入一口大平底锅中，中高火加热至油冒青烟。放入 680 克切成丝的小白菜帮，翻炒 5 分钟左右，直至小白菜帮轻微变色且刚刚变软。放入 3 瓣切碎的蒜，翻炒 30 秒左右至出香味。放入切好的小白菜叶丝和 1/2 杯蔬菜高汤，放入盐和现磨黑胡椒调味。将火调小，盖上锅盖炖 8~10 分钟，不时翻动，直至小白菜叶变得非常软。

🥬 蒜炒小白菜
2~4 人份

中高火加热一口中等大小的炒锅，至滴入 1 滴水时水立刻蒸发。倒入 2 汤匙植物油，放入 2 瓣切碎的蒜和 1 汤匙去皮后切碎的姜，翻炒 10 秒左右，至炒出香味。准备 1 大棵小白菜，菜帮切碎后放入锅中炒 2 分钟，不时翻动，直至开始变软。将 2 汤匙味淋、1 汤匙酱油和 1 茶匙糖或蜂蜜调好的酱汁倒入锅中。盖上锅盖焖 2 分钟，再揭开锅盖翻炒，直至菜帮外脆里嫩（小油菜和乌塌菜炒得更快些），最后在上面撒一些烤芝麻。

🥬 芝麻酱油炒乌塌菜
2 人份

在一个小碗中混合均匀 1 汤匙酱油、1 汤匙味淋、1/2 茶匙香油、1 茶匙蜂蜜和 1 汤匙水。大火加热平底锅，放入 1 汤匙植物油和 1/2 茶匙切碎的蒜，炒 10 秒左右，至出香味。放入 300~450 克乌塌菜（1 大棵，茎斜切成 3~5 厘米长的长条，菜叶不要切），翻炒 30 秒~1 分钟，直至叶子蔫软。加入调好的酱汁（芝麻酱油）炒 2 分钟，不时翻动，直至乌塌菜变软。撒一些烤芝麻或切碎的烤腰果。

你也可以用小油菜代替乌塌菜，将菜叶从菜帮上切下，菜帮切成 3~5 厘米长的条。

西蓝花
和西兰薹

西蓝花是最完美的蔬菜。西蓝花富含植物营养素，烹制方便，还可以与任何食物搭配。西兰薹——西蓝花的"小兄弟"，是西蓝花和芥蓝杂交的品种。

最佳食用季节

秋季至冬季。

品种

绿球西蓝花、马拉松西蓝花、紫球西蓝花和沃尔瑟姆西蓝花（这几种蔬菜的口感类似）。

最佳拍档

意大利香醋、卷心菜、胡萝卜、腰果、花椰菜、切达奶酪、菲达奶酪、蒜、姜、山羊奶酪、苤蓝、柠檬汁、柠檬皮屑、味噌、橄榄、洋葱、帕尔玛干酪、欧芹、花生、松子、红辣椒碎、大米、盐渍乳清奶酪、青葱、芝麻、香油和核桃仁。

挑选

挑选西蓝花时，要挑选花球紧密挨在一起的深绿色西蓝花；不要买花球分离、颜色变黄的。如果存放在冰箱中的西蓝花变黄了，你可以将变黄、变干的部分切掉。

挑选西兰薹时，要挑选看起来新鲜的，不要挑选蔫软甚至变干的西兰薹。西兰薹的茎要很硬实，不能是软塌塌的。

储存

未清洗的西蓝花放在敞口的塑料袋中，放入冰箱可以储存1周。储存西兰薹的理想方法是，用厨房纸巾将西兰薹的梗包起来。如果用塑料袋装起来，放在冰箱中可储存2周。

蔬菜的处理

清洗

　　清洗西蓝花时，先将花冠浸在冷水盆中清洗，再放在水龙头下用流水冲洗。清洗西兰薹时，将西兰薹浸入冷水盆中，轻轻擦洗花球和梗部。

切花球和花梗
（西蓝花）

1. 用厨师刀切下花冠下方的大部分梗。
2. 将花冠放在案板上，从花球连接处将花球切开。
3. 将每个花球切成约 3 厘米宽的块。在烹制时，为保证所有的西蓝花都能受热均匀、入味，可以将特别大的花球切开，这样花球就差不多大了。
4. 用削皮刀将西蓝花梗上的叶子和坚硬的叶根部削下。
5. 用蔬菜刨将梗上坚硬的纤维质外皮削下，削至露出半透明的、柔软的嫩芯。
6. 将削皮后的西蓝花梗横着切成 0.6 厘米厚的片。

大厨建议

　　•西蓝花的梗不要扔掉——买它也花钱了！可以将西蓝花梗坚硬的外皮削去，留下里面浅绿色的嫩芯。将嫩芯切成薄片或者细条，和西蓝花球一起烹制。
　　•注意西蓝花不要烹制得过熟，否则会破坏口感，让西蓝花变得过软而失去风味。

　　•与西蓝花相比，西兰薹的茎更细长、软嫩，花球也较小。只要加一些甜味和胡椒味的调料，整棵西兰薹都可以食用。你只需用厨师刀将西兰薹干枯的末端切掉，便可以烹制了。烹制好的西兰薹既嫩又脆。

最适合的烹饪方法

烤西蓝花

将切好的西蓝花或西兰薹拌入橄榄油，并加入盐和胡椒调味，之后将其平铺在有边烤盘上。将烤箱预热至220℃，烘烤过程中要翻面，直至西蓝花或西兰薹变软，呈褐色。一般情况下，西蓝花需要烤25~30分钟，西兰薹需要烤10~15分钟。

注意，烘烤时西蓝花的梗熟得更快，很快变软。所以，西蓝花的梗要切成厚片，放在单独的烤盘中烘烤，烤软后即可取出；也可以在西蓝花球烤5分钟后，再放入西蓝花梗烤。

炒西蓝花

将切好的西蓝花或西兰薹放入炒锅中，向锅内加水至刚好没过锅底，大火加热，不盖锅盖。水沸后，将火调小。煮3分钟左右，西蓝花会变软，且更加鲜亮。待水蒸发完后，在西蓝花上淋一些橄榄油或将西蓝花拨到锅边，在锅中熔化1块黄油。调至中高火，向锅内加入盐、胡椒粉或红辣椒碎调味，翻炒2分钟左右，至西蓝花变软且呈淡褐色。最后，加一些柠檬汁和/或帕尔玛干酪碎。

你也可以在平底锅中加入2~3汤匙橄榄油，中火加热，加入蒜片。翻炒30秒~1分钟，直至蒜片变成金黄色。向锅中放入蒸过的西蓝花或西兰薹（见下文），翻炒2~3分钟至西蓝花或西兰薹变软并呈淡褐色，最后加入柠檬汁。

蒸西蓝花

在锅内倒入水，将可折叠蒸笼放入锅中。大火煮沸，将西蓝花块平铺在蒸笼中。盖上锅盖蒸3~6分钟至西蓝花微熟，期间若水蒸发完，需加水。

生吃或焯西蓝花

我个人认为，将生西蓝花放在沙拉中，并辅以柑橘味油醋汁食用时，生西蓝花才能体现出最佳的风味。

准备法式蔬菜沙拉拼盘中的西蓝花时，将西蓝花焯一下，不仅可以去生味，还能使其只有新鲜的色泽和脆爽的口感（可以在做沙拉的前一天焯，之后将冷却、沥水后的西蓝花放入密闭的容器中）。将西蓝花放入煮沸的盐水中，焯1分钟左右，之后迅速捞出，再放入盛有冷水的碗中。待西蓝花块冷却后，将水沥干，再放在厨房纸巾上，以进一步吸去水分，必要时可用厨房纸巾轻拍，把水吸干。

焦糖西蓝花

配辣椒油和帕尔玛干酪

4~6 人份

我建议你试试蒜烤西蓝花，我保证你在吃过蒜烤西蓝花后，肯定不想再吃蒸西蓝花了。在西蓝花花球里拌一些柠檬皮屑、柠檬汁、帕尔玛干酪碎，再滴几滴自制的辣椒油，你就可以在家中做出一道舌尖上的美味，一道看电视时吃的零食了。我建议你在里面拌一些熟谷物（法拉小麦和黑米就不错）或意大利面，再加一些意大利白豆、柠檬汁和辣椒油后食用。

1350 克西蓝花（2 棵或 6 朵，花球切开，梗去皮并切成约 1 厘米厚的圆片；见"小贴士"）

3 瓣蒜（切成薄片）

1/4 杯特级初榨橄榄油

3/4 茶匙细海盐（多准备一些，用于调味）

1/8 茶匙现磨黑胡椒碎

2 个柠檬（一个刨掉屑后切成两半，一个切 4~6 片楔形片）

1½ 汤匙辣椒油（做法见文后）

1/3 杯现磨帕尔玛干酪碎

---

1. 将烤箱预热至 220℃，在有边烤盘中铺一层烘焙油纸。

2. 在大碗中放入西蓝花、蒜片、橄榄油、3/4 茶匙细海盐和黑胡椒碎，搅拌均匀。

3. 将西蓝花铺在烤盘中，烤 25~30 分钟，中途翻面，烤至西蓝花焦糖化且部分呈棕色。

4. 将烤好的西蓝花迅速放入之前的大碗中，加入柠檬皮屑，挤入半个柠檬的汁，淋上辣椒油，加入一半的帕尔玛干酪碎后搅匀。可加入细海盐调味。将西蓝花摆盘，在西蓝花上撒上剩余的帕尔玛干酪碎，配切好的柠檬一起食用。

小贴士： 切花球时留 3 厘米长的梗。将梗去皮并切成薄圆片，炒菜时用。处理好的西蓝花放在密闭容器中，可以储存 3 天。

辣椒油

1/4 杯

1/4 杯特级初榨橄榄油
1 茶匙红辣椒碎

在煎锅中放入橄榄油和红辣椒碎，中火加热 2 分钟左右，至辣椒发出嘶嘶声。将辣椒油倒入耐热碗中，冷却至室温。用双层细网格的筛子过滤辣椒油。做好的辣椒油放在密闭的容器中，在冰箱中可储存 1 个月左右。

西蓝花红菊苣通心粉
配奶油核桃酱

4~6 人份

这道通心粉使用的是红菊苣和西蓝花，在做这道美食时，需要将这两种蔬菜与一种酱料混合搅拌。这种酱料虽然看起来呈奶油状，但不含奶油。做这种酱料的秘诀是用核桃泥，搭配橄榄油和帕尔玛干酪碎。在盛核桃酱的大碗中加入煮通心粉的水和热通心粉时，酱料会变成乳白色，而且意大利面会裹上这种坚果酱——这种味道会弱化红菊苣的苦味。

你可以试着用芦笋、蚕豆、新鲜的圣女果和核桃酱一起配这道通心粉食用。

适量细海盐

1¼ 杯生核桃仁（见"小贴士"）

适量现磨黑胡椒碎

1/2 杯加 2 汤匙特级初榨橄榄油

1/2 杯现磨帕尔玛干酪碎（多准备一些，用于调味）

680 克西蓝花（1 棵或 3 朵，花球切成 4~5 厘米宽，去皮后的梗斜着切成 4~5 厘米长的条；见"小贴士"）

350 克贝壳状通心粉（或其他通心粉）

5 瓣蒜（切末）

1/4 茶匙红辣椒碎

1 棵红菊苣（200~350 克，去菜芯，切成两半后切细丝）

1 汤匙意大利香醋

---

1. 准备两口锅。在小炖锅中放上清水；在大炖锅中放上盐水。大火煮沸。

2. 将核桃仁放入清水中煮 8 分钟左右，直至核桃仁变软。用笊篱捞去浮在水面上的核桃皮。用滤锅将煮好的核桃仁沥干，用冷水冲洗、沥干。

3. 将核桃仁、1/2 茶匙细海盐和 1/4 茶匙黑胡椒碎放入食物料理机中搅拌。在搅拌过程中，加入 1/2 杯橄榄油。将食物料理机壁上的酱料刮下来，随后加入 1/2 杯帕尔玛干酪碎，搅拌几下，使酱料中的各种食材融合在一起。之后将一半的酱料放入一个大碗中。

4. 将西蓝花放入煮沸的盐水中煮 3 分钟左右，至西蓝花鲜嫩酥脆。用漏勺将西蓝花捞入滤锅中，沥干。继续烧沸盐水。用冷水冲一下西蓝花，再沥干。

5. 将贝壳状通心粉放入沸盐水中煮 12 分钟左右，搅拌（具体操作按包装上的要求进行）直至通心粉变得有嚼劲。沥干通心粉，并留 1 杯煮通心粉的水。

6. 将剩下的 2 汤匙橄榄油倒入煎锅中，中火加热。加入蒜末和红辣椒碎炒 1~2 分钟，至蒜末变软但还没变成棕色。加入红菊苣和 1/8 茶匙细海盐后炒 3 分钟，直至红菊苣变软，不时搅拌。加入意大利香醋后，再翻炒 30 秒。

7. 将火调至中高火，加入西蓝花后炒 3 分钟左右，使西蓝花变得更软，之后将锅从灶上移开。

8. 在盛核桃酱的大碗中加入 1/4 杯预留的煮通心粉的水，拌匀，加入通心粉，使其均匀裹上酱料。加入炒好的西蓝花和红菊苣，拌匀。如有需要，可以再加一些核桃酱和煮通心粉的水调味。最后，

在面上撒一些现磨帕尔玛干酪碎，便可食用了。

小贴士：你可以用煮西蓝花和通心粉的水煮核桃仁，给核桃仁去皮，这样你就可以少洗一口锅了，缺点是核桃皮会让通心粉变为棕色。不过，在繁忙的工作日的晚上，也不用介意这些。

切西蓝花花球时，你要切成适口大小。因为如果花球太小，口感欠佳；如果花球太大，又不方便吃。

西洋菜薹

西洋菜薹的英文名和西蓝花的相近，茎和花球也相仿，但是西洋菜薹和西蓝花完全没关系。西洋菜薹口感苦涩且有泥土香，其外形和味道更接近芜菁叶。

最佳食用季节

春季、秋季和初冬。

最佳拍档

黑加仑干、蒜、柠檬汁、柠檬皮屑、马苏里拉奶酪、帕尔玛干酪、佩克里诺奶酪、松子、葡萄干、红辣椒碎、红葡萄酒醋、意大利乳清奶酪、盐渍乳清奶酪、烤番茄、雪利酒醋、洋姜和南瓜。

挑选

西洋菜薹一般按捆出售，你要挑选茎细且脆、叶片鲜嫩翠绿的，而不是发黄或变软的。有些西洋菜薹的小花球与西蓝花花球类似。优质的西洋菜薹叶子茂密，没有花球或花球很小。

储存

西洋菜薹购买后应尽快食用，若在冰箱中储存，最多可以储存4天。在冰箱中储存时，西洋菜薹要放在敞口的塑料袋中，以保证空气流通（如果你购买的西洋菜薹是用绳捆起来的，要先解下绳子，再储存起来）。

蔬菜的处理

切段

1. 将茎的底部切去约 3 厘米长，如果茎特别硬，多切去一些。
2. 茎切成三段，或者切成 3~5 厘米长的段。花球

不要切，花球下留一截茎（茎的末端切去后，西洋菜薹也可以整棵烹制。不过，如果切了茎，吃的时候比较方便）。

大厨建议

· 西洋菜薹熟得特别快。烹制时，在它还有点儿脆的时候，就得关火。

· 炒之前要焯至半熟。炒的时候，一般用蒜、红辣椒碎和油，你也可以不用这几种

调料，不过这几种调料可以中和西洋菜薹的苦味（你也可以使用意大利马背奶酪等乳脂状咸奶酪或者将马苏里拉奶酪和帕尔玛干酪混合在一起，以中和其苦味）。

最适合的烹饪方法

炒西洋菜薹

在一口大炖锅中倒入盐水，煮沸，放入西洋菜薹焯 2~3 分钟，至变软。用笊篱将西洋菜薹捞出，过冷水，沥干。在一口大平底锅中放入几汤匙橄榄油和红辣椒碎，中高火加热，加入蒜末炒 30 秒左右，至炒出香味。放入西洋菜薹，加入盐调味，

炒 2 分钟，直至变软。你也可以按照个人喜好，再加入一些柠檬汁、盐渍乳清奶酪、帕尔玛干酪或佩克里诺奶酪。

当然，你也可以在炒的时候加入烤松子和葡萄干，炒好后加一些柠檬汁或酒醋与奶酪。

西洋菜薹和洋姜片
配小贝壳面和蒜香面包糠

4~6 人份

朋友，这道菜可是超级美味哟，实现了苦味、甘甜、蒜香、黄油香和火候的完美统一。虽然做这道菜的步骤比较多，但是做起来很快。洋姜切薄片后烤至酥脆（见第 280 页），面包糠用油和蒜炒一下，西洋菜薹用沸水焯一下，小贝壳面煮熟，西洋菜薹用红辣椒碎和蒜炒熟，然后将这些混合起来就可以吃了。这道菜就是这么简单！

虽说酥脆的洋姜片给这道菜增添了别样的风味，你也可以不加它（我真不想这么说）。不过，如果洋姜片烤多了，你可以把它当作零食吃。

适量细海盐	3 汤匙无盐黄油
230 克洋姜（处理干净，用蔬果刨刨成 0.3 厘米厚的圆片）	1/2 茶匙红辣椒碎
5 汤匙特级初榨橄榄油	适量现磨黑胡椒碎
1 杯新鲜粗粒面包糠（见第 19 页）	适量粗粒或片状海盐（起锅时加入）
4 大瓣蒜（切碎，做成蒜泥）	3/4 杯现磨帕尔玛干酪碎（或盐渍乳清奶酪碎）
450 克西洋菜薹（去粗茎，茎和叶子切成 4~5 厘米长的条）	适量特级初榨橄榄油（起锅时用）
350 克小贝壳面	

---

1. 将烤箱预热至 220℃。将一大炖锅盐水煮沸。在盘子上铺上厨房纸巾。

2. 将洋姜放入一个中等大小的碗中，倒入 1 汤匙橄榄油后搅拌均匀，让每片洋姜都均匀沾上橄榄油。将洋姜片铺在双层无边烤盘上，每片之间要留有空隙，片与片不要堆叠。在上面撒一些细海盐后烤 12~15 分钟，直至洋姜变得金黄酥脆（注意，一旦烤好，就立即取出）。将烤好的洋姜放在一边晾凉。

3. 在晾洋姜时，在一口中等大小的不粘煎锅中倒入 1 汤匙橄榄油，中小火加热。放入面包糠，持续翻炒 3 分钟左右，直至面包糠开始变黄（如果面包糠开始变煳，将火调小）。加入一部分蒜泥，翻炒 2 分钟，使面包糠变得金黄，并发出蒜香。稍微加点儿盐调味，将面包糠放到铺了纸巾的盘子中晾凉。

4. 将西洋菜薹先放入沸水中焯 2 分钟左右，不时搅拌。即将变软时用漏勺或夹子取出，放入冰水中，之后用滤锅沥干。将多余的水分轻轻地挤出后，放在一边备用。

5. 将小贝壳面放入沸盐水中煮 10 分钟左右，不时搅拌。请参考包装袋上的具体说明。

6. 在一口大炒锅中放入剩余的 3 汤匙橄榄油和 1 汤匙黄油，中火加热。放入余下的蒜泥和红辣椒碎翻炒 30~60 秒，炒出蒜香，不要将蒜泥炒煳。放入西洋菜薹，用夹子搅拌，使其均匀裹上调料。加入细海盐和黑胡椒碎调味，再倒入 1/2 杯煮面水炖 2 分钟，不时搅拌，直至西洋菜薹变得更软、更入味。

7. 用漏勺将小贝壳面捞出、沥干，放入盛西洋菜薹的锅中。倒入 1 杯煮面水后搅拌，使各种食材混合均匀。加入余下的 2 汤匙黄油，搅拌使每种食材均匀裹上黄油。翻炒至锅中的水仅剩一半且变稠。

8. 关火，放入一半洋姜、一半面包糠和一半帕尔玛干酪碎，搅拌均匀后将菜肴盛入碗中或盘中。撒上剩下的面包糠、洋姜、帕尔玛干酪碎，放一点儿粗粒或片状海盐，再滴几滴家里最好的特级初榨橄榄油。

小贴士：你可以将托斯卡纳羽衣甘蓝、芥蓝或芜菁切成细条或剁碎，代替西洋菜薹。

抱子甘蓝

不当烹制曾给抱子甘蓝这种珍品带来了不好的声誉。其实，如果烹制得当，抱子甘蓝可以像蜜糖一样甜得诱人。

最佳食用季节
晚秋和冬季。

品种

迪亚波罗抱子甘蓝（中等大小，味甜且有坚果香）、美国长岛改良抱子甘蓝（市面上常见的原生品种，味道浓郁）和红宝石抱子甘蓝（球芽呈紫红色的原生品种）。

最佳拍档

苹果、甜菜、蓝纹奶酪、切达干酪、蔓越莓干、鸡蛋、法老小麦、蒜、榛子、榛子油、曼彻格奶酪、枫糖浆、芥蓝、橙汁、橙皮屑、帕尔玛干酪、梨、石榴、土豆、红洋葱、大米、意大利乳清奶酪、香菇、红薯、核桃仁、核桃油和南瓜。

挑选

最好买带茎的抱子甘蓝——带茎的抱子甘蓝更甜，保鲜时间也更长。如果买不到带茎的，可以买零散的抱子甘蓝；不要买叶片发黄或变成棕色的抱子甘蓝。购买抱子甘蓝时，叶球大小无关紧要，主要看它是否新鲜。不过，小的或成长时间不长的抱子甘蓝的味道更温和、更甜些。

储存

用两个塑料袋将带茎的抱子甘蓝套起来，一个套上半部分，一个套下半部分；或者用厨房纸巾将茎包起来，注意要卷得松散些。若将抱子甘蓝放在冰箱或凉爽环境中，可储存 3 天，将抱子甘蓝的叶球从茎上摘下后，还可以再储存 7 天。抱子甘蓝放在敞口的塑料袋中，在冰箱中可储存 5~7 天（如果想吃到最好的口感，买后需尽快使用）。

蔬菜的处理

切叶球

1. 如果抱子甘蓝的叶球还在茎上，用削皮刀切下。切的时候，从抱子甘蓝底部和茎的连接处切。
2. 将抱子甘蓝叶球底部切下，切的时候尽量靠近下部。因为如果切得太多，抱子甘蓝的叶球会散开。外层变蔫、变黄及有损伤的部分也剥掉。

切成 2 等份、4 等份或细丝

1. 用厨师刀将抱子甘蓝的叶球从顶部向底部切开，将其一分为二。如果叶球比较大，再纵向切一下，切成 4 等份，这时就和小橄榄的一半差不多大了（小的或者成长时间不长的抱子甘蓝叶球，直径一般不足 3 厘米，可以不切。如果你打算用烤箱或者电烤盘烤，小的不要切开，以免外层烘烤过度）。
2. 如果想生吃或者炒着吃，横着切成细丝，切得越细越好。

最适合的烹饪方法

炒抱子甘蓝丝

在一口大炒锅中放入橄榄油和／或黄油，中高火把油加热后放入抱子甘蓝丝，再加入盐和胡椒调味。翻炒 2~3 分钟，至抱子甘蓝丝开始变软。你也可以在抱子甘蓝丝出锅前，在盘子中撒一些酒醋汁或柑橘类水果的果汁。将抱子甘蓝丝盛入盘子后，在上面撒一些帕尔玛干酪碎、佩克里诺奶酪或曼彻格奶酪碎，或再放些压碎的烤核桃仁、烤榛子或烤杏仁。

烤抱子甘蓝

将切成 2 等份或 4 等份的抱子甘蓝（洗后带点儿水）用橄榄油、盐和胡椒搅拌均匀。将抱子甘蓝铺在有边单层烤盘中，切面向下，块之间留有空隙，不要太挤。烤箱预热至 230℃烤 20~25 分钟，使其外脆里嫩。

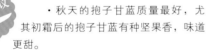

大厨建议

· 秋天的抱子甘蓝质量最好，尤其初霜后的抱子甘蓝有种坚果香，味道更甜。

· 1 根茎上的抱子甘蓝一般重 900~1400 克。

🥬 煎抱子甘蓝
2~4 人份

在一大锅沸盐水中放入 450 克抱子甘蓝，中火炖 4~6 分钟，至稍稍变软。将抱子甘蓝沥干后放入冰水中冷却，捞出、沥干后放到铺了厨房纸巾的烤盘中（厨房纸巾可以吸收多余的水分）。在一口大煎锅中放入 2 汤匙橄榄油，高火加热至橄榄油开始冒青烟。放入抱子甘蓝，切面向下放置，不要翻动，中高火煎 4 分钟左右，直至切面呈棕色。加入 2 汤匙黄油、1/4 茶匙盐和一些黑胡椒碎后，再煎 3 分钟，期间不时翻动，直至抱子甘蓝变得焦黄酥脆。你还可以再加一点儿盐和胡椒，再撒一些现磨帕尔玛干酪碎调味。

腌抱子甘蓝丝
配石榴籽、核桃和曼彻格奶酪

4~6 人份

如果你喜欢吃烤的酥脆抱子甘蓝，那么你应该也会喜欢生吃腌抱子甘蓝丝。这道菜很像卷心菜沙拉，鲜美可口，既可以当作主菜，也可以当作餐前开胃菜或者配菜食用。配上丝滑、细腻的羊奶酪和味道浓郁的爽口石榴籽，这道菜的营养实现了完美的均衡。你还可以在里面加一些核桃仁或核桃油，以丰富菜肴的口感。如果没有核桃仁或核桃油，你可以多加一些橄榄油。你还可以用帕尔玛干酪或佩克里诺奶酪代替曼彻格奶酪。本道菜是秋冬季节最佳菜品之一。

---

2 汤匙白葡萄酒醋

1 茶匙现磨柠檬皮屑（多准备一些，用于调味）

1 汤匙鲜榨柠檬汁

1 茶匙第戎芥末

适量细海盐

适量现磨黑胡椒碎

450 克抱子甘蓝（处理好后切成细丝）

1~2 汤匙核桃油

2 汤匙特级初榨橄榄油

1/2 杯 ~3/4 杯石榴籽（从 1 个中等大小的石榴中取出的量；见"小贴士"）

3/4 杯烤核桃仁（切成粗粒）

2/3 杯现磨曼彻格奶酪碎（约 60 克）

---

1. 在一个大碗中放入葡萄酒醋、柠檬皮屑、柠檬汁、第戎芥末、3/4 茶匙细海盐和黑胡椒碎，搅拌均匀。放入抱子甘蓝，搅拌使其均匀裹上酱汁，腌 5 分钟。

2. 碗中放入 1 汤匙核桃油和 2 汤匙橄榄油，搅拌均匀。放入石榴籽、核桃仁和 1/4 杯曼彻格奶酪，搅拌均匀。再加入细海盐、黑胡椒碎和核桃油调味。将抱子甘蓝放入饭碗或盘子中，再在上面撒上剩下的曼彻格奶酪，并根据你的喜好撒一些柠檬皮屑。

小贴士：将石榴籽从石榴中取出的方法很多，不过我建议的方法更简单、更快，也不会将厨房搞得很脏、很乱。先将石榴的头部和尾部去掉；再沿着白色隔膜竖直切成 4 份；接着将石榴浸泡在 1 碗冷水中，用手指轻搓，石榴籽便会出来。碗中的水不仅可以避免石榴籽四处散开，还便于将浮在水面的白色隔膜清理出来。将石榴籽捞出、沥干。在整个过程中，你可能损失一些石榴籽，但是那一点儿微不足道。

烤抱子甘蓝和红薯
配法老小麦和橙醋

4~6 人份

做法简单、营养丰富的工作餐就是将各类时令蔬菜、谷物和醋拌起来吃，这道菜的做法就是如此（另见第 39 页，芦笋沙拉）。在这道菜中，人们会用甜辣酱汁烤秋季的抱子甘蓝和红薯，使其外脆里嫩。烤好后与温热的带有麝香草香的法老小麦搭配，再撒上柑橘风味的油醋汁。这样就做出了一道有坚果香、酥脆有嚼劲、甜咸适宜、香气四溢的美食。

希望这道菜可以激发你烹制其他蔬菜（无关季节）或者用其他烹饪方法做这道菜的兴趣。在小吃货餐厅，我们会用甜菜、茴香根和法老小麦配橙醋吃。

适量细海盐

1½ 杯生法老小麦（洗净、沥干；见"小贴士"）

300~450 克红薯（1 个稍大点儿的，去皮后切成约 2 厘米见方的块；见"小贴士"）

3 汤匙特级初榨橄榄油

1 汤匙纯枫糖浆

1/4 茶匙红辣椒碎

450 克抱子甘蓝（小的切成 2 等份，大的切成 4 等份）

1/2 个红洋葱（大点儿的，切成 1 厘米见方的块）

适量橙醋（见"小贴士"；做法见文后）

1/2 茶匙新鲜的百里香碎

1/3 杯烤核桃仁（或碧根果或榛子；剁碎）

适量现磨黑胡椒碎

适量菲达奶酪碎（或鲜山羊奶酪碎；撒在菜上面；可选）

---

1. 将烤箱预热至 220℃。在两个烤盘上铺上烘焙油纸。准备一大锅盐水，大火煮沸。

2. 放入法老小麦煮 18~25 分钟，直至变软，但不要太软，捞出并用滤锅沥干。

3. 在一个盆中放入红薯、1 汤匙橄榄油和 1/4 茶匙细海盐，搅拌均匀。将红薯平铺在一个烤盘上，烤 20 分钟后翻面继续烤，直至红薯变软且呈浅棕色。全部烘烤时间为 30~40 分钟。

4. 在搅拌红薯的盆中放入剩下的 2 汤匙橄榄油、枫糖浆、红辣椒碎和 1/4 茶匙细海盐，搅拌均匀。放入抱子甘蓝和红洋葱，搅拌均匀。将抱子甘蓝和红洋葱平铺在另一个烤盘上，注意将抱子甘蓝切面向下放置。烤 25~30 分钟，直至抱子甘蓝变软且呈棕色，红洋葱也变软。

5. 将法老小麦放入一个盆中，放入烤好的、温热的蔬菜。加一些橙醋，一次加几汤匙，以调出自己喜欢的口味。放入百里香和烤核桃仁后，搅拌均匀，可以根据情况加入细海盐和黑胡椒碎调味，也可以在上面再撒一些奶酪。趁热吃或晾至室温时吃都可以。

小贴士：你可以不加醋，而是在法老小麦上放烤好的蔬菜，最上面放百里香、烤核桃仁和一些奶酪。

你可以用藜麦、大麦、古斯古斯面或黑米代替法老小麦，用南瓜代替红薯。

衍生做法

甜菜、茴香根和法老小麦配橙醋：将菜谱中的烤抱子甘蓝、红洋葱和红薯换成680克（烤熟、煮熟或蒸熟的）红甜菜（或混合在一起的黄金甜菜和基奥贾甜菜），红甜菜要切成1厘米见方的块。在第5步时先将甜菜和1/4杯醋拌在一起，在室温下腌15分钟以上，或在冰箱中冷藏2小时，之后放入法老小麦中，再放点儿醋。最后加入1杯茴香根片和1/3杯烤过的核桃仁、榛子或开心果。我建议你加一些菲达奶酪、羊奶酪或盐渍乳清奶酪。

橙醋

约 1/2 杯

3汤匙鲜榨橙汁（约用1个橙子）
1/2茶匙新鲜的橙皮屑
1汤匙香槟醋（或白葡萄酒醋）
2茶匙纯枫糖浆
1/4茶匙细海盐
1/8茶匙现磨黑胡椒碎
3汤匙特级初榨橄榄油

在一个小碗中放入橙汁、橙皮屑、香槟醋或白葡萄酒醋、枫糖浆、细海盐和黑胡椒碎，混合均匀。慢慢倒入橄榄油，一边倒一边快速搅拌，使橙醋呈乳脂状。将橙醋放入密闭的容器中，冷藏可存放 1 周。

卷心菜

卷心菜与西蓝花、抱子甘蓝、羽衣甘蓝和苤蓝属于同一个大家族。卷心菜最有名的吃法是卷心菜沙拉。不过，炒或炖的卷心菜既软又甜，也非常好吃。

最佳食用季节

晚秋至春季。

品种

圆白菜（最常见的品种，适合用来做卷心菜沙拉，也很适合炖或煎）、紫甘蓝（叶片较厚，呈紫色，叶子茂盛；适合炖、炒或生吃）、大白菜（呈浅绿色，叶片较软；可生吃，也可稍微蒸一下或煎）和皱叶包菜（味甜叶脆；可生吃、炖或煎）。

最佳拍档

苹果、苹果酒醋、西蓝花、黄油、胡萝卜、西蓝花、切达干酪、芜菁、奶油、咖喱料、莳萝、菲达奶酪、蒜、姜、苤蓝、花生、碧根果、辣椒、土豆、葡萄干、红葡萄酒醋、青葱、酱油、百里香、香油、烤核桃仁和白葡萄酒醋。

挑选

优质的卷心菜顶端颜色鲜艳，叶片紧密地包在一起。同等大小的卷心菜，更重的较好些。不要挑选顶端特别干或者颜色不鲜艳甚至发黑的卷心菜。

储存

放在敞口塑料袋中，冷藏时可存放 2~3 周。在储存过程中，如果外面的叶子开始打蔫或颜色变浅，剥掉即可，里面的叶片应该还是很好的。

蔬菜的处理

清洗

将外层很松的或打蔫的叶片剥掉。用厨师刀将卷心菜从顶端向下切成4等份。在水龙头下用流水清洗或在一盆冷水中清洗，洗好后用厨房纸巾吸干。切面向下放置。

大厨建议

· 在所有的卷心菜中，紫甘蓝烹制的时间最长（炖煮较好）。在烹制时，加入一些酸性调味品，如柠檬汁或醋，否则紫甘蓝会变成蓝色。

· 食物料理机可以轻松解决一大棵卷心菜。将卷心菜切成小点儿的块，放入食物料理机中，切成细丝。

切丝

1. 用厨师刀将卷心菜从顶端向下切成4等份。之后斜着切下硬菜芯。

2. 剥下几片叶子，堆叠在一起，横着切成细丝。切大白菜时，先将宽叶片纵向切开，再横着切丝。你可以按照这种切法，每次切几片。

最适合的烹饪方法

炒卷心菜

在一口炒锅中用中高火熔化黄油或加热橄榄油。放入卷心菜丝，用盐和胡椒调味，炒5~8分钟使其稍稍变软即可。

黄油炖卷心菜

6 人份

在一口荷兰炖锅中用中高火熔化3汤匙无盐黄油（还可以先加1茶匙咖喱粉和1茶匙鲜姜末，煎1分钟）。加入900克紫甘蓝丝（或圆白菜丝或大白菜丝）和1/2茶匙盐。翻炒至卷心菜变蔫。倒入1杯水，煮沸后将火调小。盖上锅盖炖20分钟，直至叶片变软。揭开锅盖后再炖5分钟左右，不时搅拌，直至卷心菜变得特别软且水快蒸发完时，倒入一些苹果酒醋，再烹制一会儿。最后加入盐和现磨黑胡椒碎调味。

其他做法：在黄油中放入洋葱或蒜，变软后放入卷心菜炖10分钟。

🥬 炖卷心菜
配切达干酪烤面包片

4~8 人份

在一口荷兰炖锅中用中火熔化3汤匙无盐黄油。放入680~750克紫甘蓝（切成4等份，去芯后切成细丝）、1杯水（如果卷心菜洗后带着水，加入3/4杯水）、1/2茶匙盐和1/8茶匙现磨黑胡椒碎。锅不要盖严，炖15分钟左右，不时搅拌，直至卷心菜变软，水蒸发完。如果卷心菜在变软前水就蒸发完了，再多加点儿水，最多加入1/4杯。

拿掉锅盖，倒入3汤匙意大利香醋或苹果酒醋，翻炒一下，至少煮3分钟，不时搅拌，直至醋蒸发完。你可以根据个人喜好决定是否再加入1/3杯葡萄干和1/3杯烤核桃碎或烤碧根果碎。加入调料调味。

做烤面包片时，将烤箱预热至190℃。将1片厚的法棍斜切成1厘米宽的片。将面包片堆叠起来，切掉边沿，放入单层有边烤盘中。在面包片上滴几滴特级初榨橄榄油，撒一点儿盐，烤5分钟左右后，放在一边晾凉。在烤面包片上放几大勺卷心菜，每片烤面包片上放的菜量相同，均匀撒上2½杯味道较浓的现磨切达干酪碎，放入烤箱上火烤3~5分钟，烤至奶酪变棕色，烤面包片呈黄棕色。也可以在上面撒些新鲜的香葱、粗粒或片状海盐以及胡椒。

刺菜蓟

刺菜蓟和洋蓟为近缘，口感比较特别，和洋蓟的口感类似。

最佳食用季节

晚秋至春季。

最佳拍档

面包糠、黄油、细叶香芹、香葱、奶油、鸡蛋、佛提那奶酪、蒜、格鲁耶尔奶酪、榛子、柠檬汁、柠檬皮屑、蘑菇、帕尔玛干酪、欧芹、佩克里诺奶酪、土豆、红葱、洋姜和白葡萄酒。

挑选

刺菜蓟是按棵卖的。不要挑选茎部多筋、有碰伤或有裂纹的刺菜蓟，也不要购买太老的刺菜蓟，因为太老的刺菜蓟，茎的内部糠了。

储存

用塑料袋把刺菜蓟包起来，在塑料袋上戳几个孔，以便空气流通。这样，刺菜蓟可以储存2周。刺菜蓟存放得越久，味道越苦。

蔬菜的处理

刺菜蓟洗净后,其处理方法和芹菜的(见第 97 页)相同。

择菜和清洗

1. 在一个大碗中放入柠檬水(见第 25 页"大厨建议")。用厨师刀将茎部末端切去,最外层比较硬,可以丢掉。
2. 处理特别长的茎时,将顶部的叶子切去。
3. 用手将茎上残留的叶子去掉。
4. 用削皮刀将茎上坚硬的纤维质外皮削掉。茎上

的叶子及茎与叶子连接部分的凸起用削皮刀或削皮器削去。如果茎上凹陷部分的外皮特别厚,也削掉。用冷水清洗刺菜蓟,洗掉上面的尘土。处理好后,将刺菜蓟迅速泡在柠檬水中,以防止氧化后变成棕色。

预煮

烹制刺菜蓟前,一般要先煮一下。用大火将一大锅淡盐水煮沸(为了让刺菜蓟有柠檬味,我一般会再放入柠檬汁和半个柠檬的皮)。将切好的刺菜蓟放入锅中,待水重新沸腾后,小火慢煮。锅盖不要盖严,煮至刺菜蓟变软,用削皮刀可轻松插入。新鲜的刺菜蓟需要煮 25~30 分钟,老一点儿的刺菜蓟煮的时间会更长点儿,但是 1 小时也足够了。煮好后尝几块看看是否熟透,尤其要尝尝较大的块。

最适合的烹饪方法

煎刺菜蓟
4 人份

将 450 克刺菜蓟择好、去皮、清洗后，茎切成 8 厘米长的段（宽不超过 3 厘米）。将刺菜蓟煮软（参考前文"预煮"的方法），煮的时候在水中放入柠檬汁和半个柠檬的皮。将 1/2 杯面粉、1 茶匙细海盐和 1/4 茶匙现磨黑胡椒碎放入第一个碗中，搅拌均匀。在第二个碗中放入 1 个大鸡蛋、1 汤匙水和 1/4 杯现磨帕尔玛干酪碎，搅拌均匀。再在第三个碗放入 1 杯面包糠。

在一口深煎锅中放入 1/2 杯植物油，加热至冒青烟。同时，将刺菜蓟分批放入调好的面粉混合物中，搅拌让刺菜蓟裹上面粉混合物。把刺菜蓟拿出来时，抖掉多余的面粉混合物，蘸上蛋液，抖掉多余的蛋液，再裹一层面包糠，拍掉多余的面包糠，之后迅速放入热油中。分批炸刺菜蓟，一次不要放太多，每面炸 1~2 分钟，至变金黄色。将炸好的刺菜蓟放在厨房纸巾上，以吸去多余的油。配柠檬块吃。

刺菜蓟意大利青酱
2 杯

将 450 克刺菜蓟择好、去皮、清洗后，茎切成 5 厘米长的段。将刺菜蓟放入一大锅淡盐水中，大火煮沸后，将火调小炖 30~40 分钟，刺菜蓟变软后，捞出、沥干。在食物料理机中加入 1 小瓣切碎的蒜、1/3 杯剁碎的烤松子、刺菜蓟、1/4 杯新鲜平叶欧芹叶、1/2 茶匙现磨柠檬皮屑、2 茶匙鲜榨柠檬汁、1/4 茶匙细海盐和 1/8 茶匙现磨黑胡椒碎，搅拌至成泥。再加入 1 汤匙特级初榨橄榄油和 1/2 杯现磨帕尔玛干酪碎，接着搅拌使各原料混合均匀且呈奶油状（这种酱不会特别丝滑）。加入 2 汤匙橄榄油，以调出合适的浓稠度。再加入 1 茶匙柠檬汁、盐和胡椒调味。你可以用刺菜蓟松子青酱配薄脆饼干或油烤脆面包片吃。

刺菜蓟泥
3 杯

在一口大炖锅中倒入水，大火煮沸。将 900 克刺菜蓟处理好后，切成 5 厘米长的条。向锅中加入 1/2 个柠檬榨的汁、1 大撮细海盐和刺菜蓟。待锅中的水重新沸腾后，将火调小。锅盖不要盖严，炖 25 分钟左右，直至刺菜蓟开始变软。在锅中加入 230 克育空黄金土豆，（去皮，切成 2 厘米见方的块），煮 15~20 分钟，直至完全变软。将煮好的蔬菜捞出、沥干后，放入食物料理机中，打成泥。在一口中等大小的小炖锅中放入 2 汤匙特级初榨橄榄油，小火加热；加入 2 小瓣切碎的蒜，翻炒 2~3 分钟，直至蒜变软且部分呈金黄色；加入 1/4 杯淡奶油，加热至沸腾状态时关火。在菜泥中加入 2 茶匙柠檬汁、1/4 茶匙盐和 1/8 茶匙白胡椒，再加入奶油混合物，搅拌均匀，直至菜泥变得如奶油般顺滑。放入 2 茶匙新鲜平叶欧芹碎，再加入盐和胡椒调味。你可以趁热吃或放至室温时吃，上面最好再滴几滴橄榄油、撒一点儿欧芹碎，配脆面包片（见第 20 页）食用。

刺菜蓟奶酪面包布丁

6~8 人份

这道菜将刺菜蓟、佛提那奶酪和面包实现了完美的结合。虽说这种布丁的前期准备工作不多，但需要提前准备：你最好提前一天准备好，第二天直接将食材放入烤箱，这样很快就可以享用一顿完美的早午餐或晚餐了。这种布丁口感松软，有蛋香，非常可口。食用时，你还可以配上 1 份绿叶沙拉和 1 杯普洛赛克起泡酒。

适量细海盐

1 个大柠檬

450 克刺菜蓟（1/2 捆或 1 整棵，去叶、去皮后切成 3 厘米长的条）

2 汤匙无盐黄油

1 汤匙特级初榨橄榄油（多准备一些，涂在烤盘上）

1 个中等大小的黄洋葱（切成 0.6 厘米见方的块）

2 瓣蒜（切末）

1/4 茶匙现磨黑胡椒碎

6 个大鸡蛋

1½ 杯低脂或全脂牛奶

2 汤匙新鲜平叶欧芹叶（粗切）

约 1½ 杯佛提那奶酪碎（或格鲁耶尔奶酪碎；约 175 克，粗磨）

约 1 杯现磨帕尔玛干酪碎（60 克）

6 片意大利白面包（或乡村白面包或法棍；头一天生产的，撕成小块）

---

1. 在大炖锅加入淡盐水，煮沸。将柠檬刨皮后，柠檬皮屑放置一旁，柠檬切成两半。将半个柠檬榨汁倒入煮沸的锅中，放入刺菜蓟。待水重新煮沸后将火调小炖 25 分钟左右（有的刺菜蓟炖的时间需长些，但 1 小时足够）。锅不要盖严，水少时加些水，直至刺菜蓟变软。煮好后，捞出刺菜蓟并沥干（放在密闭容器中，在冰箱中可以储存 2 天）。

2. 大平底锅中加入黄油和 1 汤匙橄榄油，中火加热至黄油熔化。加入洋葱和 1/4 茶匙细海盐，炒约 3 分钟，不时翻动，直至洋葱开始变软。加入刺菜蓟、蒜、1/4 茶匙细海盐和黑胡椒碎，调成中高火，继续炒约 5 分钟，直至刺菜蓟变成淡棕色。

3. 在大碗中放入鸡蛋、牛奶、欧芹、柠檬皮屑和 1/4 茶匙细海盐，搅拌均匀；再加入佛提那奶酪碎或格鲁耶尔奶酪碎和一半的帕尔玛干酪碎，搅拌均匀。

4. 将烤箱预热至 200℃。在陶瓷烤盘上涂上橄榄油。

5. 将面包放入刺菜蓟混合物中，搅拌均匀后放在烤盘中。用大勺子或手将蛋液混合物倒在面包和蔬菜上，搅拌均匀。按压面包，使面包完全浸在蛋液混合物中。盖上盖后放在冰箱中冷藏 30 分钟 ~24 小时（静置时间越长，口感越好）。

6. 将剩下的帕尔玛干酪碎洒在布丁上，烘烤 30~40 分钟，直至布丁中间定形，边缘起泡，顶部微焦。

胡萝卜

胡萝卜很好储存，只要条件适宜，可以储存数月。刚从泥土里拔出来的胡萝卜甜度最高。虽然储存时间很长的胡萝卜也可以用来做菜，但我还是建议你用刚收获不久、还带着羽毛状叶子的胡萝卜。吃过后你应该能感觉到，新出土的胡萝卜和存放很长时间的胡萝卜的口感是有差别的。

最佳食用季节

春季至秋季；
全年可购买到。

最佳拍档

意大利香醋、罗勒、芹菜、肉桂、细叶香芹、香葱、芫荽、椰子、古斯古斯面、法式酸奶油、孜然、莳萝、茴香根、菲达奶酪、蒜、姜、蜂蜜、豆荚、柠檬、生菜、枫糖浆、肉豆蔻、欧芹、欧洲防风、土豆、萝卜、迷迭香、蒜叶婆罗门参、青葱、百里香、酸奶和核桃仁。

品种

水果胡萝卜（成长时间较短、甘甜的小胡萝卜——不是普通袋装的小胡萝卜）、帝王系胡萝卜（用途广泛）、南特斯型胡萝卜（南特斯型胡萝卜及其变种——形状和大小一样，很甜）、紫胡萝卜（很甜，有些许辛辣味）、红胡萝卜（有泥土香，很甜，适合生吃）、黄胡萝卜（味道温和，非常适合生吃）和白胡萝卜（非常鲜嫩，口感清脆）。

挑选

购买时要挑选较硬的胡萝卜，不要挑选表皮发皱的或软塌塌的胡萝卜。如果胡萝卜上的叶子新鲜、嫩绿，说明胡萝卜很新鲜。最好购买带叶子的胡萝卜。成熟的胡萝卜表皮较顺滑，无斑痕。中等大小的胡萝卜比大胡萝卜更甜，也更脆。

储存

择掉叶子，留3厘米长的茎。用湿的厨房纸巾将叶子卷起来，放入封口的塑料袋中，冷藏可保存1~2天。未清洗、未择叶的胡萝卜要放在敞口塑料袋中。嫩胡萝卜应尽快使用，完全成熟的胡萝卜可储存3~4周。

蔬菜的处理

胡萝卜的处理方法和其他圆锥形蔬菜的（见第12页）相同。

最适合的烹饪方法

烤胡萝卜

将胡萝卜斜切成1厘米厚的片，倒入橄榄油，搅拌均匀后用盐和胡椒调味。将胡萝卜平铺在单层有边烤盘上。将烤箱预热至230℃，烘烤20~30分钟，不时翻面，直至胡萝卜刚刚变软。

也可以在拌胡萝卜的橄榄油中加入几滴枫糖浆或蜂蜜。你也可以在胡萝卜上撒一些香料，如孜然和香草，或用刚烤好的胡萝卜蘸意大利香醋和新鲜的欧芹碎食用（见第229页"蜂蜜黄油欧洲防风和胡萝卜配迷迭香和百里香"的做法）。

胡萝卜泥

将胡萝卜切成2厘米长的段（680克胡萝卜可以做出2杯胡萝卜泥）。在一口炖锅中倒入盐水，放入胡萝卜，水面要没过胡萝卜3厘米。大火将水煮沸后，盖上锅盖慢炖20分钟左右，直至胡萝卜完全变软。将胡萝卜、黄油、盐、胡椒和一些肉豆蔻放入

食物料理机中搅打均匀。你也可以再加一些柠檬汁或姜汁（见第170页）、几汤匙高脂奶油或1勺酸奶油。墨西哥青酱（见第178页）和胡萝卜泥很搭。

糖衣胡萝卜
3~4人份

将450克胡萝卜切成薄片或5厘米长的细条。将胡萝卜放入一口大炒锅，注入足量的水，水要没过一半的胡萝卜。加入2汤匙无盐黄油或橄榄油（黄油味道更重一些），用盐和现磨黑胡椒碎调味，再加一点儿糖、几滴蜂蜜或枫糖浆（或者不加甜味的调料）。大火将水煮沸后，小火慢炖，锅不要盖严，炖6分钟左右，直至胡萝卜变软。打开锅盖后将水分蒸发完，使胡萝卜裹上糖，形成鲜亮的糖衣，时长5分钟左右。再次加入以上调料调味。再撒一些新鲜的平叶欧芹碎、香葱、罗勒或芫荽。

大厨建议

· 在烹制胡萝卜时，你可以将各个颜色和不同品种的胡萝卜混在一起，也可以买各种颜色的胡萝卜包装在一起的"彩虹胡萝卜"。将不同品种的胡萝卜搭配在一起虽然简单，但是可以产生令人难以忘怀的味道；即使吃的时候不蘸酱料，味道也非常好。你也可以用蔬果刨将胡萝卜削成纸片般薄的片，将胡萝卜片放入绿叶沙拉中，以增加甜味和丰富沙拉的色彩。

· 注意，烹制后的紫胡萝卜经常变成棕色。

· 水果胡萝卜不必去皮。如果水果胡萝卜水分充足、很新鲜，顶部无需去除。

· 做简易意大利青酱时，你可以用胡萝卜叶代替罗勒和其他绿叶蔬菜（见第180页）。

胡萝卜土耳其酸奶酱

胡萝卜土耳其酸奶酱

约 2½ 杯

我曾经在土耳其的一家餐厅工作过，那家餐厅坐落在一座山上，俯瞰地中海，餐厅的厨房整日沐浴在阳光中。我就是在那里学会做这种酱的。后来，每到春夏之季，我都会在家里做这种酱。在你忙了一天后，小酌一杯红酒或喝冰啤酒时，品尝着这种酱，会让你整个人变得神清气爽。这种酱可以让一份普通的法式蔬菜沙拉变成大型聚会必吃的特殊餐点（你都想象不到有多少人找我要过这个菜谱）。你可以用生的彩虹胡萝卜、甜脆豌豆、萝卜和速焯花椰菜搭配这种酱吃；也可以用番茄、黄瓜和菲达奶酪做成的沙拉用这种酱调着吃。我经常用皮塔饼或用海盐调过味的皮塔饼条蘸这种酱吃。

如果你希望酱辣一点儿，那就最后在酸奶上滴几滴辣椒油（见第 61 页），不放橄榄油。

1/4 杯特级初榨橄榄油（多准备一些，在起锅时用）	3/4 茶匙细海盐（多准备一些，用于调味）
3 根中等大小或大的胡萝卜（重 200~350 克，去皮，用四面刨的大孔擦丝）	2 杯低脂或全脂原味希腊酸奶
1/3 杯松子碎（或核桃碎）	1~2 瓣蒜（用刨丝器刨碎、碾碎或碾成糊状）

1. 在一口大炒锅中倒入橄榄油，中高火加热。放入一点儿胡萝卜丝测试油温：如果胡萝卜丝发出嘶嘶声，说明油就好了。把胡萝卜丝全部倒入锅中，翻炒 6 分钟左右，直至胡萝卜丝开始变软。

2. 放入松子和细海盐。将火调至中火后继续翻炒 5~6 分钟，不时翻炒，直至胡萝卜丝完全变软，呈黄棕色，且松子呈金黄色。加入蒜末，翻炒 30 秒 ~1 分钟，炒出蒜香。将胡萝卜丝盛出，晾至温热。

3. 将酸奶倒入一个大碗中，加入温热的胡萝卜丝，搅拌均匀，加入细海盐调味。

4. 将做好的酱放入盛菜的碗中，在上面滴几滴橄榄油。这种酱放在密闭的容器中，在冰箱中冷藏可储存 5 天。

小贴士：你可以根据手边胡萝卜的量和人数，调整各种原料的用量，比例不用完全参照菜谱。你可以多放一点儿酸奶、胡萝卜或橄榄油，只需保证胡萝卜丝在热油中炒至发出嘶嘶声且边缘变软，变成黄棕色即可。

如果当下的时节适合吃西葫芦，你也可以加一些。一般用 1 个西葫芦代替 1 根胡萝卜。

胡萝卜椰子松糕

24 块

我在当主厨前，曾在巴布巴布餐厅当过几年总经理，那时我就有一个和这个菜谱类似的菜谱。我在五楼的办公室时，经常想象八楼餐厅的咖啡店售卖这种蔬菜松糕的情景。当时我每周都请朋友去那里吃一次，不过有时候也顾不上（如忙于汇报工作时）。当时的主厨莫莉在我多次叨扰后，终于将这个菜谱给了我。拿到菜谱后我用自制的胡萝卜泥对这个菜谱做了改良。胡萝卜泥让这种松糕不仅变得特别甜，还富含水分。你在做这种松糕时，可以试试用罐装或自制的南瓜泥。我还特别喜欢在松糕上抹上褐化黄油奶酪霜（见第 232 页）。

做松糕用的面糊密封后放在冰箱中，冷藏可储存 5 天。这样，你可以一次只做几块松糕，过几天再做。

---

680 克胡萝卜（约 10 根，去皮后切成 3 厘米的条）	2 茶匙小苏打
3/4 杯芥花籽油或葡萄籽油	1 茶匙细海盐
3/4 杯无糖椰奶	1 茶匙肉豆蔻碎
3½ 杯普通面粉	1½ 茶匙肉桂碎
2 杯黄砂糖	3/4 杯无糖、无硫椰肉碎
1/2 杯白砂糖	1 杯烤核桃碎（或烤碧根果碎）

---

1. 将胡萝卜放入大炖锅或荷兰炖锅中，加入足量的水，水面要没过胡萝卜 3 厘米。煮沸后将火调小，慢炖 20~25 分钟，直至胡萝卜变软。将胡萝卜沥干，放入食物料理机或高速搅拌器中，搅拌至顺滑。将胡萝卜泥晾凉（放入密闭容器中冷藏可储存 1 天，使用前要回温至室温）。

2. 将烤箱预热至 180℃。将松糕纸杯放在模具中。

3. 如果胡萝卜泥还在食物料理机中，加入油和椰奶，搅拌均匀；也可以倒入大碗中搅拌。在另一个大碗或厨师机的容器中，将面粉、黄砂糖、白砂糖、小苏打、细海盐、肉豆蔻和肉桂混合均匀。将胡萝卜泥混合物倒入调料中，搅拌均匀。再加入椰肉和核桃碎或碧根果碎，用大勺子搅拌均匀。

4. 用冰激凌勺舀出不足 1/3 杯的面糊，倒入每个纸杯中。烘焙 25~30 分钟，直至松糕上部定形且呈黄棕色。将烤好的松糕静置 5 分钟后，放在金属架上晾凉。

将烤好的松糕装在封口塑料袋中冷冻起来。在食用前将烤箱调至 180℃，将松糕烤 5~8 分钟，至变软、变热即可。

花椰菜

一直以来，人们认为花椰菜的营养价值很高，必须经常食用，不过现在蔬菜品种多样，因此你不必被这种想法禁锢。在这里我会教你如何烹制鲜美可口的花椰菜，使其焦糖化，且有甜甜的坚果香；或者将其与谷物、沙拉搅拌在一起食用；再或者像吃牛排一样享用一道花椰菜排。

最佳食用季节

秋季和初冬；全年都可购买到。

最佳拍档

芝麻菜、面包糠、褐化黄油、切达奶酪、香葱、芫荽、古斯古斯面、奶油、咖喱料、黑加仑干、茴香、菲达奶酪、佛提那奶酪、蒜、山羊奶酪、高达奶酪、格鲁耶尔奶酪、哈瓦蒂奶酪、辣根酱、韭葱、柠檬、牛奶、芥末酱、橙子、辣椒、松子、土豆、藜麦、意大利乳清奶酪、藏红花、青葱、红葱、菠菜、百里香和番茄酱。

挑选

要挑选紧实、比较重的花椰菜，各小花球之间紧密地贴在一起，用小刀才能切开。如果小花球比较散，那么花椰菜的味道更像卷心菜的味道，口感也不是特别好。千万不要挑选有棕色斑点的花椰菜。虽然花椰菜的大小不重要，但我倾向于选择比较大的花椰菜，因为大个的花椰菜，做出的菜量会比较大。

储存

够买后请尽快使用：花椰菜会很快变成棕色，尤其当花球上开始出现棕色斑点时，变色更快。储存时，用厨房纸巾将花椰菜包起来，保持干燥。若用塑料袋严密地包起来，冷藏可储存 5 天。

品种

白色花椰菜（经典品种）、青色花椰菜（淡绿色，味道和口感与白色花椰菜的类似）、黄色花椰菜、紫色花椰菜（比白色花椰菜的营养价值更高，味道也更甜）和罗马花椰菜（形状呈斐波那契螺旋线型，一般为苔藓绿或紫色，俗称"青宝塔"，味道和普通花椰菜的味道类似）。

蔬菜的处理

掰或切花球
（普通花椰菜）

1. 将花椰菜上的深绿色叶片择掉（如果想烤着吃，留下软嫩的小叶片）。
2. 用厨师刀将花椰菜的梗及花球底部切去。
3. 从上往下将花椰菜均匀切成两半。
4. 沿着茎部以 V 字形将茎切下。
5. 将小花球掰下来，必要时可用刀具。将小花球切得更小点儿，或者按照菜谱的要求处理。
6. 也可以用削皮刀将茎掏出。
7. 根据不同菜谱的具体要求，判断是否需要将小花球掰下来或者切开。

带茎切花球
（普通花椰菜）

1. 将花椰菜梗及花球底部一起切下（注意，不要切到连接各个小花球的茎部）。
2. 将花椰菜平放在案板上，从上向下切成3厘米厚的片。在切花椰菜时，小花球会松动，但是要保证花球还连接在茎上。留些掉下来的小花球，在做花椰菜排时使用。

带茎切花球
（罗马花椰菜）

1. 将罗马花椰菜的底部切下，切除突出于花球的粗茎和较大的叶片。
2. 从上往下将罗马花椰菜切成两半。
3. 再纵向从中间切成两半。
4. 将1/4个罗马花椰菜竖着放在案板上，用刀将小球从茎上切下，保证茎顶端的花球仍连接在一起。小花球要切得差不多大，以便受热均匀。

• 你可以充分利用花椰菜的每一部分。如果想烤着吃，保留小嫩叶：烤好后的叶片会像羽衣甘蓝一样酥脆。如果花椰菜的梗大小适宜，多切去一些外皮，再将梗切成薄片，和小花球一起烘烤或者煮熟后做花椰菜泥。

• 你可以用刨丝器将花椰菜削成"米粒"，做一份无麸质饭，以代替小麦片、古斯古斯面或米饭。你可以在花椰菜粒中加一些佐料，做一道"谷物"沙拉，或者简单地炒一炒后拌咖喱或炖肉吃。

• 你可以用烹制花椰菜的方法烹制罗马花椰菜。不过，对于罗马花椰菜，我更倾向于焯或蒸（整棵或者小花球）——以保留其形状和颜色，放在生蔬菜沙拉中蘸酱吃，或者涂抹味道好的油（见第61页和第178页）后烤着吃。

最适合的烹饪方法

烤花椰菜

将切成 4 厘米长的花椰菜小花球、橄榄油、盐和胡椒搅拌均匀，平铺在单层有边烤盘中。将烤箱预热至 230℃，烘烤 20~25 分钟。烘烤时间到一半时，翻面继续烤，直至花球变软且呈金黄色。你可以将褐化黄油、蜂蜜和新鲜的百里香碎拌匀后，用烤好的花椰菜蘸着吃。

蒸花椰菜

在一口大炖锅中放入可折叠蒸笼，倒入足量的水。大火将水煮沸后，将 4 厘米长的小花球平铺在蒸笼上。盖上锅盖蒸 4~7 分钟，期间可再加一些水，蒸至花椰菜鲜嫩适口即可。

🥦 花椰菜泥

1½~2 杯

将烤箱预热至 230℃。准备 1 大棵花椰菜，去梗，小花球处理成约 4 厘米长。在一个大碗中放入小花球、3 汤匙特级初榨橄榄油、1/4 茶匙细海盐和几撮黑胡椒碎，搅拌均匀。将小花球平铺在铺了烘焙油纸的烤盘中，用锡纸将小花球盖严密。烘烤 10 分钟，揭去锡纸后，再烤 10 分钟，用刮刀或夹子将小花球翻面后再烤 8~10 分钟，直至小花球变软且呈黄棕色。

将小花球放入食物料理机中，加入 2 汤匙芝麻酱、1 汤匙柠檬汁、1 茶匙蜂蜜、1/4 茶匙盐和 1 瓣刨碎的蒜。在搅拌过程中，通过食物料理机外接管再加入 2 汤匙橄榄油，搅拌至混合物变得顺滑。加入盐和 / 或柠檬汁调味。如果你希望花椰菜泥稀一点儿，在搅拌时多加一些油或水。

花椰菜茴香根汤

6~8 人份

当外面潮湿阴冷时，我会一边享用这道浓汤，一边幻想我正身处温暖的地方。这道汤的做法很灵活，是花椰菜、黄油、百里香和茴香根的经典组合。你可以在汤中滴几滴家里最好的橄榄油，在上面撒一些手撕烤面包块，或者用新做的硬皮面包蘸着吃。这道汤色味俱佳，喝了后令人觉得非常放松和舒适。

---

3 汤匙无盐黄油（或特级初榨橄榄油）

1 个中等大小的黄洋葱（切片，约 2 杯）

1 个中等大小的茴香根（切成 0.3 厘米厚的片，3 大杯）

2 茶匙细海盐（多准备一些，用于调味）

1 大棵花椰菜（约 900 克，切成小花球，约 4 杯）

5~7 根新鲜的百里香

1/8 茶匙现磨白胡椒碎（或黑胡椒碎；多准备一些，用于调味）

4 杯蔬菜高汤（可自制，见第 20~21 页；也可从商店购买）

3 厚片优质乡村白面包（或意大利白面包；切去较硬的外皮）

1 汤匙特级初榨橄榄油

1/4 茶匙茴香籽碎（见"小贴士"）

适量家里最好的橄榄油（起锅时用）

---

1. 将烤箱预热至 180℃。

2. 在荷兰炖锅中用中火熔化黄油。黄油起泡后，放入洋葱、茴香根和 1 茶匙细海盐。翻炒 5~8 分钟，直至蔬菜变软，泛油光（不要炒焦了）。加入花椰菜、百里香、1 茶匙细海盐和胡椒碎，翻炒 5 分钟，直至花椰菜开始变软。

3. 在炖锅中加入蔬菜高汤和 2 杯水。锅不要盖严，大火煮沸后将火调小。拿掉锅盖，炖 20~25 分钟，不时搅拌，直至蔬菜完全变软。

4. 将面包撕成适口大小，放入一个大碗中。在碗中滴一些橄榄油，加 1 撮细海盐后搅拌均匀。将调好味的面包平铺在有边烤盘中烤 12~20 分钟，直至面包块变脆

且呈金黄色，具体时间视面包品种而定。面包烤好后晾凉。

5. 将炖锅从火上移开，捞出百里香。将汤晾凉，用手持式料理棒小心搅拌。你也可以分步做，先用漏勺将汤中的蔬菜捞出，放入食物搅拌器或食物料理机中，再加一点儿汤，注意不要装满。搅拌至混合物变得如奶油般顺滑。如有需要，可以加点儿细海盐和胡椒碎调味。

6. 将汤盛在碗中，撒上一些茴香籽碎、烤面包丁，再滴几滴家里最好的橄榄油。

小贴士：你可以将茴香籽放在研钵中用杵捣碎，或放入用拉链封口的袋子中，放在案板上用锅底碾碎，且部分呈粉末状。

花椰菜排配罗美斯扣酱和脆面包糠

花椰菜排

配罗美斯扣酱和脆面包糠

4 人份

将花椰菜切成厚片，在表面刷一层橄榄油后烘烤，直至花椰菜变成棕色且完全熟透，再撒一些用平底锅烤过的面包糠，便是一道完美的焦糖花椰菜。这道菜很适合与西班牙罗美斯扣酱一起食用。罗美斯扣酱里有烤红辣椒、番茄、雪利酒醋、杏仁和榛子，所以非常适合与这道菜搭配着吃。在吃这道菜时我特别喜欢再配上香酥小土豆（见第 247 页），再配一点儿可以很快蒸好或炒好的羽衣甘蓝、有点儿苦味的绿叶蔬菜，这样这道菜会更加完美（这些配菜很重要，不过你若不想加可以不加）。

罗美斯扣酱最好提前 2 天做好，做好后放入容器中，在冰箱中冷藏。放置一夜后，酱中的各种调料会融合得更好，酱的味道也更好。吃剩的酱可以拌意大利面，或涂在煎蛋或烤面包片上，或淋在蒸或烤的蔬菜上，也可以冷冻起来，日后再用。

---

1 大棵或 2 小棵花椰菜（见"小贴士"）

4~5 汤匙特级初榨橄榄油

适量片状或粗粒海盐

适量现磨黑胡椒碎

1 杯新鲜的粗粒面包糠（见第 19 页）

罗美斯扣酱（做法见文后，配菜吃）

香酥小土豆（见第 247 页，配菜吃；可选）

---

1. 将烤箱预热至 230℃。在一个盘子上铺上厨房纸巾。

2. 将花椰菜切成厚片后放入有边烤盘中。花椰菜两面要均匀地涂抹橄榄油（2~3 汤匙），多撒一些盐和黑胡椒碎调味。烤 20~25 分钟，期间翻一次面，直至花椰菜排变软且两面都变成棕色。

3. 烤花椰菜时，在小煎锅中用中火加热 2 汤匙橄榄油。加入面包糠，煎 6 分钟左右，经常翻动，直至面包糠呈金褐色。在面包糠上撒一些盐和黑胡椒碎调味，放在铺了厨房纸巾的盘子中，以吸收多余的油，放在旁边晾凉。

4. 将花椰菜排装盘，在每块花椰菜排上放少量温热或室温的酱和烤面包糠。配罗美斯扣酱或香酥小土豆食用。

小贴士：1 棵小花椰菜可以做 2~4 份花椰菜排，所以如果想做 4 人份的花椰菜排，你就需要用 2 棵小花椰菜，以保证每个人都可以吃到一大份。当然，1 棵大花椰菜也可以做出 4 大份花椰菜排。

将花椰菜排从案板上转移到烤盘中时，你可以用宽点儿的刮刀。掉下来的花球可以按照本菜谱的方式烹制，之后和花椰菜排一起食用。

罗美斯扣酱

2 杯

2个中等大小的红柿子椒
2个小的或中等大小的番茄（李子番茄就不错，竖直切成两半）
1大瓣蒜
1/4杯烤杏仁（见第19页）
1/4杯烤榛子
2汤匙雪利酒醋
1/8茶匙卡宴辣椒粉
1/8茶匙西班牙烟熏红辣椒粉
1茶匙细海盐
1/2杯橄榄油

1. 将烤箱预热至230℃。在一个有边烤盘中铺一层烘焙油纸。

2. 将柿子椒放在烤盘的一边，番茄切面向下放在烤盘另一边。烤15分钟左右，直至番茄变软且表皮开始变成棕色。将番茄从烤盘中取出，放到盘子中晾凉。继续烤柿子椒20~30分钟（柿子椒共烤35~45分钟），直至柿子椒表皮变黑、起皱。将柿子椒放在碗中，用保鲜膜密封起来，晾凉。

3. 同时，用食物料理机将蒜搅成蒜末。加入杏仁和榛子一起搅拌，直至完全混合。

4. 用手指将番茄皮剥掉（如有需要，可以使用削皮刀），将番茄放入食物料理机中。

5. 在给柿子椒剥皮时，用手指将烤焦的皮剥下，拔掉茎部、切开、掏出籽，放入食物料理机中。

6. 加入雪利酒醋、卡宴辣椒粉、辣椒粉和细海盐。在搅拌过程中，加入橄榄油，直至酱变得顺滑。你可以根据需要，将酱加热后、室温下或冷藏后食用。如果喜欢吃稀点儿的酱，加点儿水，稀释酱料。

芹 菜

芹菜香味较浓郁，适合做味道浓郁的汤、高汤或肉汤。一般来说，我们把它当作配菜；不过，如果烹饪方法得当，芹菜也可以独挑大梁。

最佳食用季节

仲夏至秋季；全年都可购买到。

最佳拍档

罗勒、柿子椒、蓝纹奶酪、意大利白豆、胡萝卜、根芹、细叶香芹、奶油、莳萝、鹰嘴豆、榛子、兵豆、芥末酱、洋葱、帕尔玛干酪、欧芹、土豆、红葡萄酒醋、青葱、红葱、雪利酒醋、龙蒿、百里香、番茄、核桃仁和白葡萄酒醋。

挑选

在购买芹菜时，你要挑选茎部翠绿、结实、无斑点且叶片青绿的芹菜。芹菜茎内部应该是脆嫩的，而不是多纤维的。有的商店售卖芹菜芯——从难嚼的深绿色芹菜茎中剥出来的部分，你可以购买。

储存

芹菜放在敞口塑料袋中，在冰箱中冷藏可储存2周。在烹饪前，芹菜不要切开。

蔬菜的处理

清洗和去皮

在水龙头下用冷水冲洗芹菜，仔细清洗茎的底部，那里最容易残留泥土。如果芹菜茎上的筋特别多，用 Y 字形削皮器削去，去皮时要从细的一端向粗的一端削。

切片

1

2

1.将芹菜茎凹陷的一面向下放在案板上，切出厚度合适的、均匀的丁。

2.如果想切椭圆形的芹菜片，斜着切。

大厨建议

· 和芹菜芯相比，芹菜茎外皮上的筋较多，味道也较重。芹菜茎的外皮可以做味道浓郁的汤、肉汤或酱汁；芹菜芯既可以生吃，也可以做炖菜。

· 如果芹菜茎上的筋特别多，就把皮去掉。
· 芹菜叶不要丢掉！它们可以为沙拉和汤增添浓浓的香味。

切条或丁

1. 将芹菜茎凹陷的一面向下放在案板上。如果茎上下粗细差异很大，就从细的一端开始切，切成粗细相仿的条。

2. 如果想切丁，将芹菜条并排在一起，横着切成大小相仿的丁。

最适合的烹饪方法

🍠 香草炖芹菜

将 1 捆（约 680 克）芹菜茎上深绿色的表皮削掉，表皮留着（特别硬的部分扔掉）。将浅绿色的芹菜芯切成 1 厘米宽、5 厘米长的条。在一口大炒锅中用中火熔化 2 汤匙无盐黄油，加入 1 个切成细丝的小洋葱，炒 5 分钟左右，直至小洋葱开始变软。加入芹菜芯继续炒 5 分钟，不时翻炒，直至芹菜芯变软。

加入盐和现磨黑胡椒碎调味；再加入 1 杯蔬菜高汤（自制，见第 20~21 页；或从商店购买）或水。水煮沸后，将火调小，盖上锅盖炖 10~15 分钟，直至芹菜芯变得特别软且裹上汤汁。如果汤汁很稀，揭开锅盖，将火调大，蒸发掉部分水分。用盐和黑胡椒碎调味。再放一些切碎的新鲜细叶香芹、莳萝或欧芹（或在炖芹菜时加一些百里香）。

芹菜沙拉

6~8 人份

芹菜叶是芹菜最有营养的部分，可惜人们经常丢弃。我这份祖传菜谱会将芹菜夹杂一丝苦味的浓郁味道发挥到极致，并用枫糖浆和蒜香雪利酒醋调味。这道菜里放了脆爽的芹菜茎、新鲜的芹菜叶、嫩软的鹰嘴豆、多汁的樱桃番茄和现刨的帕尔玛干酪碎，很开胃。这道沙拉可以单独吃（我最喜欢这样吃），也可以与绿叶蔬菜搭配食用。

---

3 汤匙雪利酒醋

1/4 茶匙细海盐（多准备一些，用于调味）

1/8 茶匙现磨黑胡椒碎（多准备一些，用于调味）

1 汤匙第戎芥末

1/2 茶匙纯枫糖浆

2 瓣蒜（切片）

1/3 杯特级初榨橄榄油

4 杯熟鹰嘴豆（罐装鹰嘴豆也可以）

4 大根芹菜茎（处理好后斜着切成 0.6 厘米厚的片；见"小贴士"）

2 大根青葱（斜着切成薄片）

2 杯芹菜叶（简单切一下；见"小贴士"）

0.5 升樱桃番茄（或圣女果或金太阳番茄；切成两半）

1/4 杯袋装新鲜罗勒叶（切碎）

1½ 杯手撕烤土司片（见第 303 页；可选）

60 克帕尔玛干酪碎（用蔬果刨现刨的，约 1/2 杯）

1/2 棵中等大小的罗马生菜（切下白色的叶脉，浅绿色嫩叶切或撕成 3 厘米长的片；可选）

---

1. 在一个大碗中放入雪利酒醋、细海盐、黑胡椒碎、第戎芥末和枫糖浆，混合搅拌。加入蒜，静置一段时间，以吸收蒜香。缓缓倒入橄榄油，快速搅拌，直至酱料乳化。

2. 加入鹰嘴豆、芹菜茎和青葱，搅拌使蔬菜均匀裹上酱料。盖上碗，放入冰箱，冷藏至少 2 小时，最好 1 夜，使其完全入味。

3. 取出蒜片。在食用前加入芹菜叶、番茄、罗勒叶。如果想吃面包，加入手撕烤土司片，搅拌均匀。加入细海盐和黑胡椒碎调味，再在沙拉上撒一些现刨的帕尔玛干酪碎。如果喜欢罗马生菜，将其放在罗马生菜上，或与罗马生菜混合搅拌后食用。

小贴士：你可以买上面有很多叶子的芹菜。如果芹菜上的叶子很多，在做这道沙拉时可以用 2 杯芹菜叶。如果买的芹菜上没有叶子，加入 1/4 杯切碎的平叶欧芹叶。这样，不仅可以令沙拉的颜色鲜艳，还可以为其增味。

衍生做法

如果你只想吃芹菜和鹰嘴豆味的沙拉，不放青葱，放半个切成丝的小红洋葱。再加 1 杯鹰嘴豆（一共 5 杯）和 2 根切碎的芹菜茎。不放番茄、罗勒叶、面包、帕尔玛干酪和生菜。调味后，加入 2 根用蔬果刨刨出的萝卜丝，搅匀后即可食用。

根 芹

别看根芹其貌不扬，其肉质却有别样的风味。根芹呈奶油色，味道比芹菜的味道温和些，一般生吃——切丝后拌油醋汁或蛋黄酱食用。如果炒根芹，根芹有甜甜的香草香和泥土香。与土豆泥相比，根芹含淀粉量较少，是很受欢迎的土豆替代品。

最佳食用季节

晚秋；秋季至冬季都可购买到。

挑选

要挑选硬实的根芹，不要买发软的，也不要买特别大的根芹——这种根芹的芯一般如海绵般疏松多孔。根芹在收获后会慢慢失去水分，因此晚秋时食用最好。

最佳拍档

苹果、胡萝卜、细叶香芹、香葱、奶油、格鲁耶尔奶酪、榛子、柠檬、蘑菇、芥末酱、帕尔玛干酪、梨、土豆、迷迭香、红薯、龙蒿、麝香菜、白葡萄酒醋和核桃仁。

储存

将根芹的梗和叶片择去（梗和叶片可以留下做高汤）。如果暂时不食用，就不要处理和清洗。将根芹放在敞口塑料袋中，冷藏可储存1~3周。如果根芹在塑料袋中产生了很多水分，你可以用厨房纸巾将其包起来，冷藏期间要更换厨房纸巾。如果根芹上出现霉斑、变得特别软或皱缩了，你只能扔掉了。

蔬菜的处理

去皮后，你可以像处理其他圆形蔬菜（见第 15 页）一样处理根芹。

去皮

1. 用厨师刀将根芹的茎和根须切下，使其立在案板上。

2. 从上至下削去根芹皮。要按根芹的形状旋转着削皮。如果根芹上有的地方有坑，你可以用削皮刀或蔬果刨去皮。

大厨建议

· 根芹一旦切开，就会氧化，变成棕色。为了保持根芹的鲜嫩，你可以将根芹放入柠檬水（见第25页"大厨建议"）中备用。

· 根芹，又名洋芹，人们并非只吃根芹的根。虽然根芹的茎与芹菜的类似，但是根芹的味道更重。你可以用适量的根芹茎做高汤，但是不要过量，否则高汤的味道会特别冲，用高汤做的汤味道也特别冲。

· 注意，储存一段时间的根芹烤的时间要长些——但最多不超45分钟，具体烘烤时间视块的大小而定。如果你想将根芹和其他蔬菜一起烘烤，你需要将根芹单独放在一个烤盘中，提前烤一段时间。

最适合的烹饪方法

烤根芹

将根芹去皮后，切成 2 厘米见方的块。倒入足量的橄榄油搅拌均匀，再加一些盐和胡椒调味。将根芹块平铺在铺了烘焙油纸的单层有边烤盘中，在 220℃下烤 20~30 分钟，老些的根芹烤的时间要长些，但不要超过 45 分钟。注意，烤 15 分钟后，要翻动一下。

根芹苹果沙拉
4 人份

取 1 个中等大小或大点儿的根芹，去皮、洗净后，切成条或用四面刨的大孔刨成条。将 1 个苹果（或梨）也切成同样的条，与根芹条放在一起搅拌。在一个小碗中放入 2 汤匙鲜榨柠檬汁、1½ 汤匙第戎芥末、1 茶匙蜂蜜、1/2 茶匙细海盐和 3 汤匙植物油，搅拌均匀。舀出 2 汤匙，滴在沙拉上并搅拌。向沙拉中加入 1/3 杯烤榛子碎或核桃碎、1/4 杯蓝纹奶酪碎或帕尔玛干酪碎或格鲁耶尔奶酪碎、1 杯新鲜的豆瓣菜或 1 汤匙新鲜的平叶欧芹碎或龙蒿碎，搅拌均匀。可多加一些酱汁、细海盐和现磨黑胡椒碎调味。

你也可以用别的酱汁，如奶油第戎芥末酱，就是酱料中再加入 3 汤匙原味希腊酸奶，并减少奶酪的用量。

根芹泥
4 人份

将 680~900 克（2 个中等大小的）根芹去皮、洗净后，切成 2 厘米见方的块。将根芹块、3 杯蔬菜高汤（自制，见第 20~21 页；也可从商店购买）、3 杯水和 1 茶匙细海盐倒入一口炖锅中，大火煮沸。将火调小，炖 30 分钟左右，直至根芹变软。注意，预留 1 杯煮根芹的汤。将根芹捞出、沥干后放入食物料理机中，加入 1/2 块无盐黄油（黄油放至室温状态，并切块；也可用 4 汤匙橄榄油代替）。搅拌至混合物变得黏稠润滑。用汤匙将预留的汤一点点地加入食物料理机中，直至把混合物调到合适的黏稠度。加入盐和胡椒调味后，滴几滴核桃油（或榛子油、开心果油），撒一些新鲜的欧芹碎或香葱碎做装饰。

本菜谱的前几步也适用于做其他蔬菜泥。你可以将根芹换成欧洲防风；也可以做混合蔬菜泥，如将欧洲防风或土豆切成大小均匀的块后煮熟，和根芹一起做成蔬菜泥。

根芹派

6 人份

这道热乎乎的派会带给你温暖和舒适的感觉——这道菜特别适合在寒冷的冬季享用。虽然将根芹、欧洲防风、红薯和苹果削皮、切块需要花费不少时间，但是时间花得很值。这道菜绝对是美味，我强烈建议你将其作为聚会时晚餐的头盘菜（客人们肯定会很快将其一扫而空）。你可以在做派的前一天做好馅料、和好面。准备工作做好后，在馅料和面团上各扣上一个大碗。你需估算好烹制时间，保证派能按时做好。在享用派时，你可以配上脆爽的沙拉，如阔叶菊苣日本甜柿沙拉（见第 112 页）。

你需要准备 6 个直径为 13~15 厘米的耐热碗（我一般用拿铁碗，你也可以用烤盘）。你可以提前一天和好面团，也可以在做派前和好。但是，面团要在冰箱冷藏室中醒至少 30 分钟。如果你将面团冷藏了 1 个多小时，那么要先拿到室温下静置 20~30 分钟，使面团变软。之后你就可以按照第 7 步描述的方式开始擀面了。擀好的派皮叠放在一起，但要用烘焙油纸隔开，并用保鲜膜包起来后冷藏，等烤派时用。

---

7 汤匙无盐黄油（1 块黄油挖去 1 汤匙后剩余的部分）

1 个黄洋葱（切片）

2 根芹菜茎（切成 0.6 厘米厚的片）

4 瓣蒜（切末）

1140 克根芹（约 2 大个，处理干净并去皮，切成 1 厘米见方的块）

2 个欧洲防风（或胡萝卜或者二者都放；去皮后切成 1 厘米见方的块）

450 克红薯（2 个小的或中等大小的，去皮后切成 1 厘米见方的块）

1½ 茶匙细海盐

1/4 茶匙现磨黑胡椒碎

2½ 杯蔬菜高汤（自制，见第 20~21 页；也可以从商店购买）

1 片月桂叶

1 个苹果（去皮、去核后切成 1 厘米见方的块）

1/4 杯加 1 汤匙普通面粉

2 杯全脂牛奶

4~6 枝百里香

约 60 克新鲜的格鲁耶尔奶酪碎（或孔泰奶酪碎）

2 撮肉豆蔻碎

1 茶匙苹果酒醋

薄脆派皮（做法见文后）

1 个鸡蛋（放 1 茶匙水后，搅匀）

---

1. 将烤箱预热至 190℃，在 2 个有边烤盘中铺上锡纸。

2. 在一口大炖锅或荷兰炖锅中放入 3 汤匙黄油，中火熔化。放入洋葱和芹菜炒 5 分钟左右，不时翻炒，直至洋葱和芹菜开始变软，且洋葱开始变得透明。加入蒜，翻炒至少 1 分钟。

3. 放入根芹块、欧洲防风（或胡萝卜）、红薯、1 茶匙细海盐和黑胡椒碎。炒 2 分钟左右，不时搅拌。放入 1 杯蔬菜高汤和月桂叶，盖上锅盖，将火调至中小火。炖 10 分钟，不时搅拌，直至蔬菜变软。

4. 揭开锅盖，加入苹果，将火调至中高火。煮 3 分钟左右，待水分几乎蒸发完时将锅从火上移开，捞出月桂叶、扔掉，锅中的菜暂放一旁。

5. 在一口炖锅中放入剩下的黄油，中火熔化。向锅中缓缓倒入面粉，一边倒，一边搅拌。不停搅拌 1 分钟左右，确保面糊没有被烧焦或变成棕色。缓缓加入剩下的高汤、牛奶、百里香和细海盐。将火调成中高火煮 5~8 分钟，不时搅拌，直至面糊变稠。将锅从火上移开，加入格鲁耶尔奶酪碎、肉豆蔻碎和酒醋，搅拌均匀。捞出百里香扔掉。

6. 用漏勺将蔬菜均匀地放入 6 个容量为 500~550 克的耐热碗中（每碗放 1½~2 杯蔬菜，如果耐热碗比较少，每个碗中多放一些蔬菜）。将面糊倒在蔬菜上，轻轻搅拌使其混合，在一旁静置 10 分钟。

7. 在撒了面粉的案板上分别擀 6 份薄脆派皮面皮。将面团擀成 0.3 厘米厚的圆形（面皮直径为 15~18 厘米，具体大小视耐热碗的大小而定；面皮的边缘要比耐热碗沿多出至少 1 厘米）。

8. 在耐热碗中和碗沿上涂抹一层薄薄的蛋液，在每个碗上盖 1 份面皮。按压面皮，使面皮紧贴碗壁，不留空隙。用削皮刀在面皮上轻轻划 3 道 3 厘米长的开口，将剩余的蛋液涂抹在面皮上。

9. 将碗放在烤盘中，烤 35~40 分钟，直至面皮变成黄棕色且馅料开始冒水汽。这时，晾凉就可以食用了。没吃完的派用锡纸包起来冷藏。下次食用前再热一下，热的时候要先回温至室温。烤的时候盖上锡纸，将烤箱预热至 200℃，烤 10 分钟左右，拿掉锡纸再烤 5~10 分钟，直至馅料完全变热，表皮酥脆。

薄脆派皮

2 杯普通面粉（可多准备一些）
1/2 茶匙细海盐
12 汤匙冷的无盐黄油（切块）
1/4 杯冰水

1. 将 2 杯面粉和细海盐放入食物料理机中，搅拌使其混合均匀。将无盐黄油散入面粉中，如果黄油块粘在了一起，使其分开。黄油块要没入面粉，且表面均匀裹上面粉。搅打 12~15 次，直至黄油块碎成豌豆大小。通过进料管向食物料理机中注入冰水，搅拌几次使原料混合均匀。搅打 10 秒钟左右，直至面团接近成形，且开始从食物料理机壁上脱落（搅打时间不要太长，否则面团会变硬。）

2. 在案板上撒一层面粉，将面团放在案板上，用手将食物料理机中残留的面团取下来。将面团揉好后，切成 6 等份（几个碗切几份）。将每份小面团用保鲜膜包裹起来，用手按平。面团在冰箱中要冷藏至少 30 分钟，如果用保鲜膜完全包裹起来，最多可冷冻 2 天。

菊苣

菊苣的外形很像生菜，甜中带一丝苦味，无论是烹熟后吃还是生吃，都很合适。

最佳食用季节

晚秋至春季。

最佳拍档

杏仁、苹果、芝麻菜、苹果酒醋、意大利香醋、甜菜、西蓝花、黄油、奶油、根芹、佛提那奶酪、蒜、格鲁耶尔奶酪、榛子、榛子油、蜂蜜、柠檬、曼彻格奶酪、橄榄油、橙子、帕尔玛干酪、意大利面、梨、柿子、松子、土豆、葡萄干、红葡萄酒醋、大米、核桃仁、核桃油和白葡萄酒醋。

品种

裂叶菊苣（叶片较宽，呈羽状，较松散）、碎叶菊苣（味略苦，常用来拌沙拉）、阔叶菊苣（叶茂盛，味较苦；炖煮或烹炒后颜色鲜艳）、比利时菊苣（较小，呈椭圆形，叶片紧密包裹在一起，较脆）、加利福尼亚红菊苣（叶尖呈鲜艳的暗红色）、意大利菊苣（叶脉和茎呈白色，叶片呈深红色；可生吃，也可烧烤或炖）和绿叶结球菊苣（叶片绿色，多刺，很脆，苦中带甜，微辣）。

挑选

挑选菊苣时，要挑选叶片脆嫩、新鲜的，不要选叶片棕色或发蔫的。各个品种的菊苣味道相差不大，你可以随意购买。

储存

有多褶边叶片的菊苣储存在冰箱中时不要清洗。将菊苣松散地放入塑料袋中，放入冰箱即可。叶片紧实地包在一起的菊苣，如比利时菊苣，需要先用厨房纸巾严密地包裹起来，放在塑料袋中，放入冰箱储存。

大部分菊苣在3~5日内要使用完。阔叶菊苣可以储存3天；意大利菊苣可以储存1周；比利时菊苣及其他与其形状和口感类似的菊苣可以储存2周。

蔬菜的处理

清洗

　　将菊苣底部削掉，将硬的、棕色的或蔫软的外层叶片择掉。

　　将整片叶片或切好的叶片（切成 2 等份或 4 等份）浸入一碗冷水中，来回摇动，洗去泥土。将叶片从水中捞出、沥干，换干净的水清洗干净。将叶片甩干后，用湿的不起毛的厨房纸巾擦去叶片表面残留的水分。

切丝或切碎
（头部较尖的菊苣，如比利时菊苣、裂叶菊苣、碎叶菊苣和阔叶菊苣）

1. 将外层硬的或棕色的叶片择去，将底部切去约 1 厘米长。如果想使用整片叶片，将叶片一片片掰下。

2. 如果想切丝，纵向切成宽度均匀的丝。

3. 如果想切成碎，用刀横着将叶片切成大小匀称的碎块。用冷水多次清洗并甩干。

切丝
（头部紧密包裹的菊苣）

1. 用厨师刀纵向将菊苣切成 4 等份。
2. 用刀斜着将菜芯切下，或用手将叶片一片片掰下。

3. 将叶片堆叠起来，切成宽度适中的丝。

大厨建议

· 菊苣经常放在沙拉中，调味后生吃；或在沙拉中作为基底蔬菜，再放一些调好的酱汁食用。不过，菊苣煎炒、炖或烧烤也相当好吃。这几种烹制方法不仅可以减少菊苣的苦味，还可以增添坚果香和泥土香。

· 阔叶菊苣不论是菜芯、叶片中间的白色主叶脉，还是内部浅绿色的叶片，都脆爽多汁，苦中带甜，非常适合生吃。其外层深绿色的叶片较苦，有嚼劲，可以烹制后食用。

· 我最喜欢小棵的绿叶结球菊苣，因为绿叶结球菊苣的叶片特别软，且吃法多样；大的绿叶结球菊苣外层的叶片和茎较硬，要去掉，吃里面较软的部分。绿叶结球菊苣的管状花茎不同于其他品种菊苣的茎，你可以生吃，也可以烹制后食用。

· 有些菊苣，如意大利菊苣、碎叶菊苣、阔叶菊苣和比利时菊苣都可以生吃或烹熟后食用。你只需要将叶脉末端处理干净后，纵向切开即可，叶片要还在菜芯上。

切条
（绿叶结球菊苣）

1. 切去绿叶结球菊苣底部。
2. 掰开绿叶结球菊苣的茎，择掉外层较硬的叶片。将小嫩叶切成8厘米长的条，切去或择掉管状茎。
3. 用厨师刀或蔬果刨将管状茎横向切成0.3厘米厚的圆片。
4. 将其余带叶的茎纵向切成0.3厘米宽、8厘米长的条（或直接将整棵绿叶菊苣纵向切成细条）。
5. 用冷水将茎和叶片清洗几遍，放入1碗冰水中，以保持新鲜。烹制的时候取出（至多泡1小时），甩掉表面水分并擦干。

最适合的烹饪方法

清炒菊苣

在平底锅中放入橄榄油或黄油，中高火加热后放入处理好的菊苣，用盐和胡椒调味，翻炒均匀。你可以依据个人喜好决定是否加 1 撮糖。翻炒至叶片既嫩又脆。再放一些柑橘类果汁或酒醋，简单翻炒后出锅即可。

你也可以先在油锅中加入蒜或红葱，再把叶片加入锅里。

菊苣沙拉

将菊苣（裂叶菊苣、阔叶菊苣或紫叶菊苣）纵向切成 2 份或 4 份，具体操作视菊苣的大小而定。在碗中放入切好的菊苣、橄榄油、盐和黑胡椒碎，搅拌均匀。将菊苣放在烤炉上，中高火烘烤，不时翻面，直至叶片变软且有明显火烤的痕迹。烘烤时间为 3~10 分钟，具体时间视菊苣的大小而定。在烤好的菊苣上滴几滴浓缩意大利醋（见第 147 页），蒜香油醋汁（见第 167 页）和新鲜的帕尔玛干酪碎（切去菜芯，将菜叶切成细丝，用油醋汁调拌当沙拉吃——这道沙拉配上切成片的苹果、梨或柿子后味道更佳）。

🟣 蒜炒阔叶菊苣
4 人份

在荷兰炖锅中加入 2 汤匙橄榄油，中火加热。放入 2 瓣切碎的蒜和 1 撮红辣椒碎后翻炒 30 秒，炒出香味。将 560 克阔叶菊苣洗完后切成 3~5 厘米长的条，放入油锅中翻炒，并用盐和现磨黑胡椒碎调味。盖上锅盖焖 5 分钟左右，不时翻炒，直至阔叶菊苣开始变软。

你还可以在锅中加入 1/4 杯黑加仑干和 2 汤匙烤松子。

🟣 炖意大利菊苣
4 人份

在荷兰炖锅中放入 2 汤匙无盐黄油，中火熔化。在锅中加入红葱末（还可以加入 1 个去皮、切块后的苹果），炒 3 分钟左右，直至红葱变软、变黄。将 560 克意大利菊苣切成细丝后放入锅中，翻炒 1 分钟，加入 1/2 杯蔬菜高汤或全脂奶油。在锅中加几撮糖，盖上锅盖炖 5 分钟左右，不时搅拌，直至菊苣稍变成棕色且变软。揭开锅盖，让剩余水分完全蒸发，加入盐和现磨黑胡椒碎调味。最后，加一些意大利香醋（或苹果酒醋），待醋挥发一会儿后即可出锅。

🟣 糖渍梨奶酪拌菊苣叶
4~6 人份

在一口小炖锅中放入 2 汤匙（1/4 块）无盐黄油，中高火熔化。黄油起泡后，加入 2 个去皮、切成小块的美国红啤梨，翻炒 3~4 分钟，直至红啤梨开始变软。关火，加入 2 汤匙波旁威士忌，将火重新调至中高火，不断翻炒 1 分钟。加入 1 汤匙红糖、1 汤匙鲜榨柠檬汁、1 茶匙新鲜迷迭香碎和 1 大撮细海盐后，继续翻炒 4~5 分钟，直至锅中的水分蒸发完。将 113 克意大利古冈佐拉蓝纹奶酪（或卡门培尔奶酪）淋到 2 棵处理好的菊苣的叶上。再在菊苣叶上放 1 茶匙糖渍梨和一点儿烤核桃碎即可食用。

阔叶菊苣褐菇包饭

配柠檬和棕色帕尔玛干酪

12~14 份

在 冬季做沙拉时，阔叶菊苣是必不可少的食材。阔叶菊苣略有苦味，口感脆爽，和甜软的水果简直是绝配（如第 112 页的阔叶菊苣日本甜柿沙拉）。阔叶菊苣也可以炖或烧烤，烹调后的阔叶菊苣有一丝甜味，入口即化，美妙无比。

在本菜谱中，将米饭、松子、黑加仑干和蒜香褐菇搅拌后，用阔叶菊苣叶包起来，在包饭上面放一些帕尔玛干酪和橄榄油，放入烤箱，上火烤至奶酪表面微微起泡、变焦。如果做包饭的方法得当，你可以用手拿着包饭吃，就像吃葡萄叶包饭（一款地中海传统美食）一样（放在冰箱中冷藏 1 夜后再静置至室温时食用，简直是人间美味）；从烤箱中取出后，你也可以借助刀叉食用。当然，你在享用这道菜时，还可以配柠檬块或柑橘类果汁，以增添风味。

适量细海盐

450~570 克宽叶莴苣（1 大棵，纵向切成 4 等份，洗净）

1 杯生意大利米

2 汤匙特级初榨橄榄油（多准备一些，用于调味）

1/3 杯松子

2 瓣蒜（切末）

250 克小褐菇（切下菌柄，其余部分剁碎；见"小贴士"）

1/4 茶匙现磨黑胡椒碎（多准备一些，用于调味）

1/3 杯黑加仑干

1 汤匙鲜榨柠檬汁（约用 1/2 个柠檬，多准备一些，用于调味）

3/4 杯现磨帕尔玛干酪碎

适量柠檬块（吃包饭时食用；可选）

---

1. 将一大锅盐水煮沸。

2. 放入阔叶菊苣煮 5~6 分钟，不时搅拌，直至阔叶菊苣变软。用夹子将阔叶菊苣夹出，用滤锅沥干（锅中的盐水要一直保持煮沸状态）。

3. 将意大利米放入沸盐水中，不盖锅盖煮 10~12 分钟，直至大米变得有嚼劲。将大米捞出、沥干，并预留 2 杯煮米水。

4. 在一口大平底锅中放入橄榄油，中火加热，放入松子，翻炒 3 分钟左右，直至松子微微变成棕色。加入蒜，炒 30 秒左右至出香味。加入小褐菇、1/4 茶匙细海盐和 1/4 茶匙黑胡椒碎后再炒至少 3 分钟，不时翻动，直至小褐菇变软且微微呈棕色。放入黑加仑干、大米和 1 杯预留的煮米水，将火调小煮 3~4 分钟，不时搅拌，直至大米变软，水蒸发完。最后，加入柠檬汁、细海盐、黑胡椒碎调味。将米饭晾凉。

5. 将烤箱预热至 200℃。

6. 用厨房纸巾将切成 4 等份的阔叶菊苣擦干，切下底部。择下 2~4 片叶子，将叶片并排铺开，底部朝向你，叶边重叠，组成9~13厘米宽的长方形（从叶片中部计算长度）。

7. 将1/4杯做好的米饭倒在叶片上，铺开，使其距叶片底部约1厘米，距叶片两边各约2厘米。从下往上卷起来，使叶片严实地包住米饭（像卷饼一样）。将包饭有开口的一面向下放在单层烤盘上，烤盘要大，足够放下12~14份包饭（你也可以提前1天做好包饭，放在烤盘上，用保鲜膜包好后放在冰箱中冷藏。烤前将包饭静置至室温即可）。

8. 在包饭上撒一些帕尔玛干酪碎，滴几滴橄榄油，撒一些黑胡椒碎，放入烤箱中烤10~12分钟，直至包饭完全变热。

9. 在烤箱中上火烤包饭3~4分钟，使包饭表面的奶酪熔化且轻微变焦。这时，你就可以趁热吃了；如果你想配着柠檬块吃，可以放至室温后食用。

小贴士：食物料理机可以帮你很快将蘑菇搅碎。

阔叶菊苣日本甜柿沙拉
配香草杏仁和温热油醋汁

4~6 人份

我在纳帕谷时，一到节假日就会买很多日本甜柿。我经常从街边的小摊处购买，也会直接向运送蔬菜的司机购买。番茄模样的甜柿可以生吃，清甜可口。在本菜谱中，甜柿搭配阔叶菊苣，可以中和阔叶菊苣的苦味，再配上温热的红葡萄酒油醋汁、炸杏仁和曼彻格奶酪，便可制作出色香味俱全的沙拉。这道菜非常适合在聚会刚开始时或聚会快结束时食用。只要阔叶菊苣和日本甜柿当季，你在任何场合都可以享用这道美食。

2 汤匙红葡萄酒醋	1 茶匙纯枫糖浆
1/4 茶匙细海盐（可多准备一些，用于调味）	1/2 茶匙新鲜的迷迭香碎
1/4 茶匙现磨黑胡椒碎（多准备一些，用于调味）	1/2 茶匙新鲜的百里香碎
1 瓣蒜	1/4 杯特级初榨橄榄油
1 茶匙第戎芥末	1 棵阔叶菊苣（约300克，处理洗净，叶片撕成约5厘米长的片）
3/4 茶匙糖	2 个日本甜柿（处理好，用蔬果刨切成0.3厘米厚的圆片；见"小贴士"）
1 汤匙红葱末	
1/2 杯杏仁（焯熟）	60 克曼彻格奶酪（配菜吃）

1. 在一口小炖锅中加入红葡萄酒醋、细海盐和黑胡椒碎，混合均匀。用柠檬刨刀将蒜刨成泥（或者剁碎）后放入锅中，放入第戎芥末和糖搅拌，再加入红葱末。搅拌均匀，放在一旁备用。

2. 中火加热小煎锅。放入杏仁炒 10~12 分钟，期间要颠锅，不时搅拌，直至杏仁熟透且变成黄棕色。将火调至中小火，加入枫糖浆、迷迭香、百里香和 1 大撮细海盐，翻炒 1 分钟左右，待杏仁均匀裹上香草混合物后取出，平铺在铺了烘焙油纸的单层烤盘上，晾凉。

3. 把橄榄油缓缓倒入酒醋混合物中，一边倒一边快速搅拌，直至乳化。中小火加热油醋汁，直至油醋汁变热且边缘冒泡。将锅从火上移开，不断搅拌油醋汁。

4. 将阔叶菊苣叶放在一个大的耐热盆中，倒入油醋汁，搅拌均匀。加入盐和黑胡椒碎调味，再加入甜柿和杏仁（留一些，最后撒在沙拉上），用削皮器将曼彻格奶酪削入沙拉中（留一些，放在沙拉最上面），搅拌均匀。

5. 将沙拉盛入碗中，在沙拉上撒些预留的甜柿、杏仁和奶酪。

小贴士：你要挑选稍有点儿软的硬甜柿。甜柿上的叶片要择掉。用蔬果刨处理甜柿时，将其圆圆的一面按压在蔬果刨刀片上来回削，快削到甜柿芯时换另一个面接着削，注意不要削到甜柿芯。记得用护手器。你也可以用厨师刀把甜柿切成薄片。

衍生做法

你可以用苹果和烤开心果代替甜柿和杏仁。你也可以尝试用绿叶结球菊苣替代阔叶菊苣，用切成薄片的梨或苹果代替甜柿。

叶用甘蓝

最佳食用季节

　　绿甘蓝和羽衣甘蓝在秋冬季节及晚春入夏时都可购买到；芥蓝和瑞士甜菜在晚春入夏时和秋季可购买到。

品种

　　绿甘蓝（叶片茂盛，炖煮后会变软且有甜味）、皱叶羽衣甘蓝（叶片较宽，叶边褶皱，呈绿色或紫色；适合炒、蒸、炖、烤或生吃）、托斯卡纳羽衣甘蓝（叶长且扁平，有褶皱，呈蓝绿色；可生吃或炖）、俄罗斯红叶和白叶羽衣甘蓝（波纹状平叶，紫色或白色的茎和叶脉；可拌沙拉，也可以简单烹制）、芥蓝（叶片呈绿色、红色或紫色，有刺激性气味；嫩叶可生吃，成熟的叶片可烹制）和瑞士甜菜（甜菜的一种，脆嫩且有温和的甜味）。

挑选

　　新鲜的叶用甘蓝叶片茂盛，没有变黄、发蔫或从茎上掉落。

最佳拍档

　　意大利白豆、椰奶、博罗特豆、咖喱料、蒜、山羊奶酪、柠檬、青柠、洋葱、马苏里拉奶酪、肉豆蔻、帕尔玛干酪、玉米粉、土豆、红葱、红薯、烤面包糠、白葡萄酒醋和南瓜（如果想了解更多"最佳拍档"，见第116页"大厨建议"）。

储存

　　用湿的厨房纸巾将叶片松散地包裹起来，放入敞口塑料袋中冷藏可储存3~5天，最多1周。如果叶用甘蓝特别多，一个塑料袋装不下，可将茎的下半部分切下，放在一个塑料袋中，将叶片放在另一个塑料袋中。如果叶片很湿，先擦干，再在袋子中放一张干的厨房纸巾或一块干抹布，以吸收或保持水分。如果叶用甘蓝在几天内没有吃完，将上面棕黄色叶片择掉，并替换湿的厨房纸巾。

蔬菜的处理

切去主叶脉
（绿甘蓝、粗茎芥蓝和瑞士甜菜）

方法 1

沿着叶片主叶脉将叶片按 V 字形切下，扔掉主叶脉。

方法 2

将叶片纵向对折，露出主叶脉，切掉。

撸下叶片
（皱叶甘蓝和部分粗茎芥蓝）

一只手拿着叶片底部的茎。另一只手捏着叶片沿着主叶脉从底部向叶尖滑动，这样可以轻松地将叶片从主叶脉上撸下来（处理皱叶甘蓝时，会费点儿劲）。

清洗

在一个大碗中盛满冷水，将去茎后的叶片轻轻浸入水中，在水中摇动叶片。将叶片取出，注意不要将碗底的泥沙搅起来。沥去叶片表面水分，洗碗，重复上述清洗步骤，直到将蔬菜清洗干净。

如果你想生吃蔬菜，请务必用沙拉脱水器将叶片表面水分完全脱干。

切细丝
（托斯卡纳羽衣甘蓝、绿甘蓝、瑞士甜菜和平叶芥蓝）

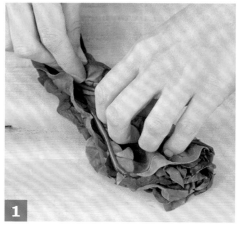 

1. 将几片去茎后的叶片叠在一起，卷起来。

2. 用刀横着切菜卷，就可以切出细丝了（如果你想生吃，丝切得越细越好）。

大厨建议

· 为了让变蔫的蔬菜变得水灵，将茎切下5厘米，菜叶泡在一罐水中。用塑料袋盖住罐子，将罐子放入冰箱的冷藏室中。你也可以将叶片放入一碗冰水中，浸泡10~20分钟，直至叶片恢复原来的状态，将叶片擦干后用抹布包起来。将包好的叶片放入塑料袋，放入保鲜盒中。请尽快使用。

· 绿甘蓝、羽衣甘蓝和部分芥蓝的茎较硬且贯穿叶片。这种茎要切掉（有些芥蓝的茎是软的，可以食用，细茎也可以食用）。

· 成熟的瑞士甜菜的茎是可以食用的，但使用前，你需要先将茎切下，再切成块。茎的烹制时间是叶片烹制时间的二倍。

· 羽衣甘蓝很脆，成熟的叶片可以直接生吃（其他叶用甘蓝只有嫩叶片可以生吃）。为了让羽衣甘蓝叶片软化，你可以用手揉搓叶片，以便油醋汁渗入叶片中。

· 羽衣甘蓝可储存较长的时间，即使你提前几个小时做好了羽衣甘蓝沙拉，羽衣甘蓝的叶片依旧会很新鲜。没吃完的沙拉也可以放置几天，你可以在食用前再放一些调料。

· 芜菁叶和西洋菜薹的味道与芥蓝的类似，可以相互替换。

· 虽然这几种绿色蔬菜的味道很相似，但它们都有其特有的最佳拍档。

绿甘蓝：辣椒、香草、姜、烤番茄、香菇、西班牙烟熏红椒粉和烟熏盐。

羽衣甘蓝：杏仁、牛油果、蔓越莓干、菲达奶酪、金色葡萄干、藜麦、青葱、斯佩耳特小麦、百里香、番茄酱和核桃仁。

芥蓝：苹果酒醋、褐化黄油、腰果、黑加仑、花生、松子、盐渍乳清奶酪、香油和芝麻。

瑞士甜菜：意大利香醋、罗勒、玉米、黑加仑、茴香籽、韭葱、墨角兰、橄榄、松子、意大利乳清奶酪、迷迭香、青葱和西葫芦。

切碎片
（皱叶羽衣甘蓝、皱叶芥蓝或卷叶芥蓝）

1. 将叶片叠放后卷起来，用手将蔬菜按压在案板上，切成大小合适的片。

2. 如果想切得更小一点儿，将叶片聚拢在一起，再切几刀。

茎切块
（瑞士甜菜和芥蓝）

1. 将茎末端干硬的部分切掉（至少切掉 1 厘米；具体视茎的长度而定），茎纵向切成 0.6~2 厘米宽的条。

2. 将切好的条并排放在一起，切成大小合适的块。

最适合的烹饪方法

炒叶用甘蓝

烹制甘蓝，尤其是宽叶羽衣甘蓝和芥蓝时，先要用沸盐水焯 3 分钟左右，使蔬菜变软。沥去并挤压出残留水分。嫩菜叶和瑞士甜菜不必焯，洗后的叶片上带一些水，烹制时候有蒸的效果。

在一口大炒锅中倒入 1~2 汤匙油，中火加热，加入 1~2 瓣剁碎的蒜末或葱末，炒 30 秒左右，炒出香味。放入蔬菜，用盐、胡椒和 / 或红辣椒碎调味。继续翻炒，把调料拌匀，炒至叶片变软。嫩菜叶和瑞士甜菜炒 3~5 分钟，绿甘蓝炒 6~8 分钟，宽叶羽衣甘蓝和芥蓝炒 4~6 分钟。烹制瑞士甜菜时，在炒叶片前将茎先炒 4 分钟左右，直至茎开始变软（如果蔬菜粘锅或想多烹饪一会儿叶片，加 1/3 杯水或高汤，一次加一点儿，陆续加进去。把火调大，直至水分蒸发完）。蔬菜做好后，你可以根据个人喜好在蔬菜上淋一点儿柠檬汁或红葡萄酒醋。

你也可以在菜叶刚刚变软时，在锅中加一些葡萄干和烤松子，并倒一些雪利酒醋或红葡萄酒醋，以增加菜肴的色香味。

炖叶用甘蓝

在一口炖锅中放入 1~2 汤匙油或黄油，中火加热。加入 1/2 个切成块的洋葱，炒 2 分钟左右，不时翻炒，直至洋葱块开始变软。再加入 1 瓣剁碎的蒜，翻炒 1 分钟左右。接着加入 1 捆剁碎或切成细丝的叶用甘蓝。加入蔬菜的时候，一次加一点儿，菜量根据锅的大小而定。蔬菜加完后，用盐和现磨黑胡椒碎调味，接着炒 1 分钟左右，直至蔬菜开始变软。

向锅中加入 1/3 杯水或蔬菜高汤，盖上锅盖，中小火炖 5 分钟左右，使菜叶变软。揭开锅盖，直至剩余水分蒸发完。你还可以根据自己的喜好加一些黄油，搅拌使其熔化于锅中，烹炒 1 分钟左右。你也可以在蔬菜出锅前淋一些柠檬汁或倒一些红葡萄酒醋。注意，如果你炖的是瑞士甜菜，在加洋葱的时候，将切好的茎也一同放入锅中。

🥬 炖芥蓝
3~4 人份

在一口炖锅中放入 2 汤匙无盐黄油，中火加热 3~4 分钟，直至黄油熔化且变为棕黄色。加入 2 瓣切成薄片的蒜，炒 30 秒左右，炒出香味。如果芥蓝茎较软，先加入处理好的芥蓝茎（约 340 克），炒 2 分钟左右，至开始变软。加入芥蓝叶（洗后稍带点儿水；如果菜叶是干的，向锅中加 2 汤匙水）和 2 汤匙黑加仑干，将火调至中高火后翻炒，再加入盐和现磨黑胡椒碎调味，翻炒 3~4 分钟，至菜叶完全变软，水分完全蒸发完。倒入 2 茶匙雪利酒醋（或意大利香醋或红葡萄酒醋），中高火继续翻炒 1~2 分钟，直至水分完全蒸发完。再加点儿调料调味。

你也可以用橄榄油代替黄油，还可以在蔬菜中加一些烤松子，并在菜出锅后，撒一些盐渍乳清奶酪。

你还可以用芜菁叶和西洋菜薹代替芥蓝，这几种蔬菜都有一丝苦味。你也可以试试用羽衣甘蓝、绿甘蓝、瑞士甜菜和甜菜叶。

甘蓝烤鸡蛋

配慢烤番茄和香菇奶油

6人份

这道美食特别适合在惬意的秋季清晨吃。香菇煎出香味后，要浸入奶油中。绿甘蓝和红洋葱用黄油炖后，在上面铺一层慢烤番茄，再在上面打 1 个鸡蛋，放入烤箱烤熟即可。这道菜烤好后，蛋黄温热且黏稠。在享用这道美食时，你肯定还想配上烤面包片或番茄百里香司康饼（见第 300 页）。

这道菜很适合在早午餐聚会上食用，也适合在慵懒的星期天裹着睡衣享用。你可以提前将这道菜的准备工作做好，在吃之前在上面打 1 个鸡蛋，烘烤后即可以食用。

---

1 汤匙特级初榨橄榄油

60 克香菇（菌柄切掉，切成小块，约 3/4 杯）

细海盐

3/4 杯淡奶油（选用乳脂含量较高的）

1~2 枝鲜百里香

2 汤匙无盐黄油

1/2 个红洋葱（切成小块）

1 瓣蒜（切末）

1 捆绿甘蓝（280~340 克，茎和主叶脉切掉，叶片切细丝；见"小贴士"）

现磨黑胡椒碎

慢烤番茄（做法见文后）

6 个鸡蛋

---

1. 将烤箱预热至 180℃。

2. 在一口中等大小的不粘煎锅中倒入橄榄油，中高火加热。加入香菇和 1 小撮细海盐，不断翻炒 4 分钟左右，直至香菇边缘变成金黄色并且散发出香味。将火调至中小火，加入奶油和百里香，待其混合均匀后，从火上移开。将香菇奶油倒入一个量杯或一个带注口的小碗中，静置 10 分钟 ~1 小时，将百里香取出。

3. 在一口炒锅中放入 1 汤匙黄油，中火熔化。放入红洋葱，翻炒 2 分钟；加入蒜，再炒 1 分钟。加入绿甘蓝，每次加一点儿，具体的菜量视锅的大小而定。再加入 1/4

茶匙细海盐和 1/8 茶匙黑胡椒碎，将绿甘蓝翻面，炒 1 分钟左右，直至甘蓝开始变软。

4. 向锅中倒入 1/3 杯水，盖上锅盖，中小火煮 5 分钟，至甘蓝变软。揭开锅盖，继续加热，使锅中水分蒸发完。加入余下的 1 汤匙黄油，继续炒 1 分钟。

5. 将绿甘蓝平均放入 6 个容量约为 170 克的烤碗中。用漏勺将香菇从奶油中捞出，也平均放入 6 个烤碗中，放在绿甘蓝上面，在每个烤碗中倒 1 汤匙泡蘑菇的奶油。将每个烤番茄平均切成 4 份，切好的烤番茄也放入烤碗中。

6. 在每个烤碗中打入 1 个鸡蛋（蛋黄不要打散），加少量细海盐和黑胡椒碎调味，再在鸡蛋上放 1 茶匙奶油。将烤碗依次放入有边烤盘或深口烤盘上后烤 15~20 分钟（烘烤中途将烤盘旋转 180°），使蛋白刚刚定形，但蛋黄仍处于流动状态；或者烤 20~25 分钟，使蛋白完全定形，蛋黄快要变硬（鸡蛋从烤箱取出后，余热会继续烘烤鸡蛋）。尽快食用。

小贴士：你也可以用羽衣甘蓝、芥蓝或瑞士甜菜代替绿甘蓝。

慢烤番茄

12 份

6个大李子番茄（去硬芯后纵向切成两半）
1/2茶匙细海盐
1/4茶匙糖
2汤匙特级初榨橄榄油
2茶匙意大利香醋

1. 将烤箱预热至 160℃。在有边烤盘上铺一层烘焙油纸。

2. 将番茄放在烤盘上，切面向上。在番茄上先撒上 1/4 茶匙细海盐，再撒上糖，再在上面滴几滴橄榄油，并用手将橄榄油在番茄表面涂抹均匀。再次将番茄切面向上放置，在上面再均匀撒上剩下的 1/4 茶匙细海盐。

3. 用烤箱烤番茄 1.5~2 小时，直至番茄周边开始凹陷或收缩。不要将番茄烤得完全脱水和干瘪——饱满点儿最好。

4. 从烤箱中取出番茄后，迅速用勺子将意大利香醋均匀淋在番茄上。将番茄晾凉。如果当时不用番茄，将番茄储存在密闭的容器中，冷藏可存放 5 天。

炖托斯卡纳羽衣甘蓝
配意大利白豆和波伦塔蛋糕

4~6 人份

这道菜中用到了调味菜。调味菜中有多种香味浓郁的食材——洋葱、胡萝卜、芹菜和蒜，调味菜可用于烹制许多菜肴。在本菜谱中，我们会将调味菜和羽衣甘蓝、迷迭香和意大利白豆一起炖，做出一道营养丰富、有奶油般顺滑口感的炖菜。我建议你将炖菜放在波伦塔蛋糕上，再滴几滴家里最好的特级初榨橄榄油后食用。吃不完的炖菜可以存放几天，放在刷了油的蒜香烤面包上也相当可口。你也可以将做好的意大利白豆和用橄榄油浸过的粗粒面包糠（见第 19 页），放在烤盘中，烤至酥脆且呈棕黄色。

---

1 杯干意大利白豆（或法国白豆；仔细挑选、洗净后，浸泡 4~6 小时；如果没有时间等，可以用 2½ 杯罐装豆，沥干后洗净）

2 汤匙无盐黄油

2 汤匙特级初榨橄榄油

1 个黄洋葱（切成 0.6 厘米见方的块）

2 大瓣蒜（切末）

1 大根胡萝卜（削皮后切成 0.6 厘米见方的块）

1 大根芹菜梗（处理干净后，切成 0.6 厘米见方的块）

1/2 茶匙细海盐（多准备一些，用于调味）

1/4 茶匙现磨黑胡椒碎（多准备一些，用于调味）

1 片月桂叶

1/2 杯干白葡萄酒

175~250 克托斯卡纳羽衣甘蓝（1 小捆，茎切去，叶片切成细丝）

1 大茶匙新鲜迷迭香碎

1 汤匙鲜榨柠檬汁（可选）

波伦塔蛋糕（做法见文后）

适量家里最好的特级初榨橄榄油（起锅时用）

---

1. 将一大锅水煮沸。将豆子表面水分沥去，放入沸水中，大火煮 5 分钟。将火调小，炖 1~1.5 小时，锅不要盖严，煮至豆子变软。在豆子快煮好时，少放点儿盐调味。预留 2 杯煮豆水备用，将豆子表面水分沥去（你也可以提前 1 天将豆子煮好，密封储存在冰箱的冷藏室中。）

2. 在一口炒锅或荷兰炖锅中放入 1 汤匙黄油和 2 汤匙橄榄油，中火加热。放入黄洋葱和蒜炒 2 分钟，不时翻炒，直至黄洋葱开始变软，且散发出香味。加入胡萝卜、芹菜、1/2 茶匙细海盐、1/4 茶匙黑胡椒碎和月桂叶，继续炒 6~10 分钟，直至蔬菜刚刚变软且边缘稍变棕色。

3. 倒入干白葡萄酒，继续翻炒 2~4 分钟。放入羽衣甘蓝、煮好的豆子、1½ 杯煮豆水和迷迭香，中火炖 8~10 分钟，不时搅拌，直至蔬菜变软，汤变黏稠、顺滑。如果汤在蔬菜变软时已变稠，向锅中再加点儿煮豆水，最多加 1/2 杯。

4. 放入余下的 1 汤匙黄油，并加细海盐和黑胡椒碎调味。如果你想让菜的味道更浓些，加 1 汤匙柠檬汁。将月桂叶取出，用勺子将煮好的菜舀出，放在波伦塔蛋糕上。最后滴几滴家里最好的特级初榨橄榄油即可。

衍生做法

> 你也可以用这种方法烹制茴香根和季末的樱桃番茄，最后放点儿奶油：将本菜谱中的洋葱、芹菜和胡萝卜换成 2 个茴香根。茴香根切成细丝，和蒜一起煮软。用切成两半的樱桃番茄代替羽衣甘蓝，用 1/3~1/2 杯鲜奶油代替菜谱步骤 4 中的第 2 汤匙黄油和柠檬汁，炖至汤变得浓稠即可。

波伦塔蛋糕

4~6 块

适量细海盐
1 杯中筋或低筋玉米粉
2 汤匙无盐黄油（可选）
适量现磨黑胡椒碎

2 汤匙特级初榨橄榄油（多准备一些，涂抹在烤盘上）

1. 在一口中等大小的炖锅中加入 4 杯水，大火煮沸。加入 3/4 茶匙细海盐后，再缓缓倒入玉米粉，同时用打蛋器或木勺缓缓搅拌，玉米粉全部加完后搅拌 2 分钟，直至面糊变稠。将火调到最小，煮 45 分钟左右，期间每 5~10 分钟快速搅拌一次，直至玉米糊变得顺滑、无结块。如果玉米糊特别稠，加一些水，至多加 1/2 杯。玉米糊最好是浓稠、滑软的。你还可以在玉米糊中加入黄油，并加点儿盐和黑胡椒调味。

2. 用橄榄油或黄油涂抹在 20~23 厘米见方的方形烤盘，将玉米糊倒入烤盘中，均匀摊开。将玉米糊晾凉，使其凝固（你可以用保鲜膜将烤盘密封起来，放入冰箱中，以加快冷却。你可以提前 2 天做）。

3. 将凝固的玉米糊切成 4~6 个方块。在一口大煎锅中加入橄榄油，中高火加热，将玉米块放在锅中，两面都煎脆，每面煎 3 分钟左右。

茴香籽脆皮瑞士甜菜挞

茴香籽脆皮瑞士甜菜挞

8~10 份

不少人看到菜谱中提到要制作面团，会觉得太麻烦。不过，可别让这点儿小事影响了你品尝美食的机会。我时常发现，做面团实际用的时间比预想的少很多，尤其当我事先将其脑补成一项繁重的家务劳动时，会发现做面团其实并没有那么复杂。用橄榄油、帕尔玛干酪和烤茴香籽制成的挞皮是搭配蒜香瑞士甜菜的最佳选择。品尝过后你肯定会对其赞不绝口。而当你看到诱人的挞皮从烤箱中取出时，没准你难以置信那是自己做的（你会产生一种错觉，以为这是糕点师傅做的）。

不过，在做这道菜前，你要提前做好面团，并将面团放入冰箱中冷藏至少 30 分钟。

---

3 汤匙特级初榨橄榄油

1 个中等大小的黄洋葱（切成小丁）

4~5 瓣蒜（剁碎）

680 克瑞士甜菜（茎切成 0.6 厘米见方的块，约 1 杯；叶片切成 0.6 厘米宽的条，约 15 杯）

1 茶匙细海盐

1/2 茶匙红辣椒碎

2 茶匙意大利调料（或新鲜香草；见"衍生做法"）

2 撮肉豆蔻碎

茴香籽挞皮（做法见下文后）

4 个大鸡蛋

1/2 杯青葱（剁碎）

1 杯意大利乳清奶酪（全脂或半脱脂）

1/2 杯现磨帕尔玛干酪碎

---

1. 在荷兰炖锅中加入橄榄油，中火加热，加入黄洋葱，翻炒 2 分钟，直至洋葱开始变软。加入蒜和瑞士甜菜茎，翻炒 5 分钟，直至瑞士甜菜茎开始变软。加入瑞士甜菜叶（一次加一些，用量视锅的大小而定）、细海盐、红辣椒碎、意大利调料和肉豆蔻，翻炒 10 多分钟，直至叶片完全变软，水蒸发完。关火，将菜晾凉。

2. 在炒菜时，将烤箱预热至 190℃。

3. 将面团放在烘焙油纸上，用带有面粉的擀面杖擀开，你也可以根据自己的习惯擀。将面团擀成直径约 38 厘米、厚度不少于 0.6 厘米的圆形挞皮（挞皮不必特别

圆，但是厚度要尽量一致）。将烘焙油纸和挞皮一起放在无边烤盘上（挞皮边缘可能耷拉在烤盘边上）。

4. 在一个小碗中打 1 个鸡蛋，并加入 1 茶匙水，搅拌成蛋液后放在一旁。在一个大碗中打入剩下的几个鸡蛋，加入做好的瑞士甜菜、青葱、意大利乳清奶酪和帕尔玛干酪碎，搅拌均匀。

5. 将做好的瑞士甜菜混合物均匀地平铺在挞皮上，边缘处留 4 厘米不铺。将挞皮边沿较厚、较长的部分切下。将挞皮四周卷起，覆盖在馅料上，并在上面刷一层蛋液。

6. 烤 40~45 分钟，直至挞皮变为黄棕色、

内部馅料变熟。将瑞士甜菜挞取出，晾 15 分钟后即可切开食用。你可以趁热吃，也可晾至室温后食用。

小贴士：没吃完的瑞士甜菜挞凉着吃也很可口，当然，你再次食用时也可以将它放入烤箱中，用190℃烤10~12分钟。

衍生做法

你可以用新鲜的香草代替意大利调料：将1/4杯新鲜的罗勒碎、1汤匙新鲜的墨角兰碎、1/2茶匙新鲜的百里香碎和1/2茶匙新鲜的迷迭香碎混合搅拌。

你也可以用羽衣甘蓝、绿甘蓝或芥蓝代替瑞士甜菜。先用沸水将菜叶焯2分钟左右（茎去掉），使菜叶变软，沥干后洗净。轻轻挤压菜叶，挤出多余水分，之后按照菜谱中的做法进行烹制就可以了（芥蓝会为这道菜增添一丝苦味）。

茴香籽挞皮

1 个直径为 38 厘米的挞皮

2茶匙茴香籽（可选，但我强烈推荐使用）

2杯普通面粉
1/2茶匙细海盐
1/2杯现磨帕尔玛干酪碎
1/2杯特级初榨橄榄油
至多1/2杯加2汤匙冰水

1. 在一口小煎锅中用中火烤茴香籽 3 分钟，不断翻炒、颠锅，直至炒出香味，且茴香籽变成金黄色。炒好后晾凉。

2. 在食物料理机或一个大碗中加入茴香籽、面粉、细海盐和奶酪，混合均匀。加入橄榄油搅拌均匀。在搅拌过程中，先加入 1/2 杯冰水（冰块不要加进去），再一汤匙一汤匙地加，直至面粉可以和成面团。面团最好湿一些，但不粘手。

3. 在案板上撒上面粉，揉 30 秒，将面团揉圆。如果面团很硬或比较松散，将面团重新放入食物料理机或碗中，加入至多 2 汤匙水。面团和好后按平，用保鲜膜包起来，放在冰箱中醒至少 30 分钟，至多 1 天，这时就可以做瑞士甜菜挞了。

羽衣甘蓝小麦沙拉
配甜蔓越莓和柠檬酱

4~6 人份

羽衣甘蓝本身富含营养元素，如果在生吃时搭配其他食物，营养就更丰富了。这道沙拉用了大量的斯佩耳特小麦、核桃仁、蔓越莓、洋葱和百里香。这些食材与羽衣甘蓝搭配在一起，会产生奇妙的口感，每一口都令人赞叹不已。这道沙拉不仅可以让你品尝到羽衣甘蓝独特的味道，还可以摄取其丰富的营养，吃完后你会感觉心满意足。享用完这道沙拉后，你会发现别的沙拉都黯然失色了。

适量细海盐

1 杯干斯佩耳特小麦（仔细挑选后洗净）

1/2 杯蔓越莓干

1/2 杯烤核桃仁（切粗粒）

1/4 杯红洋葱（切片；见"小贴士"）

1 茶匙新鲜的百里香碎

1/4 茶匙现磨黑胡椒碎（多准备一些，用于调味）

柠檬酱（做法见文后）

1 捆绿色或紫色皱叶甘蓝（约 350 克，洗净后切去主叶脉，切成 5 厘米宽的片；见"小贴士"）

适量菲达奶酪碎（或盐渍乳清奶酪碎；最后撒在沙拉上）

---

1. 将一大锅淡盐水煮沸，加入斯佩耳特小麦，锅不要盖严，煮 50~60 分钟，直至小麦变软。将小麦捞出、沥干，平铺在一个有边烤盘上，晾凉。

2. 在一个大碗中放入小麦、蔓越莓干、烤核桃仁、红洋葱、百里香、1/4 茶匙细海盐和 1/4 茶匙黑胡椒碎，搅拌均匀。加入一半的柠檬酱，搅拌均匀。加入羽衣甘蓝，并加入柠檬酱调味，使羽衣甘蓝与酱料混合均匀。如果有需要，可以再加一些细海盐和黑胡椒碎调味，并在沙拉上撒一些奶酪碎。

小贴士：将红洋葱切成小丁，丁越小越好——最好小于 0.3 厘米。这道沙拉要有一丝洋葱味，但是味道不必太浓，否则会影响整体口感。绿色或紫色皱叶羽衣甘蓝最适合用来做这道沙拉，不过俄罗斯红叶羽衣甘蓝也不错。你也可以用切成细丝的托斯卡纳羽衣甘蓝，不过由于托斯卡纳羽衣甘蓝和藜麦更配，所以你可以用藜麦代替斯佩耳特小麦。

柠檬酱

2/3 杯

1/4 杯鲜榨柠檬汁

1/4 茶匙细海盐

1 汤匙纯枫糖浆

1/3 杯特级初榨橄榄油

在一个小碗中倒入柠檬汁、细海盐和枫糖浆，混合均匀。再缓慢倒入橄榄油，一边倒，一边快速搅拌，直至酱料呈乳状。

你可以在做沙拉前做好柠檬酱，柠檬酱放在密封容器中，冷藏可储存 1 周。

玉 米 [1]

现在市面上大部分的玉米是杂交玉米，杂交玉米更脆、更甜。你可以用各种方式烹制玉米，我也会介绍一些我比较喜欢的烹制方式。不过，我还是认为蒸熟或烤熟的玉米蘸着黄油和盐吃，味道最好。如果没有玉米，夏天也失去了颜色。

最佳食用季节

夏季（地区不同，最佳食用季节也不同）。

品种

黄玉米、白玉米和彩色玉米(颜色和甜度无关)。

最佳拍档

牛油果、罗勒、意大利香醋、柿子椒、黑豆、蓝莓、黄油、酪乳、香葱、芫荽、科提加奶酪、奶油、孜然、菲达奶酪、蒜、四季豆、蜂蜜、墨西哥辣椒、柠檬、青柠、秋葵、洋葱、红椒、帕尔玛干酪、藜麦、青葱、红葱、酸奶油、草莓、百里香、番茄、白葡萄酒醋和西葫芦。

挑选

玉米收获后，水分和糖分就开始流失。所以，我建议你最好在农贸市场购买新鲜的玉米。挑选时，建议你挑玉米皮翠绿的新鲜玉米；玉米须要有光泽、有点儿黏。你可以用手指感受玉米粒是否饱满、排列是否整齐。玉米皮剥掉后，玉米粒会变干，所以我建议你在剥开玉米皮、检查完玉米后，再将玉米包好。如果玉米上有一些干玉米粒，你不必担心，只要其余部分是好的就行。

储存

买回来的玉米不要剥掉玉米皮，将玉米放入敞口塑料袋中，放在冰箱中冷藏——玉米冷藏可存放1周，不过最好3日内使用完。

[1]虽然玉米属于谷物类，但有的人会将其当作蔬菜，用于烹饪。——编者注

蔬菜的处理

削下玉米粒

方法 1

方法 2

将玉米顶部切下。在一个有边烤盘中铺一块干净的抹布，将玉米切面向下抵在烤盘上。一手拿玉米底部，另一只手用厨师刀将玉米粒从上至下削下来。你可以根据自己的习惯，在削玉米粒的时候旋转玉米，注意不要将玉米轴也削下来。你可以用刀面将玉米轴上的玉米汁刮下来。

1. 用手将玉米掰成两半。
2. 将玉米平面向下按压在案板上，用厨师刀将玉米粒从上至下削下来，之后旋转玉米削另一面。用这种方法削玉米，玉米粒在掉落的时候不会掉得很远。

大厨建议

・玉米是目前世界上基因改良最多的作物之一，所以在条件允许的情况下，请尽量购买有机玉米。

・玉米可以冷冻。你可以将削下的玉米粒储存在可密封的拉链式保鲜袋中。你也可以直接从超市购买冷冻玉米。

・在清洗玉米的时候，你可以用蔬菜清洗刷或闲置的牙刷刷玉米。水龙头的流水可以将玉米须冲掉。

・如果玉米特别新鲜、特别甜，不必将其煮熟。可以将玉米粒削下来，直接拌入沙拉中。我特别喜欢用罗勒油醋汁（见第179页）拌生玉米和切成两半的樱桃番茄。

・你可能看到过很多种烹制玉米的方法，但我还是建议你烹制玉米的时候用简单一点儿的方法，不必加糖或奶（将玉米放在牛奶中煮）。我在煮玉米的时候，尽量不加盐，因为加盐后，玉米会变得有点儿硬。

・有时在剥开玉米皮的时候，我们会发现玉米上有墨西哥黑松露，就是玉米上长的一种银灰色的真菌，这种真菌会让玉米粒变成正常情况下的几倍大。在墨西哥，人们认为它是一种美味佳肴，会将这种带有烟熏蘑菇味的玉米加入墨西哥夹饼、汤和酱料中。如果你购买的玉米也出现这种情况，可以将玉米搭配黄油、洋葱和墨西哥辣椒煎炒一下，待各种食材变软、发出香味后，夹在墨西哥起司薄饼或墨西哥玉米卷饼中食用。

最适合的烹饪方法

烧烤玉米

将玉米的外层皮剥掉，只留下最里面一层浅绿色的皮。将玉米须扯掉或切下。将玉米皮剥开，但不要剥掉，将剩余的玉米须择掉。用冷水清洗玉米，不洗玉米皮。洗好后，用玉米皮把玉米重新包上，玉米表面的水分不必擦干。将玉米放在烤炉上用中火或中高火烤 8~10 分钟，不时翻转玉米，直至玉米皮微微被烧焦，玉米粒变软（此方法既可以给玉米增添一丝烟熏味，还能让玉米粒保持饱满多汁的状态）。玉米烤好后，将玉米皮剥开，用黄油涂抹在玉米粒上，并用盐和胡椒调味。

你也可以在玉米上放一些香草黄油（见第 178 页），或加一些红椒或卡宴辣椒和青柠汁。

你如果想让玉米的烟熏味更重且有明显的烤焦痕迹，那就将玉米皮全部剥掉，直接烤玉米。记得先在玉米上刷一层植物油，用少量盐和胡椒调味，之后将玉米放在烤炉上用中高火上烤 6~9 分钟，不时翻面，直至玉米粒变软且都微微被烤焦。

蒸玉米

蒸玉米是简单、快速的烹制玉米的方法。将剥皮的玉米放入蒸锅中，加入足量的水。盖上锅盖，大火蒸 3~5 分钟，直至玉米粒稍稍变软。配黄油、盐和胡椒食用。

煮玉米

在一口大锅中倒入水，煮沸后放入玉米煮 2~4 分钟，至玉米粒稍软即可。

黄油玉米羹
配五香甜南瓜子和芫荽

4~6 人份

这道夏季浓汤凸显了黄油玉米的甜中有咸的味道和顺滑的口感。吃一口，你就可以品尝到各种美妙的味道。此外，你还可以用玉米穗轴做一道玉米味浓郁的高汤（任何高汤都可用模具冷冻成小冰块，放入拉链式保鲜袋中，冷冻时都可以存放 1 个月）。你可以在这道汤中加一些新鲜的香草：如用剁碎的罗勒或香葱代替菜谱中的芫荽，或在这道浓汤中加一些香草黄油（见第 178 页）。这道汤可以趁热喝，也可以冰镇后喝。

适量玉米粒（从 6 大根玉米上削下的，留下玉米轴）

1 片月桂叶

6 粒黑胡椒粒

2 汤匙无盐黄油

1 个中等大小的黄洋葱（切成 0.6 厘米见方的块）

1 瓣蒜

1½ 茶匙细海盐（多准备一些，用于调味）

2 撮卡宴辣椒粉（多准备一些，用于调味）

1 茶匙鲜榨柠檬汁或青柠汁

1/4 杯新鲜的芫荽碎或芫荽油（见第 178 页，喝汤时用）

1/4~1/3 杯现磨菲达奶酪或山羊奶酪碎（喝汤时用）

1/4 茶匙现磨黑胡椒碎或白胡椒碎

1/4 杯五香甜南瓜子或烤南瓜子（做法见文后，喝汤时用）

适量家里最好的特级初榨橄榄油（最后用）

适量柠檬块（或青柠块；喝汤时用）

1. 在一口大锅中加入 4 升水，放入玉米轴、月桂叶和黑胡椒粒后大火煮沸。将火调小，炖 25 分钟 ~1 小时，锅不要盖严，使玉米味溶入高汤中。煮好后，取出玉米轴、月桂叶和黑胡椒粒，小火继续加热高汤。

2. 同时，在荷兰炖锅中放入橄榄油或 1 汤匙黄油，中火加热。加入黄洋葱炒 3 分钟，不时搅拌，直至黄洋葱变透明、变软但不焦。加入蒜、玉米粒、1 茶匙细海盐和卡宴辣椒粉，将火调至中高火，翻炒 5 分钟。向锅中加 4 杯玉米高汤。你也可以视具体情况调整火的大小和决定是否盖锅盖。炖 20 分钟左右，至玉米粒和洋葱变软，加入黄油搅拌。将黄油完全熔化后，将锅从火上移开。

3. 用手持式料理棒搅拌玉米汤，使变得顺滑（搅拌后的汤中会有一些颗粒物，为了使玉米汤顺滑，高速搅拌）。将搅拌好的汤重新用中火加热，你也可以根据自己的喜好，多加点儿高汤，但不过超过 1 杯，以调出合适的浓稠度。最后加柠檬汁和剩下的 1/2 茶匙细海盐调味。

4. 将玉米羹舀入碗中，撒上芫荽、菲达奶酪、新鲜的胡椒碎、南瓜子，滴儿滴家里最好的特级初榨橄榄油。这时就可以配着柠檬块或青柠块喝了。玉米羹晾凉后，放入密闭容器中，冷藏可存放 3 天。如果你喜欢喝稀一点儿的玉米羹，可以在玉米羹里加一些高汤，再撒些上述食材，晾凉后喝。

五香甜南瓜子

1/4 杯

1 茶匙特级初榨橄榄油
1 茶匙糖
1/8 茶匙卡宴辣椒粉
1/8 茶匙孜然粉
1/8 茶匙细海盐
1/4 杯生南瓜子

在一口平底不粘锅中加入橄榄油、糖、卡宴辣椒粉、孜然和细海盐，中高火翻炒 2 分钟左右，直至糖熔化。加入南瓜子，不停翻炒 2~3 分钟，至南瓜子均匀裹上调料且变成棕色。将南瓜子盛入盘中，晾凉后放入密闭容器中，在室温状态下可存放 1 周。

油煎黄金玉米脆饼

配豆角炖菜

10 块

在夏季农产品收获的高峰期，我会从农贸市场的农夫那里购买大量的新鲜豆类。我经常购买绿扁豆、黄荚四季豆和有花斑的四棱豆，但特别喜欢买深紫色豆角。我经常在每个摊位上都买一些，结果一不小心就买了一大堆。不过，这道豆角炖菜给了我购买很多豆角的理由，或者说，这道菜帮我处理了多余的豆角。玉米脆饼很适合配这道菜，会给这道菜增添一种甜甜的味道。如果在这道菜里再加一些罗勒，滴几滴浓缩的意大利醋，它那美妙的味道会让你终生难忘。在尝过之后，你就知道我不是夸海口了！

---

2 汤匙特级初榨橄榄油

4 瓣蒜（切末）

1 个墨西哥辣椒（茎切去，内部掏空后切成小块）

1 汤匙番茄酱

300 克豆角（黄荚四季豆、绿豆角、紫豆角和扁豆，斜着切成 3 厘米长的长条）

680 克李子番茄（约 6 个中等大小的，去茎、去籽后切块）

1½ 茶匙细海盐（多准备一些，用于调味）

1/4 茶匙现磨黑胡椒碎（多准备一些，用于调味）

1/2 杯干白葡萄酒（如灰皮诺白葡萄酒或长相思干白葡萄酒）

2 枝新鲜的百里香

1~2 汤匙无盐黄油（可选）

1/2 杯松散的新鲜罗勒叶（切成细丝）

3 杯新鲜的玉米粒（从 4 根玉米上削下的）

2 汤匙红葱末

3 个大鸡蛋（打匀）

1/2 杯加 2 汤匙普通面粉

1/2 杯芥花籽油

1/4 杯浓缩意大利醋（见第 147 页）

---

1. 在一口炒锅中倒入橄榄油，中火加热。将 3/4 的蒜末放入锅中，翻炒 30~60 秒，炒出香味，注意不要炒焦。向锅中加入墨西哥辣椒和番茄酱，翻炒均匀。将火调至中高火，加入豆角，翻炒 1 分钟，使豆角入味。

2. 放入番茄、1/2 茶匙细海盐和 1/8 茶匙黑胡椒碎，翻炒 2 分钟，至番茄开始变软，并溶于汤汁中。倒入葡萄酒，煮沸后将火调至中小火，加入百里香，炖 20~25 分钟，至豆角变软、番茄完全溶于汤汁中。将百里香取出。此时的汤汁很稠，但没有明显水分。你还可以根据自己的喜好，放入黄油和一半的罗勒，翻炒。最后加少许细海盐和黑胡椒碎调味，将锅从火上移开。

3. 在一个中等大小的碗中放入玉米粒、剩余的蒜末、红葱、鸡蛋、1 茶匙细海盐和 1/8 茶匙黑胡椒碎，搅拌均匀。拌匀后倒入面粉，继续搅拌。调好的玉米粒面糊

可以在平底锅中摊开。

4. 在冷却架上铺几片厨房纸巾。在一口大平底锅倒入芥花籽油，中高火加热，油热后，将火调至中火。

5. 用勺子盛 1/3 杯玉米粒面糊，倒入油锅中，每面煎 2~2.5 分钟，直至变得金黄酥脆，之后放在冷却架上，撒一点儿细海盐。注意，在煎完一块黄金玉米脆饼后，将火调小，将锅中残余的玉米粒清理掉，在煎新的黄金玉米脆饼时，重新将火调至中火。如果在煎黄金玉米脆饼时，饼很快变成棕色或玉米粒开始爆开，那就将火调小。油煎黄金玉米脆饼也可以提前 2 小时做好，放在一个单层烤盘中（在食用前将烤箱预热至 220℃，重新烤 6 分钟左右，使其完全变热、变脆即可）。

6. 油煎黄金玉米脆饼最好趁热吃。记得在上面放 1 大勺豆角炖菜、罗勒叶，倒一些浓缩意大利醋（见第 147 页）。

小贴士：煎黄金玉米脆饼时千万要小心——如果油特别热，玉米粒会爆开，油会四溅，这时你需要将火调小。如果你不想被油溅到，就用小火煎，每面煎 6~8 分钟（但是这样做出来的饼不会特别脆）。

衍生做法

你也可以用其他菜品代替豆角炖菜，如用橄榄油、浓缩意大利醋、盐、胡椒和少量全脂意大利乳清奶酪或山羊奶酪调拌的樱桃番茄罗勒沙拉。

宝塔菜

宝塔菜又名甘露子，像梨肉一样白，是块茎类蔬菜。

宝塔菜虽然与球形洋蓟、洋姜、蒜叶婆罗门参没什么关系，但是它们的味道很相似。宝塔菜属唇形科多年生宿根植物，虽然形状很奇特，但是汁水较多，吃起来像坚果，且像荸荠一样脆（适合炒后食用）。

最佳食用季节

晚秋至冬季。

最佳拍档

小白菜、西蓝花、褐化黄油、卷心菜、胡萝卜、花椰菜、细叶香芹、香葱、法式酸奶油、蒜、姜、洋葱、藜麦、大米、蒜叶婆罗门参、红葱和百里香。

挑选

要挑选看起来很饱满结实、颜色呈乳白色且外皮微微泛棕色的新鲜宝塔菜，不要挑选变软、发蔫、底部发黑的宝塔菜。我喜欢买适口大小的宝塔菜，3~5厘米长；不过，你也会买到8厘米长的宝塔菜。

储存

将未清洗的宝塔菜用厨房纸巾松松地包起来，放入敞口塑料袋中，冷藏可存放1周。

蔬菜的处理

清洗

1. 简单清洗后，将宝塔菜放在一块干净的抹布上。在宝塔菜上撒一些盐，用抹布卷起来，抹布两端拧紧。
2. 摇晃宝塔菜，将宝塔菜皮、泥土和发软的根部摇下（盐有助于将缝隙中清洗不到的尘土弄掉）。将宝塔菜取出，用冷水清洗干净并沥干。
3. 择掉宝塔菜上变软的或比较老的部分。

最适合的烹饪方法

焯宝塔菜

将宝塔菜放入沸盐水中，焯2分钟。用漏勺将宝塔菜捞出，迅速放入冷水中，使其冷却。沥干即可食用。

煎宝塔菜

将宝塔菜清洗干净后焯熟。在一口煎锅中放入黄油或橄榄油，中火加热。放入宝塔菜煎3~4分钟，直至宝塔菜外酥里嫩，搅拌均匀，使其裹上油，并加盐和胡椒调味。最后，你可以根据自己的喜好在宝塔菜上撒一些片状海盐和新鲜的香草碎，如百里香、龙蒿、欧芹或细叶香芹，再滴一些柠檬汁。

炒宝塔菜

大火加热炒锅。加入1茶匙香油和1茶匙植物油，摇晃平底锅，使油均匀铺在锅底。放入蒜末和姜末，翻炒30~60秒，炒出香味。放入宝塔菜炒2~5分钟，不时翻炒，直至宝塔菜变得外酥里嫩。最后，你可以根据自己的喜好，再放一些青葱碎和烤芝麻，将炒宝塔菜放在米饭上食用。

大厨建议

· 超市中一般很难买到宝塔菜，不过现在很多农贸市场和小菜店开始售卖宝塔菜了。
· 烹制宝塔菜前，要先焯熟，去掉生味。

法式酸奶油宝塔菜

2~4 人份

宝塔菜不容易买到，价格也比较高。只有用完美的方法去烹饪它，才配得上它洁白的外皮、宝塔般的外形和脆爽多汁的口感。为此，我绞尽脑汁想找到一个足够配得上宝塔菜的菜谱，我想到了几年前在法国学到的将茴香根烹调得特别丝滑顺口且营养丰富的绝妙烹饪方法。另外，冥冥之中我觉得这个菜谱最合适做宝塔菜。你只需要简单地用黄油煎一下宝塔菜，使其口感适宜，再用法式酸奶油炖一会儿，这道菜就完美了！宝塔菜外形特别，可以蘸上足量的酸奶油酱食用，酸奶油酱的味道与宝塔菜温和的甜味和坚果口感相得益彰。出锅后，再放一点儿新鲜的细叶香芹和片状海盐，这道菜味道会更美妙。品尝后，你绝对会觉得物超所值。

---

1 汤匙无盐黄油

2 杯宝塔菜（清洗、处理好后，焯熟、沥干）

1/4 茶匙细海盐

1/8 茶匙现磨白胡椒碎（或黑胡椒碎）

1/3 杯法式酸奶油

适量片状海盐（吃的时候放）

适量现切的细叶香芹碎（吃的时候放）

---

1. 在一口中等大小的平底锅中放入黄油，中火熔化。待黄油开始起泡，散发出香味且微微变成金黄色后，加入宝塔菜、细海盐和胡椒碎。翻炒 3 分钟左右，直至宝塔菜轻微变成棕色但仍有嚼劲。

2. 将锅从火上移开，加入法式酸奶油并搅拌均匀。将锅重新放在小火上炖 1 分钟左右，不停搅拌，直至调味汁完全变热且稍微变稠。

3. 将宝塔菜盛入盘子中，在上面撒一些片状海盐和细叶香芹碎后即可食用。

衍生做法

上面提到的这个菜谱也适用于烹制茴香根。你可以将茴香根（340~450克）切成 4 等份，去芯后用厨师刀或蔬果刨切成薄片（见第156页），用橄榄油或黄油煎10~14分钟，并用盐和胡椒调味，直至茴香根变软、微微变成棕色且焦糖化（烹饪的过程中，如果茴香根粘锅，可以向锅中加一点儿水）。最好加入法式酸奶油、撒一些片状海盐和细叶香芹碎，搅拌均匀后即可食用。

黄瓜

为了保持黄瓜中的水分不流失，一些商店中出售的黄瓜表面涂了蜡，因此夏季我建议你直接从农贸市场购买黄瓜。夏季的黄瓜既脆又多汁，物有所值。

最佳食用季节

夏季。

最佳拍档

阿勒颇辣椒粉、芝麻菜、罗勒、柿子椒、小麦片、胡萝卜、香葱、芫荽、玉米、孜然、莳萝、茄子、菲达奶酪、山羊奶酪、墨西哥辣椒、柠檬、薄荷、洋葱、牛至、欧芹、花生、红辣椒碎、红葡萄酒醋、大米、白米醋、青葱、芝麻、盐肤木粉、香油、番茄和酸奶。

储存

放在带透气孔的保鲜塑料袋中后，储存于保鲜盒中。黄瓜中的水分流失得特别快，为了保证口感，我建议你在购买后 3 日内使用完。

品种

亚美尼亚黄瓜、英国温室黄瓜、日本黄瓜、柯比黄瓜、柠檬黄瓜、波斯黄瓜（皮薄，少籽或无籽，味道温和）和普通黄瓜（皮厚籽大）。

挑选

不论是表面光滑的黄瓜，还是带刺的黄瓜，购买时都应该挑选颜色均匀、鲜亮的硬实黄瓜，而不要挑选发蔫、变软或变黄的黄瓜（除非是黄色的品种），变黄的黄瓜一般表示黄瓜过熟了。黄瓜皮对人体有益，如果你想连皮一起吃，我建议你购买无蜡的有机黄瓜。

蔬菜的处理

尽管黄瓜的处理方法和其他圆柱形蔬菜的（见第13页）相似，但是黄瓜也有其特有的处理方法。

去皮并去籽

1. 黄瓜如果皮较厚或表面涂了蜡，就需要去皮。去皮的时候，从一端向另一端纵向削，将皮削成长条（去皮的时候，可以在中间留一些皮，削出斑马纹）。

2. 如果想去籽，先纵向将黄瓜切成两半，用勺子或蔬果挖球器将黄瓜籽掏出。随后，你就可以根据需要烹调黄瓜了。

清洗

有些黄瓜表面多刺，不方便食用。你可以先将其洗净，再用手指或蔬菜清洗刷轻轻刮擦黄瓜表面，以去除其表面坚硬的刺。

减少苦味并除去多余的水分

在黄瓜中加盐，可以减少苦味并除去部分水分，使黄瓜更加脆爽可口——这种黄瓜可以用于调拌沙拉或用来做希腊酸奶黄瓜酱（见第140页）。我一般不会这么做，除非我想用黄瓜为沙拉做装饰，或者让菜肴的卖相更好看。具体做法：在切成条、丝或块的黄瓜中加入盐（1根黄瓜约用1茶匙盐），搅拌均匀。在一个大碗上方放一个滤锅，倒入黄瓜。如果想节约时间，在黄瓜上盖一层保鲜膜，再在上面放一个比较沉的东西，压住黄瓜。将黄瓜沥去表面水分需30分钟~1小时。将沥出的汁水倒掉，用抹布将黄瓜卷起来摇晃，以除去残留的水分和盐分。

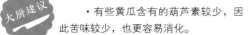

大厨建议

・有些黄瓜含有的葫芦素较少，因此苦味较少，也更容易消化。

・黄瓜皮和黄瓜籽都是可以食用的，不过我在处理美国黄瓜时会去皮、去籽，因为美国黄瓜的皮很厚，常常有蜡且黄瓜籽是苦的。至于其他品种的黄瓜，你既可以根据黄瓜皮的厚度和籽的大小判定是否去皮、去籽，也可以根据具体菜谱的要求判定是否去皮、去籽。

・亚美尼亚黄瓜、英国温室黄瓜、日本黄瓜、柯比黄瓜、柠檬黄瓜、波斯黄瓜等黄瓜的皮很薄，籽较少，适合生吃。

最适合的烹饪方法

腌黄瓜

1 升

将 450 克柯比黄瓜或波斯黄瓜纵向切成长条或横向切成 0.6 厘米厚的片，放入一个 1 升的耐热广口瓶中，并加入 3 瓣碾碎的蒜。在一口小炖锅中倒入 1/2 杯白米醋和 1/2 杯苹果酒醋（或 1 杯白米醋）、1 杯水、2 汤匙糖、1 汤匙细海盐和 1/2 茶匙红辣椒碎，混合均匀后用中火加热，直至糖溶于酱汁中。将热酱汁浇在黄瓜上。黄瓜静置晾凉后，密闭冷藏至少 8 小时，多则 7 天。如果你想做传统一点儿的腌黄瓜，在做酱汁前，向醋中加 1 汤匙莳萝籽或 1 汤匙腌渍香料即可。

希腊酸奶黄瓜酱

4 杯

在一个中等大小的碗中倒入 2 杯原味希腊酸奶，2 根中等大小去皮、去籽后用四面刨刨碎的黄瓜，1 瓣碾碎的蒜，1/2 茶匙盐和 1/8 茶匙现磨黑胡椒碎，搅拌均匀。再加入 2 茶匙新鲜的莳萝碎、1 汤匙新鲜的薄荷碎和 1 汤匙鲜榨柠檬汁。黄瓜酱在食用前要冷藏 30 分钟 ~2 小时。你还可以根据自己的喜好加点儿盐、胡椒和柠檬汁调味。你还可以再加一些香草叶，滴几滴家里最好的特级初榨橄榄油。

茄子

我们很难想象，茄子曾因其苦味和鲜艳的花朵被视为有毒的植物。而现在，人们则对其完全难以抗拒——茄子形态各异，颜色不同，烹制后特别顺滑可口。

最佳拍档

芝麻菜、意大利香醋、罗勒、芫荽、椰奶、玉米粉、奶油、莳萝、法老小麦、菲达奶酪、蒜、姜、山羊奶酪、四季豆、蜂蜜、马斯卡彭奶酪、薄荷、水菜、马苏里拉奶酪、洋葱、橙子、帕尔玛干酪、欧芹、辣椒、松子、玉米糊、波萝伏洛奶酪、红辣椒碎、红葡萄酒醋、意大利乳清奶酪、盐渍乳清奶酪、芝麻、芝麻酱、香油、酸奶和中东香料。

最佳食用季节

仲夏至早秋。

品种

紫色球形茄子（最常见的茄子）、日本茄子和中国茄子（细长形）、意大利茄子、白色茄子（雪白色）、童话茄子、比安卡玫瑰茄子和意大利条纹茄子（后三种茄子是传家宝品种的小茄子）。

挑选

优质的茄子颜色鲜亮，与同等大小的茄子相比较重，且手感较好：优质的茄子既不特别硬，也不是软塌塌的。不要挑选外皮有褶皱或有点儿软的茄子，这些茄子一般有碰伤。茄子的品种和形状繁多，不过一般情况下，嫩一点儿的（小一点儿的）茄子无籽或少籽、皮较薄，更甜些。我建议你购买小点儿的或中等大小的茄子，不过，如果你想烤茄子或者做茄子泥，可以买大个的茄子。

储存

我建议你在购买茄子的几天内使用它，因为如果时间太长，茄子会产生苦味。如果茄子在凉爽的地方放较长时间，茄子籽会变硬，茄子会有苦味；如果在温暖的地方存放较长时间，茄子会失去水分、变软。你可以将茄子放在敞口塑料袋中储存。如果你准备在当天就烹制茄子，可以将其放在厨房阴凉的地方。如果你准备将茄子存放一段时间，那将其放在冰箱中冷藏。

蔬菜的处理

粗细一致的长茄子（如日本茄子、中国茄子及其他传家宝品种的茄子）的切法与其他圆柱形蔬菜的（见第 13 页）一样。球形茄子切成厚片（见下图）后，后面的处理方法和其他形状的茄子的基本一样。

切片

1. 将茄子的蒂和底部切去，茄子横着切成两半。一半是较圆、较宽的部分，一半是较细的部分（圆形或蛋形茄子切去蒂和底部后可以不切成两半）。

2. 将茄子较大的切面向下放在案板上，切出厚度合适的片。

大厨建议

· 我一般不腌茄子。茄子储存的时间越长，味道越苦。如果你不想吃有苦味的茄子，就买应季茄子，并尽快使用。

· 白色茄子皮较厚，需要去皮后再烹制。白色茄子很有肉感，适合烘烤，味道较甜且很温和。

· 细长的茄子有淡淡的甜味，肉微甜，皮较软，呈深紫色（日本茄子）或淡紫色（中国茄子），可以烧烤或炒后食用。

最适合的烹饪方法

烤整个茄子

　　烤茄子适合蘸酱吃。大火预热烤炉，将茄子放在烤炉上烤 20 分钟左右，期间经常翻动茄子，直至茄子皮被烤焦，茄子肉收缩且完全熟透。将烤好的茄子放入碗中晾凉，用手将皮剥下。如果你不想让烤茄子有特别重的烟味，可用烤箱烤。将烤箱预热至 230℃。用叉子在茄子上戳几个洞，在上面刷一层橄榄油，将茄子放在铺了烘焙油纸的有边烤盘中烤 30~40 分钟，直至茄子皮起皱，有的地方变黑，茄子肉收缩且完全熟透。

烤茄子片

　　中火预热烤炉或将烤箱预热至 200℃。将 1~2 厘米厚的茄子片铺在单层有边烤盘中。在茄子片的两面刷上橄榄油，并用盐和胡椒调味。

　　用烤炉烤：烤炉热好后，用夹子将茄子片放在烤炉上。烤 4~5 分钟后翻一次面，至茄子肉变软，但不特别软。

　　用烤箱烤：将涂了橄榄油的茄子片放在烤盘上，放入烤箱烤 20 分钟左右，期间翻一次面，直至茄子片两面都变软，且呈金黄色。你也可根据自己的喜好，在茄子上面撒一些片状海盐和新鲜的香草碎。

　　在橄榄油刷到茄子上前，你也可以在橄榄油中加一些蒜末、新鲜的香草碎，再滴几滴葡萄酒醋。

熏茄子酱
1½ 杯

　　将 1 根中等大小的茄子放在烤炉上或烤箱中烤，直至茄子皮被烤焦，茄子肉变软。待茄子晾凉后，切去蒂，并用手剥掉茄子皮。将茄子肉、1 瓣蒜、1 汤匙橄榄油、2 汤匙原味希腊酸奶、1 汤匙鲜榨柠檬汁、1 汤匙芝麻酱、1/2 茶匙盐和 1/8 茶匙现磨黑胡椒碎放入食物料理机中，打成泥，并加盐、胡椒和橄榄油调味。熏茄子酱密封后冷冻可存放 2 天。你可以在烤皮塔饼或黄瓜条上放一些茄子酱和盐肤木粉或中东香料后食用。

蒜烤童话茄子
3~4 人份

　　将 300~450 克小茄子（如童话茄子）纵向切成两半（将茄子蒂切掉），放入用 2 汤匙橄榄油、2 瓣剁碎的蒜、1 大撮盐、1 小撮现磨黑胡椒碎和 1/3 杯薄荷叶调制的酱汁中。将茄子放在室温下腌 30 分钟~2 小时，或密封冷藏 8 小时。腌制好后，将茄子从酱汁中取出（预留部分酱汁），放在烤炉上的不粘烤盘或烧烤网夹上，中高火烤 10 分钟左右，不时翻面，直至茄子皮微微被烤焦，茄子肉变软。将烤好的茄子放回酱汁中，并加入一些红葡萄酒醋或意大利香醋、片状海盐和鲜薄荷叶后摇匀。

烤茄条
配意大利香醋番茄酱

3~4 人份

这道菜的灵感源于用薯条蘸酱这种吃法，但是吃了这道菜后，你不必担心自己会长肉。茄条会裹上面包糠（为了味道）和玉米粉（为了酥脆感）。本菜谱会教你用煮烂的番茄和意大利香醋调制出一种味道浓郁、酸甜可口的酱料。如果在节假日，我建议你准备双份的茄条，配番茄酱和希腊酸奶黄瓜酱（见第 140 页）食用。两种酱料的完美搭配就像震撼人心的二重奏，令人难以忘怀。

---

6 汤匙特级初榨橄榄油

1 个大的球形茄子（切成 1 厘米宽、8 厘米长的长条）

1/2 茶匙细海盐（多准备一些，用于调味）

1/4 茶匙现磨黑胡椒碎（多准备一些，用于调味）

2 个鸡蛋

3/4 杯精细的干面包糠（见第 19 页）

3/4 杯玉米粉（精磨或中研磨）

1 汤匙中东香料（可选）

1 小捧新鲜平叶欧芹和 / 或罗勒叶（粗切，做装饰）

意大利香醋番茄酱（见第 297 页，蘸着吃）

---

1. 将烤箱预热至 200℃，每个有边烤盘刷 2 汤匙橄榄油，刷 2 个烤盘。

2. 将茄条放在一个大碗中，加入剩下的 2 汤匙橄榄油、1/4 茶匙细海盐和 1/4 茶匙黑胡椒碎，搅拌均匀。

3. 在一个深口碗中打入鸡蛋，轻轻打匀。在另一个深口碗中放入面包糠、玉米粉和中东香料，混合均匀。

4. 将 1 把茄条放入蛋液，使茄条均匀裹上蛋液。用夹子将茄条一根根夹出，夹起时使多余的蛋液滴回碗中，将茄条放入盛有面包糠的碗中。用手或另一个夹子翻转茄条，使茄条均匀裹上面包糠，将茄条放在烤盘上。重复此步骤，将其余的茄条处理好，平铺在烤盘上。

5. 烘烤茄条 15 分钟左右，直至茄条稍稍变软。用夹子将茄条翻个面后继续烤 10 分钟，直至茄条变得金黄酥脆（烤茄条可以提前 2 小时做好，放在冷却架上晾凉，之后重新放回烤盘中在 200℃下烤 10 分钟，使茄条变得酥脆）。

6. 在茄条上撒细海盐和黑胡椒碎调味，再在上面撒一些香草碎。这时就可以蘸着意大利香醋番茄酱趁热食用了。

衍生做法

烤西葫芦条：用2个中等大小或大点儿的西葫芦代替茄子。

茄子番茄马苏里拉奶酪沙拉
配核桃罗勒青酱和浓缩意大利醋

4~5人份

烤茄子、核桃罗勒青酱和浓稠的浓缩意大利醋将经典的番茄马苏里拉奶酪沙拉这一组合变得卓尔不凡。这道沙拉再配上一份好吃的绿色蔬菜沙拉，便是一餐美食。这道菜便于携带，也很吸引人的眼球，是参加烧烤派对时的最佳选择。你可以提前将其做好，不必担心会变质（我一般在到达目的地后，再淋上浓缩意大利醋）。你还可以用颜色各异的传家宝品种的番茄，做好的菜肴肯定会令你惊喜不已。

---

1 个中等大小的球形茄子（约 450 克，切成 1 厘米厚的片；见"小贴士"）

3 汤匙特级初榨橄榄油

适量细海盐

2~3 个大的传家宝品种的番茄（切成 10 片 0.6 厘米厚的圆片）

2 个小的传家宝品种的番茄（切成 10 片 0.6 厘米厚的圆片）

适量粗粒或片状海盐

1/3~1/2 杯核桃罗勒意大利青酱（见第 180 页）

170 克新做的马苏里拉奶酪（切成 10 片 0.6 厘米厚的片）

适量现磨黑胡椒碎

适量浓缩意大利醋（做法见文后）

10 片新鲜的罗勒叶

---

1. 中高火预热烤炉。

2. 将茄子片放在单层有边烤盘上，两面刷上橄榄油。

3. 烤炉加热后，用夹子将茄子片放在烤炉上烘烤，期间翻一次面，每面烤 4~5 分钟，直至茄子片完全变软，但不是软塌塌的。将茄子片放在烤盘中晾凉，并撒一点儿细海盐调味。

4. 在另一个烤盘中铺一层烘焙油纸，放上10 片大番茄片，在番茄片上撒一些粗粒或片状海盐。在番茄片上放上同等大小（或小一点儿的）烤好的茄子片，在茄子片上涂一些核桃罗勒青酱，并放一片奶酪。将小番茄片放在奶酪上，并撒一点

儿粗粒或片状海盐和现磨黑胡椒碎调味。最后在上面滴几滴浓缩意大利醋，并放1 片罗勒叶。这时你就可以享用这道美食了。

小贴士：日本茄子和小一点儿的传家宝品种的茄子不适合用来做这道菜。你要挑选中等大小的球形茄子或又长又圆但不是特别粗的意大利茄子。由于烘烤的时候，茄子片会收缩一些，所以你在购买大点儿的番茄时，要挑选比茄子个头小一点儿的番茄。因为你将食材叠放的时候，肯定希望所有的切片都是同等大小的。

如果你不想用烤炉烤茄子，可以用烤箱烤。将烤箱预热至200℃，将两面刷了橄榄油的茄子片烤20分钟左右，期间翻一次面，直至茄子片变软且呈金黄色。

没吃完的菜可以冷藏起来，下次凉着吃或充当三明治馅料。

茄子番茄马苏里拉奶酪沙拉配核桃罗勒青酱和浓缩意大利醋

浓缩意大利醋

1/4 杯

1杯意大利香醋

　　将香醋倒入一口小炖锅中，中高火煮沸。将火调小加热 20 分钟左右，直至香醋的量变为原来的 1/4。检查香醋的浓稠度：浓缩的醋会像糖浆一样粘在勺子上。必要时，可以多加热一会儿。

　　将浓缩意大利醋倒入密闭的耐热容器，放入冰箱冷藏，这样可以储存很长时间。想用时将其放至室温，拿掉盖子，将容器放在热水中，待浓缩的醋能搅开时，在容器中加一点儿热水，调出合适的浓稠度。

茄子排
配墨西哥青酱

4 人份

　　纵向将茄子切成两半（不需要去皮、去蒂），这样可以做出厚且多汁的茄子排（茄子片烹制后会变得太软，不方便食用）。在茄子上划几刀，刷一些蒜和油后，烘烤至茄子变软且呈棕色。欧芹、薄荷、芫荽和柑橘类水果的果汁可以调配出一种香气四溢的新鲜酱料，为食物增添一丝清新的香草香。你在享用茄子排的时候，可以配墨西哥青酱、古斯古斯面和希腊酸奶。如果在茄子排上放一些胡萝卜土耳其酸奶酱（见第 86 页），味道会更好。

　　你需要提前至少 1 小时做好墨西哥青酱，这样酱料中各种食材的味道才能充分混合。

---

2 个意大利茄子（或球形茄子或传家宝品种的茄子；1 个 300~450 克；见第 145 页 "小贴士"）

2 瓣蒜（切末）

1/3 杯特级初榨橄榄油

适量细海盐

适量现磨黑胡椒碎

适量熟古斯古斯面（配菜吃；可选）

适量墨西哥青酱（见第 178 页；配菜吃）

1 杯低脂或全脂原味希腊酸奶（或胡萝卜土耳其酸奶酱；见第 86 页；配菜吃）

---

1. 将烤箱预热至 190℃。在一个有边烤盘中铺一层烘焙油纸。

2. 将茄子纵向切成两半，蒂保留。在茄子切面上斜着用刀划几刀（1 厘米深，注意不要划开茄子皮）。

3. 在一个小碗中放入蒜和橄榄油，搅拌均匀后在一半茄子上洒 1 汤匙蒜油，让蒜油流入切口中，再用刷子在茄子皮上刷一层蒜油。

4. 将茄子切面向上放在烤盘中。在茄子上撒一些细海盐和黑胡椒碎，再刷一层蒜油。

5. 烤 40 分钟左右，直至茄子肉变软且呈黄棕色。茄子稍晾凉后即可食用。

蜂蜜茄子波伦塔蛋糕
配橙子风味的马斯卡彭奶酪霜

6~8 人份

茄子可以用来做甜点，这一点也许很难想象。在本菜谱中，茄子与蜂蜜、香草精和肉豆蔻粉搭配在一起，并在意大利香醋中产生美拉德反应，让一道普普通通的意大利波伦塔蛋糕变得滑润适口，让人回味无穷，而且这款波伦塔蛋糕在配上橙子风味的马斯卡彭奶酪霜后，味道更是精妙绝伦。只有在品尝过后，你才知道世间竟有如此可口的甜点。

细长的亚洲茄子或偏小的意大利茄子很适合做这道甜点。不管你挑选哪种茄子，在购买后都请尽快使用，否则茄子会变苦。你可以用中研磨的石磨玉米粉，这样做出来的糕点味道更好；你也可以用精磨玉米粉，这样做出来的糕点更软，且风味独特。

茄子泥原料

4 汤匙无盐黄油（1/2 块）

450 克茄子（去皮后切成 1 厘米见方的块，约 4 杯）

1/4 茶匙细海盐

1/4 杯蜂蜜

1 茶匙香草精

1/8 茶匙肉豆蔻粉

1 茶匙意大利香醋

波伦塔蛋糕原料

8 汤匙无盐黄油（1 块，室温放置，多准备一些，用来涂抹蛋糕模具）

1 杯普通面粉（多准备一些，撒在蛋糕模具中）

2/3 杯玉米粉

2 茶匙泡打粉

1/2 茶匙细海盐

1 杯糖

2 个大鸡蛋（室温放置）

1 茶匙香草精

1/2 杯全脂牛奶

奶酪霜原料

1 块马斯卡彭奶酪（250 克，室温放置）

1 茶匙现磨橙皮屑

1/4 杯糖粉

1/4 茶匙香草精

茄子泥

1. 在一口中等大小的炖锅中放入无盐黄油，中火熔化。待黄油起泡后，加入茄子和细海盐，将火调至中高火，翻炒 3 分钟，直至茄子开始变软且边缘变黄色。加入蜂蜜、香草精、肉豆蔻粉和 1/4 杯水，将火调至中火，炖 6 分钟左右，不时搅拌，直至茄子变软并焦糖化。倒入意大利香醋，搅拌 3~5 分钟，使茄子块完全变软且呈棕黄色。

2. 将茄子放入食物料理机中搅拌，不时将食物料理机壁上的茄子刮下，搅至茄子泥顺滑。茄子泥做好后，放在一边晾凉（茄子泥可以提前1天做好，倒入密封容器中，放在冰箱中冷藏）。

波伦塔蛋糕

1. 将烤箱预热至180℃。在9寸（23厘米）蛋糕模具底部和内壁涂抹一层黄油，并撒上普通面粉，轻轻摇晃，将多余面粉摇下（你还可以在模具中铺一层烘焙油纸，在模具四周也涂抹黄油，并撒上面粉）。

2. 在一个中等大小的碗中倒入普通面粉、玉米粉、泡打粉和细海盐，拌匀后放在一边备用。

3. 在一个大碗中放入黄油和糖，用电动打蛋器打匀（或将黄油和糖放入厨师机中），搅打1分钟左右。开始时低速搅打，再调至中高速，直至黄油变蓬松。1次加入1个鸡蛋，继续搅打。加入香草精和茄子泥，并将所有食材搅拌均匀。你也可以将各种食材分三次放入，每次放完后都搅拌均匀。注意，不要过分搅拌。

4. 将面糊倒入模具中，并用刮刀将面糊表面刮平。将模具放入烤箱中烤40~45分钟，直至面糊开始膨胀，顶部完全变成黄棕色，看起来很硬实。

5. 将蛋糕连同模具一起从烤箱中取出，放在冷却架上晾15分钟。将模具倒扣在冷却架上，取下模具，将蛋糕完全晾凉。

奶酪霜

在晾波伦塔蛋糕时，做奶酪霜。将马斯卡彭奶酪放在一个大碗中，用电动打蛋器中速搅打，直至奶酪无结块（注意，不要过分搅拌）。加入橙皮屑，继续搅拌。将糖粉过筛（为了确保糖粉中无结块，可过筛2次）后放入奶酪中，一边放，一边低速搅打，直至奶酪如奶油般丝滑（如果其中有结块，用勺子背将结块按压在碗壁上碾碎）。最后加入香草精，拌匀。

将奶酪霜放在波伦塔蛋糕上即可食用。蜂蜜茄子波伦塔蛋糕放在密封容器中，在室温状态下可存放1天。

蚕豆和博罗特豆

蚕豆，又称兰花豆，蚕豆荚的出现意味着春季的来临。因为蚕豆在烹制前需要剥去豆荚、焯熟和剥皮，所以有些人觉得烹制蚕豆比较麻烦。但是，蚕豆特有的味道足以令你这样做，况且处理蚕豆的过程并不费神，可以轻松完成。

博罗特豆也是有豆荚的豆类，鲜豆和干豆都可以食用。博罗特豆颜色鲜艳，豆荚呈淡黄色，豆呈粉色或白色且有玫瑰色大理石花纹斑点。博罗特豆荚很容易剥开，味道也很温和。

最佳食用季节

蚕豆：春季至初夏；博罗特豆：夏末至早秋。

挑选

优质的蚕豆看起来很结实，呈鲜亮的绿色，豆荚无破损。豆荚变软、发黄或有黑斑的蚕豆一般不太好。优质的博罗特豆看起来很新鲜，豆荚结实、无破损、不发蔫。你可以用手摸一下蚕豆和博罗特豆豆荚，看看豆子是否饱满：如果有的豆荚中没有豆子（或者豆荚中的豆子还没长出来），那就千万不要买这种。

最佳拍档

意大利米、洋蓟、芝麻菜、意大利香醋、卷心菜、香葱、鸡蛋、茴香根、蒜、蒜薹、榛子、韭葱、柠檬、薄荷、蘑菇、橙子、意大利面、帕尔玛干酪、欧芹、佩克里诺奶酪、开心果、熊葱、红洋葱、意大利乳清奶酪、盐渍乳清奶酪、青葱、红葱、龙蒿、百里香和番茄。

储存

为品尝到豆子的最佳风味，不要将带荚的豆子储存太长时间，因为豆子中的糖分会流失。你可以将豆子放在纸袋或铺了纸巾的敞口塑料袋中，这样可以锁住水分。最好在购买后几日内使用完。

蔬菜的处理

剥豆子

方法 1　　　　　　　　　　　　**方法 2**

切去或掰下豆荚的头部，沿着豆荚侧面的凹陷撕掉豆筋，再将豆荚打开，取出豆子。这是最简单的取出豆子的方法。

你也可以将豆荚掰断，将豆子取出。

焯并去皮
（蚕豆）

如果不是刚收获的新鲜小蚕豆，豆子要焯熟并去皮。将蚕豆放入沸盐水中煮 1 分钟，沥干后迅速放入一碗冰水中，这样不仅可以将蚕豆快速冷却，还可以保持蚕豆原来的颜色（如果你不在意蚕豆的颜色，可以将蚕豆放在水龙头下，直接用冷水清洗，直至蚕豆冷却）。

将蚕豆表面水分沥去后，将表皮撕开，挤出豆子。

最适合的烹饪方法

煮蚕豆

煮蚕豆很适合放在沙拉或意大利面中。准备一大锅沸盐水，将蚕豆放入沸盐水中煮 4~8 分钟，直至蚕豆变软，具体时间视豆子的大小而定。待豆子晾凉后，按照第 151 页的方法剥豆子。

煮博罗特豆

大火煮沸一大锅水，加入剥好或没剥豆荚的博罗特豆。锅不要盖严，将火调至中火后煮豆子。在煮豆过程中，要不断调整火候，保持慢煮状态。煮 20~30 分钟，直至豆子完全变软并呈奶油色。豆子也可能需要煮更长时间，具体时间视其大小和成熟情况而定。

博罗特豆沙拉

剥开博罗特豆荚，取出豆子，将豆子放入一大锅沸盐水中，煮至豆子变软，小的或中等大小的博罗特豆需 20 分钟左右，大博罗特豆需至多 30 分钟。用新鲜的柠檬皮屑、鲜榨柠檬汁、新鲜的红葱碎、盐、现磨黑胡椒碎和橄榄油调制成酱料，将煮好的博罗特豆放入酱料中腌 15 分钟~1 小时，使豆子充分入味。加入芝麻菜，搅拌，并在上面撒一些盐渍乳清奶酪或帕尔玛干酪碎。

你也可以用蚕豆代替博罗特豆。将蚕豆煮 6~8 分钟，使其变软后，去皮、腌制即可。

大厨建议

· 蚕豆皮不可食用，但是蚕豆味道清甜。每季第一波长成的嫩蚕豆很甜，可生吃。成熟些的蚕豆（常见的蚕豆）上有一层厚皮，需要先焯一下，待皮松动后去除。

· 人们对于蚕豆是否需要去皮还存在争议。在地中海和中东地区，许多人不去皮（焯熟后直接吃）。不过，我觉得还是需要去皮的。淡绿色的外皮会遮住蚕豆鲜绿的颜色，也很难嚼碎，并且味道也不太好。

· 新鲜的博罗特豆需要煮，煮熟的豆子不仅会变甜，还有奶油般的口感。如果想拌入沙拉，你可以快速煮豆子，这样熟的豆子不是特别绵软。如果是干博罗特豆，你可以用它做浓汤，如意大利蔬菜汤或肉汤。

薄荷蚕豆泥配脆面包片

薄荷蚕豆泥
配脆面包片

1½杯蚕豆泥

蚕豆豆荚嫩绿，豆子口感细腻丝滑，是春季的头盘菜。蚕豆的出现标志着万物开始复苏，对我而言，它就像绿灯，意味着我可以开始蔬食狂欢了。这道蚕豆泥的做法很简单，并且最大限度地保留了蚕豆的香味；你也可以再加一些蒜、韭葱、茴香根或柠檬，以丰富其口味。你可以提前几天做好，冷藏起来慢慢享用。

你还可以用脆面包片配蚕豆泥食用，食用的时候只需要将蚕豆泥涂抹在脆面包片上，再放上佩克里诺奶酪即可。你也可以将抹有蚕豆泥的脆面包片叠在一起，做成精致的餐前小点食用。如果再配上一杯玫瑰葡萄酒，你会觉得生活真美好。

适量细海盐

2½杯新鲜的去荚蚕豆（从900克豆荚中取出）

1汤匙特级初榨橄榄油

1汤匙红葱末

适量现磨黑胡椒碎

适量家里最好的特级初榨橄榄油

5大片新鲜的薄荷叶（切细丝）

适量脆面包片（见第20页；配蚕豆泥吃）

适量新鲜的软佩克里诺奶酪片（或现磨的陈年佩克里诺奶酪碎；做装饰；可选）

---

1. 在一口中等大小的炖锅中倒入盐水，煮沸，并在旁边准备一碗冰水。

2. 将蚕豆放入沸水中煮6~8分钟，至蚕豆变软。将蚕豆沥干后，迅速放入冰水中，再次沥干并去皮。

3. 在一口中等大小的平底锅中倒入橄榄油，中火加热，加入红葱末，翻炒2分钟左右，直至红葱末变软、变透明。加入蚕豆，并加1小撮细海盐和黑胡椒碎调味。继续炒8分钟，使蚕豆完全变软。加入1/4杯水，继续翻炒1分钟，直至水被完全吸收。

4. 将蚕豆放入一个中等大小的碗中，用叉子背或压泥器将蚕豆压成泥。加入2汤匙家里最好的特级初榨橄榄油和一半薄荷丝（留一半薄荷丝，摆盘），拌匀。做好的蚕豆泥会如奶油般顺滑且很容易涂抹开；如果蚕豆泥有点儿干，就加1汤匙橄榄油和/或1汤匙水，使其达到合适的浓稠度。最后加入细海盐和黑胡椒碎调味（如果蚕豆泥提前做好了，在食用前再加入薄荷。蚕豆泥放入密闭容器中，冷藏可存放几天；如果蚕豆泥变干，可加入一点儿水和橄榄油）。

5. 食用时，可将蚕豆泥涂抹在脆面包片上；也可以搭配着吃。你还可以在脆面包片上放1片新鲜的软佩克里诺奶酪或现磨的陈年佩克里诺奶酪碎，并用剩余的薄荷丝做装饰。

茴香根

茴香吃起来有一种甘草味，有些人很喜欢，有些人会望而却步。不过，用蔬果刨将其刨碎，拌上柑橘类水果的果汁；或将其烹制至焦糖化，可以减弱其强烈的味道，这种烹饪方法制作的茴香，很多人可以接受。多汁、芳香的茴香根可以用于做高汤、蔬菜汤、沙拉和肉汤；味道清新的茴香茎可以像其他香草叶一样食用。你也可以将茴香茎留下，做高汤用。

最佳食用季节

春季、初夏和秋季。

最佳拍档

苹果、苹果酒醋、芝麻菜、牛油果、甜菜、蓝莓、蓝纹奶酪、卷心菜、意大利白豆、花椰菜、芹菜、根芹、细叶香芹、香葱、奶油、法式酸奶油、咖喱料、法老小麦、茴香籽、苦菊、蒜、山羊奶酪、格鲁耶尔奶酪、榛子、羽衣甘蓝、柠檬、兵豆、洋葱、橙子、帕尔玛干酪、开心果、玉米粉、土豆、意大利乳清奶酪、菠菜、龙蒿、百里香、番茄和豆瓣菜。

挑选

优质的茴香摸起来比较结实，富含水分。如果茴香叶很新鲜、颜色鲜艳，则表明整棵茴香很新鲜。劣质的茴香要么有碰伤，要么纤维质外层较厚。如果茴香根的外层较厚，你需要将外层剥去，露出里面较软的部分。

储存

将整棵茴香放入敞口塑料袋，冷藏可存放 2 天。不带叶和茎的茴香根冷藏可存放 1 周。

蔬菜的处理

切成 2 等份并清洗

1. 将茴香的管状茎和羽状叶子从茴香根上切下（叶子剁碎后，可以用作香草或做装饰；茎可以用来做高汤）。
2. 切下茴香根坚硬的底部，剥掉坚硬或有碰伤的外层。

3. 纵向将茴香根切成 2 等份，在水龙头下直接用冷水冲洗干净。洗的时候，注意将每层中间的缝隙冲洗干净。洗完后沥干。

切片

1. 用削皮刀将茴香的金字塔形芯切掉。
2. 如果想切片，将茴香根切面向下放在案板上，将其切成薄片。

3. 如果想切半月形片，沿着与茴香根纹理垂直的方向切即可。

大厨建议

・茴香茎可以留下，做高汤；茴香叶可以作为香草用，为做好的茴香菜肴增添一丝风味。

・如果你提前很长时间切好茴香根，茴香根会变干，颜色会变淡。在储存茴香根时，我一般会在茴香根上盖一层湿的厨房纸巾，这样茴香根可以放一夜。你还可以将茴香根放入柠檬水（见第25页）中，以防止茴香根褪色。不过，如果茴香根只放置一小会儿，就没必要这样做。如果将茴香根放在柠檬水中超过4小时，柠檬汁会让茴香根的味道变淡。

切丁

1. 将去芯的茴香根切面向下放在案板上，使厨师刀与案板平行，水平剖开。
2. 使刀与案板垂直，从一端向另一端竖直切。注意，不要将底部切开。
3. 将茴香根横切成丁。

刨片

　　蔬果刨最适合将茴香根刨成薄片了。茴香芯可以留着，也可以将其削下来。将茴香根抵在蔬果刨上，来回滑动，以刨成薄片（如果茴香根外层的皮较软，没有碰伤或纤维质化，可以单独刨片）。

最适合的烹饪方法

生吃茴香根

　　用蔬果刨将茴香根刨成薄片，与其他蔬菜搅拌均匀，做成沙拉（见第 160 页）。你可以试着将茴香片、温州蜜柑、小菠菜或芝麻菜、山羊奶酪碎、开心果和柠檬醋（见第 40 页）一起拌匀。也可以将生茴香根片、烤甜菜、茴香叶碎和橙醋（见第 75 页）一起拌匀，放在绿色蔬菜上食用。

焦糖茴香根

　　在一口大平底锅中倒入橄榄油，中火加热，加入茴香根切成的细丝，用盐和胡椒调味。翻炒 15~20 分钟，不时搅拌，直至茴香根变成黄棕色且近乎完全变软。再加入 1 撮茴香叶碎，翻炒一下即可。

　　你也可以在茴香刚熟透时，加入 1/4 杯法式酸奶油，搅拌均匀。

炖茴香根

　　将 2 个中等大小的茴香根切成 1 厘米厚的片，茴香芯不要切掉，这样切出的片可以连接在一起。在一口大平底锅中放入几汤匙橄榄油，中高火加热后加入茴香片，炒 5 分钟左右，直至茴香片开始变成棕色。放入盐和胡椒调味，再加入足量的蔬菜高汤，高汤要没过茴香片。将火调小，盖上锅盖，炖 10~15 分钟，使茴香片变软。最后用一点儿茴香叶碎做装饰。

　　你也可以在出锅前的几分钟向锅中加入樱桃番茄。

油炸杂菜

6 人份

这道金黄酥脆的油炸杂菜的味道举世无双。你可以在任何时间用不同的应季蔬菜做这道美食。不过，在春季我最喜欢用茴香根、芦笋、甜脆豌豆和小褐菇（小洋蓟芯和薄的柠檬片也适合加入其中）。虽然腌制和油炸的过程比较烦琐，但是这道菜的味道绝对超出你的想象。刚做好的油炸杂菜特别酥脆，最好马上吃；当然，晾至室温时吃也不错。龙蒿酱会为这道菜增添一抹别样的风味（龙蒿酱需要至少提前半小时做好）。如果你不想蘸着龙蒿酱吃，可以在油炸杂菜上淋一些柠檬汁。

3/4 杯普通面粉

3/4 杯精磨粗粒小麦粉（见第 160 页"小贴士"）

2 茶匙泡打粉

1/4 茶匙细海盐

1 杯酪乳

适量芥花籽油（炸的候用）

6~8 根芦笋（末端切掉后切成 5 厘米见方的长条；不要用铅笔般细的芦笋或大芦笋）

1/2 个小茴香根（切成两半，将茎末端处理干净，但基部仍抱合在一起，将茴香根切成 0.6 厘米厚的片）

125 克甜脆豌豆（约 1½ 杯，剔除甜脆豌豆尖和豆筋）

125 克小褐菇或口蘑（清洗干净，去菌柄；如果用大蘑菇，切成两半）

适量片状海盐（最后时用）

1 个柠檬（切成柠檬块，配菜吃）

适量龙蒿酸奶酱（配菜吃；可选；见第 179 页）

---

1. 在一个碗中放入普通面粉、粗粒小麦粉、泡打粉和细海盐，拌匀。将面粉倒入一个可以盛得下所有蔬菜的矩形浅盘中。在另一个同样的盘子中倒入酪乳。再在灶台边准备一个铺了厨房纸巾或烘焙油纸的烤盘。

2. 将芥花籽油倒入一口炒锅或深煎锅中，油量为锅的深度的 1/3。中高火加热油，随后在锅中放 1 片菜，测一下油温。如果油温合适，菜会立即发出嘶嘶声，且菜叶边缘炸得很均匀。为了准确测量油温，你也可以在锅的外壁上贴一个厨房温度计，温度计上的数值升至 185~190℃时，油便好了。

3. 一次拿一点儿蔬菜，蘸上酪乳，抖掉多余的酪乳后，再裹一层面粉。将菜从面粉混合物中拿出，轻轻抖掉多余的面粉，缓缓放入热油中。往锅中放蔬菜时不要放得过多。在炸蔬菜时，用夹子轻轻翻面，炸 1~3 分钟，至蔬菜完全变黄棕色。炸好后，用漏勺将蔬菜捞出，放入准备好的烤盘中，并在上面撒一些片状海盐。重复上述步骤，将所有蔬菜炸完。必要时调节油温，蔬菜要炸得酥脆，但不要炸煳了。

4. 将炸好的蔬菜摆盘。配着柠檬块趁热吃，也可以再配上酸奶酱。

茴香根苹果卷心菜沙拉
配碧根果、葡萄干和酸奶咖喱酱

6~8 人份

生茴香片是这道沙拉的亮点（茴香很少会成为亮点）。茴香根在切成片后，其甘草味会淡一些，并且沙拉中的苹果和卷心菜也会中和茴香的味道。在这道沙拉中，味道浓郁的酸奶咖喱酱将各种食材的味道调和在了一起，且每种食材都凸显了自身的特点。酸奶咖喱酱中的蜂蜜和苹果酒醋会给这种酱料增添独特的味道。总而言之，这道沙拉标志着炎热夏季的远去，凉爽秋季的到来。

1/2 杯脱脂或低脂原味希腊酸奶

2 汤匙苹果酒醋

2 汤匙蜂蜜

1 汤匙鲜榨柠檬汁

1 茶匙咖喱粉

1/4 茶匙细海盐（多准备一些，用于调味）

1/4 杯芥花籽油

1/2 棵小头绿卷心菜（切成细丝，4~5 杯）

1 个茴香根（去茎，茴香根用蔬果刨刨成薄片；茴香叶切碎，用量相当于 2 茶匙的量）

2 个甜苹果（如富士苹果，去核切成0.3厘米宽的条）

1/2 杯烤碧根果（切成块）

1/4 杯葡萄干（或蔓越莓干）

适量现磨黑胡椒碎

1. 在食物搅拌器中放入酸奶、苹果酒醋、蜂蜜、柠檬汁、咖喱粉、细海盐和芥花籽油，打成泥，制成酸奶咖喱酱；你也可以将原料放入一个碗中，搅拌均匀。

2. 再在一个大碗中放入卷心菜丝、茴香片、苹果条、碧根果块、葡萄干和 1 茶匙茴香叶碎，拌匀。一点一点儿地加入酸奶咖喱酱，一边加，一边搅拌，使酱料分布均匀。最后用细海盐和黑胡椒碎调味，并用剩下的茴香叶碎做装饰。

蕨 菜

蕨菜头部未展开，呈蜗牛壳状。蕨菜生长于春季，食用期很短，只有2~3周的时间，具体时长因区域不同而有所差异。蕨菜味道清新，仿佛混合了芦笋、四季豆和洋蓟的味道。

品种

目前有上百种蕨菜。在美国和加拿大，最常见的蕨菜是鸵鸟蕨。

最佳食用季节

春季。

最佳拍档

芦笋、意大利香醋、黄油、细叶香芹、香葱、奶油、莳萝、法老小麦、山羊奶酪、柠檬、蘑菇、橄榄油、橙子、欧芹、豌豆、白米醋、意大利乳清奶酪、盐渍乳清奶酪、红葱和白葡萄酒醋。

挑选

优质的蕨菜较小，呈碧绿色，头部紧紧卷在一起，且摸起来很结实。劣质的蕨菜颜色发黑、蔫软或头部卷得较松。

储存

将蕨菜紧紧包起来，放在封口塑料袋中，或用保鲜膜卷起来，冷藏可存放几天。最好当天使用（使用前要清洗干净）。

蔬菜的处理

清洗

1. 在一盆冷水中浸泡蕨菜，用手指将蜗形茎叶上深棕色的薄膜搓掉。

2. 必要时可以轻轻地将蜗牛壳状茎叶展开，搓掉茎叶上浓密的鳞片。将蕨菜放在滤锅中，在水龙头下用冷水冲洗，并沥去表面水分。

3. 必要时可以再准备一盆冷水，将蕨菜浸入水中，搅动蕨菜，将残留的薄膜清洗掉，冲洗并沥干。

4. 用干净的抹布将蕨菜包起来。

5. 轻轻摇晃，晃掉残留的薄膜。

6. 用削皮刀将没卷起的茎切掉。

·蕨菜特别不好处理，如果处理不当，味道就不太好。不过，在吃蕨菜的季节，人们都会被其碧绿的颜色和奇特的形状所吸引，忍不住多买一些。

·蕨菜上的棕色薄膜要处理掉（这一步很费时间）。另外，蕨菜不能生吃，必须熟后才能食用。我建议你将蕨菜煮着吃，这样不仅可以最大限度保留蕨菜的风味和口感，还可以减少苦味。

最适合的烹饪方法

煮蕨菜

这种烹饪方法可以有效减少蕨菜的苦味。将蕨菜煮好后，你可以直接吃，也可以将其用于炒菜、意大利烩饭或意大利面（在最后时加蕨菜）中。将蕨菜放入一大锅沸盐水中，焯 3~5 分钟，直至蕨菜变成鲜绿色且刚刚变软，具体时间视其大小和粗细而定。用漏勺将蕨菜捞出，并放入一碗冰水中冷却。沥去表面水分，再放在厨房纸巾上，吸去表面残留的水分。

炒蕨菜

将 230~450 克蕨菜煮至变软（煮法见上文）。在一口大平底锅中加入 1 块黄油，中火熔化后，加入 1~2 汤匙红葱末，翻炒 2 分钟左右，直至红葱变软。将火调至中高火，加入蕨菜，翻炒 2 分钟，并用盐和胡椒调味，直至蕨菜微微变成棕色。加入 1/3~1/2 杯高脂奶油，搅拌，加热 30 秒 ~1 分钟，至奶油沸腾。将火调至中小火，翻炒 2~4 分钟，直至汤汁变浓稠，且蕨菜均匀裹上汤汁。在出锅前在蕨菜上淋一些鲜榨柠檬汁，撒一些切碎的新鲜香葱、平叶欧芹、龙蒿或细

叶香芹，之后将锅从火上移开。

你也可以在加完红葱末后，加入蘑菇碎（最好是羊肚菌），用盐和胡椒调味后翻炒，变软时加入蕨菜，之后按照上述方法继续烹饪即可。

橙味葱香蕨菜
配意大利乳清奶酪脆面包片

14~16 片脆面包片

在一个中等大小的碗中加入 3 汤匙鲜榨橙汁、1/2 茶匙现磨橙皮屑、2 汤匙白葡萄酒醋或香槟酒醋、2 茶匙枫糖浆、2 茶匙红葱末、1/2 茶匙盐和 1/4 茶匙现磨黑胡椒碎，搅拌均匀。缓缓倒入 4 汤匙特级初榨橄榄油，搅拌均匀。再加入 1 茶匙新鲜的香葱碎和 230 克蕨菜，搅拌均匀。蕨菜需要处理干净、煮软、放入冰水中冷却、捞出并沥去表面水分。

将 3/4 杯全脂意大利乳清奶酪涂抹在 14~16 片小脆面包片上（见第 20 页）。用漏勺取出 2~3 根蕨菜，放在每片脆面包片上，再在上面滴几滴油醋汁，放一点儿香葱碎。

蒜

在秋季将蒜瓣种下，蒜瓣在休眠一个冬天后会在春季发芽，形成蒜头。在晚春时硬脖子大蒜会破土而出，长出绿色的蒜薹。蒜薹吸收阳光，将养分输送到地下的部分。到了初夏时分，蒜头就成熟了。

最佳拍档

洋蓟、意大利香醋、罗勒、西蓝花、西洋菜薹、刺菜蓟、胡萝卜、芹菜、根芹、绿甘蓝、茄子、茴香根、姜、山羊奶酪、四季豆、羽衣甘蓝、豆类蔬菜、柠檬、洋葱、蘑菇、芥蓝、帕尔玛干酪、辣椒、土豆、意大利乳清奶酪、瑞士甜菜、番茄和西葫芦。

品种

软脖子大蒜（最常见的品种，呈南瓜形，蒜瓣较小）、硬脖子大蒜（中心有一根坚硬的梗，味道更浓烈，蒜瓣较大）和大象蒜（韭葱科，味道温和，蒜瓣特大）。

挑选

要挑选饱满、硬实的优质蒜，不要选干瘪、发软或中空的劣质蒜。在秋冬季节买蒜时，你要留意大蒜表面是否有霉斑（像烟灰的细粉尘）或是否长芽。

在春季，农贸市场上有很多蒜薹和青蒜。优质的青蒜不会发黄或变软，且梗部硬实。黑蒜在农贸市场和小菜店里可以买到。

储存

把蒜放在篮子或纸袋中，存放在阴凉的地方。没有掰开的整头蒜可以存放 8 周，掰下的蒜瓣至多能存放 10 天。你可以将蒜薹或青蒜放在敞口塑料袋中，冷藏保存。如果黑蒜从原包装中取出来了，就要放入密闭容器中冷藏。

蔬菜的处理

剥皮

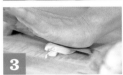

1. 如果你想将一整头蒜或一堆蒜瓣一次性剥掉皮，可以将蒜放在一个盆中，上面再盖上一个大小相同的盆。
2. 一直摇晃盆，直到蒜皮脱落。
3. 如果只剥几瓣蒜，就用厨师刀的刀面轻轻按压蒜瓣（如果想把蒜瓣按碎，就多用点儿力），蒜皮就会松动，就可以把蒜皮去掉。
4. 如果想切蒜片，可以先用削皮刀切下蒜瓣的根部，再用刀尖划开蒜皮，剥皮即可。

切片

1. 切去蒜的根部，将蒜纵向切成两半，用削皮刀的刀尖剔除蒜芽。
2. 将蒜切面向下放在案板上，用厨师刀切成薄片。

切末

1. 将蒜处理干净后纵向切成两半，并去芽。
2. 用厨师刀将蒜横切成薄片，再纵向切。
3. 将蒜堆在一起，细细地切，直至切碎。

你也可以像切洋葱（见第221页）一样将蒜切成大小差不多的小块。

做蒜泥

如果你想吃生蒜，用柠檬刨刀将蒜刨成蒜泥。你也可以将蒜压碎（将蒜堆在一起后，用刀面反复按压，将蒜完全压碎；你也可以使用压蒜器）。

处理蒜薹和青蒜

蒜薹和嫩青蒜的处理方法和青葱的方法（见第221页）类似。成熟些的青蒜可以像处理韭葱（见第193页）那样处理（如果青蒜的表皮比较硬或黏滑，切之前要剥掉）。完全长熟的青蒜叶子汁水充足、下方的蒜瓣较软，可以像切普通蒜一样切青蒜，只是不用剥皮了。

大厨建议

· 如果蒜发芽了，蒜芽又绿又粗，你要将贯穿蒜瓣的芽都剔掉。如果你想生吃蒜或快速炒一下就吃，蒜芽一定要剔掉，因为蒜芽是苦的（如果放了蒜的菜需要烹制很长时间，蒜芽可以保留）。

· 扔掉有斑点的蒜瓣——这种蒜瓣的味道很奇怪。

· 蒜被碾碎、压碎或做成蒜泥后，会流出很多蒜汁，味道比整瓣蒜或蒜片的味道更浓烈。

· 蒜可以提高人体免疫力，降血压。为了尽可能发挥蒜的功效，尽量生吃。

· 如果想除去手上的蒜味，先洗手，再将手放在刀面等不锈钢表面摩擦。你也可以从厨房用品商店中购买专用的不锈钢"皂石"；还可以先用柠檬擦手，再用水清洗。

· 蒜薹和青蒜刹碎后，可以和其他早春绿叶蔬菜一起炒，或者做成意大利青酱（见第180页）或香草黄油（见第178页）。

最适合的烹饪方法

烤蒜瓣

蒜在烤后会变软，其刺激性味道也会减弱。将蒜掰成一瓣瓣的，最里面的那层皮留着。用削皮刀切下蒜瓣的根部，将其放在大量橄榄油中，搅拌好后铺在有边烤盘中。将烤箱预热至200℃，烤30分钟左右，直至蒜变软。待蒜晾凉后，剥下剩余的皮。蒜瓣可以直接吃，也可以用叉子碾成泥后吃。

烤整头蒜

剥去蒜外层的厚皮，最里面的薄皮保留。切下蒜头的1/3，在切面上滴上大量橄榄油，并用盐调味。用烘焙油纸将整头蒜紧紧包起来，再在外面包一层锡纸，切面向上放在烤盘中。将烤箱预热至200℃，烤45~60分钟，直至蒜变软。待蒜晾凉后剥掉薄皮。

油封蒜

约 3/4 杯

将2头蒜剥皮。将蒜瓣和1/2~3/4杯橄榄油放入一口小炖锅中，中火加热，油微微冒青烟时将火调到最小。放入蒜瓣，用油焖45分钟，不时搅拌，使蒜瓣变软，但未裂开。用漏勺将蒜瓣捞出，放入一个干净的耐热罐中，倒入油，使油没过蒜瓣，晾凉。盖上盖子，冷藏可存放几周（确保油没过蒜瓣，而且每次盛蒜时用干净的勺子）。

做油封蒜时，你还可以将蒜、迷迭香和/或百里香放入小炖锅中翻炒。注意，油封蒜可以只做一点儿，用少量的油将蒜封起来即可。

甜甜软软的油封蒜适合放在奶酪脆面包片上、鹰嘴豆泥或意大利面中。你还可以将浸泡蒜的油做成蒜香油醋汁或滴几滴在蒸蔬菜上。

姜

姜 是多瘤根茎类植物。自古以来，姜常被用作药物。姜辛辣、有木香，还有一种甜辣的味道。将姜加入炒菜、汤、烘焙食品或鸡尾酒中，可以增添一种别样的风味。

最佳食用季节

晚秋至早春。

最佳拍档

芦笋、小白菜、西蓝花、卷心菜、胡萝卜、宝塔菜、花椰菜、茄子、蒜、四季豆、苤蓝、蘑菇、欧洲防风、豌豆、荷兰豆、甜脆豌豆和南瓜。

品种

老姜（超市中常见的品种）和嫩姜（味道温和，不易买到，外皮未成型）。

挑选

优质的姜不会发干、蔫软或干瘪，而比较硬。老姜的外皮干净，有光泽。即使你只切一小块或者只掰下一大块，也不必担心姜会变坏。下次再用时，你只需将切面处变干的部分切下即可——姜只要没有完全变干，就可以使用。

储存

将姜放在敞口塑料袋中，冷藏可存放3~4周。如果袋子中出现了水分，用干的厨房纸巾把姜包起来。如果姜上出现霉斑，切掉，并换上新的干纸巾。你也可以将未去皮的姜切成3~5厘米厚的块，用保鲜膜包紧后，冷冻可存放2个月。

蔬菜的处理

去皮

1. 把要用的姜块掰下来，用削皮刀切下坚硬的末端。
2. 一只手拿着姜，另一只手的拇指抵在姜上，用勺子轻轻刮皮。勺子比削皮器方便一些，因为勺子可以刮到姜的缝隙里面。

（你也可以先用削皮刀切下不规则的部分，如连接其他小块的部分。将姜表面隆起的部分削平后，用削皮刀或削皮器轻轻将皮削掉。注意，不要削下姜肉。）

切片、条或末

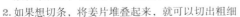

1. 用厨师刀从去皮的姜上切下一小块，将切面向下放在案板上，切成厚度合适的片。
2. 如果想切条，将姜片堆叠起来，就可以切出粗细一致的条了。
3. 如果想切末，可以将姜条平放在一起纵向切。

自制姜汁饮料

姜去皮后剁碎，将姜、糖、水按1∶2∶2的比例混合均匀，炖至糖熔化、汁液变黏稠（如，1/2杯姜末配1杯水和1杯糖，可以熬出6汤匙姜糖浆）。静置至少30分钟，多则1夜，使姜糖浆味道更加浓郁。用细孔筛过滤姜糖浆，扔掉姜末。姜糖浆密封冷藏可存放2周。将姜糖浆、苏打水或汤力水、鲜榨青柠汁、一点儿鲜榨柠檬汁和大量的新鲜薄荷叶调配在一起，便可以做出好喝的姜汁饮料了。

做浓缩姜汁

姜汁可用于做汤、油醋汁或酱汁。准备一大块粗纱布，纱布要能覆盖量杯或小碗口，并耷拉下来一部分。将纱布清洗干净后拧干，放在量杯上。用柠檬刨刀或研磨器将削皮后的姜碾碎，放在纱布上（2茶匙姜末可以做出1茶匙姜汁）。用纱布包起姜末，挤压，将姜汁挤入量杯中。重复以上步骤，挤出所需要的姜汁。姜汁挤好后，尽快使用；即使密封冷藏，也要在几个小时内用完。

大厨建议

· 你可以用姜片做姜茶。姜茶能缓解恶心、肠胃不适和感冒等症状。你可以把姜直接放在热水里，再放一些柠檬汁后喝。

· 在炒菜时，在菜里加入姜末，可迅速提味。

· 做姜末时，柠檬刨刀非常适合。不过，要先去皮。

胡萝卜姜汤
配法式酸奶油和细香葱

4人份

在荷兰炖锅中倒入3汤匙橄榄油，中火加热后加入1个中等大小的黄洋葱（提前切块）。翻炒2分钟左右，直至黄洋葱开始变软。再加入900克胡萝卜块、1/2茶匙盐、1/8茶匙现磨黑胡椒碎，中高火翻炒6~8分钟，直至蔬菜开始变软且焦糖化。加入5杯蔬菜高汤（或4杯高汤和1杯水）和1片月桂叶，盖上锅盖。煮沸后，将火调小，锅盖不要盖严，炖20~25分钟，直至胡萝卜完全变软。

将蔬菜和部分菜汤倒入食物搅拌器或食物料理机中（也可以一次倒一部分，注意不要倒得太满），将蔬菜混合物搅打成奶油状——不要像蔬菜泥一样稠，也不要有太多水分。必要时，可多加一些汤水。将蔬菜汤重新放入锅中，加入2汤匙无盐黄油，中火加热，使其变浓稠，不时搅拌。再加入1汤匙新鲜姜汁、1茶匙鲜榨柠檬汁和1/2茶匙盐调味。汤做好后，放上法式酸奶油和细香葱或莳萝碎。

吃不完的部分放入密闭容器中，冷藏可存放3天。

豆角

豆角口感鲜嫩，有绿色的、黄色的、紫色的和带斑纹的。豆角细长，脆嫩多汁，里面的豆子有甜味和清新的泥土香。

最佳食用季节

夏季至初秋。

品种

长豇豆（亚洲菜系常用，烹制后很好吃）、扁豆（又长又软，扁平；豆荚可食用，生吃很脆，烹制后较软）、法国四季豆（很细，有黄色、紫色和绿色，味甜且脆）、长豆角（一般为绿色，也有紫色和紫条纹状的，豆荚圆实、细长；新培育出来的品种无豆筋）和黄荚四季豆（多肉且脆，味道温和，有鲜豆味）。

最佳拍档

杏仁、意大利香醋、罗勒、柿子椒、黑胡椒、腰果、玉米、莳萝、茄子、蒜、姜、山羊奶酪、榛子、榛子油、柠檬、薄荷、芥末、牛至、帕尔玛干酪、松子、土豆、红辣椒碎、大米、青葱、芝麻、红葱、酱油、龙蒿、香油、番茄、核桃仁和核桃油。

挑选

优质的豆角在折断时有脆响，不干瘪或发蔫。长豇豆和法国四季豆比较软，有韧性，也很脆。劣质的豆角有黑斑，皮较干或有碰伤。

储存

将盛豆角的纸袋放在敞口塑料袋中，冷藏可存放1周。购买后请尽快使用，因为豆角的水分流失得很快，糖分也会流失。

蔬菜的处理

切段

将豆角并排放在一起，顶部朝向同一个方向，切掉；如果尾部变成棕色或发干，也一并切去。豆角可以整根烹制，也可以斜切成一段段的。你也可以用厨用剪刀先将顶部剪去，再剪成一段段的。

· 紫色的豆角在烹炒后会变成绿色的。你可以从农贸市场购买紫色或带斑纹的豆角。如果你不介意豆角颜色变浅，可以用水焯几秒，焯后的豆角虽然颜色变浅了，但比较软糯可口。

· 如果你购买的是应季的新鲜豆角，只需切下顶部。新鲜的长豆角可轻易折断。

· 做熟的豆角要趁热调味（如果你准备放油醋汁或酸性汁，在吃之前再加，否则豆角的颜色会变得暗沉）。如果你想吃凉的或室温的豆角，将豆角铺在烤盘上，这样凉得比较快。

最适合的烹饪方法

焯豆角

如果你想将豆角放入沙拉中或者和其他菜一起蘸酱吃，我建议你先焯一下。将豆角放入沸盐水中焯熟，焯过的豆角口感脆爽且颜色鲜艳。将豆角沥干后，迅速放入冰水中冷却，之后再沥干并用厨房纸巾擦干。焯好的豆角可以直接食用，密封后冷藏可保存 3 天。

煮豆角

将豆角放入沸盐水中，不盖锅盖煮 4~7 分钟，直至豆角变得脆嫩，具体时间视其粗细程度而定。你可以试吃一下，以防煮的时间过长。沥干后趁热加入橄榄油、熔化的黄油或油醋汁，搅拌均匀即可。

凉拌豆角
4 人份

在一个大碗中加入 1 汤匙酱油、2 茶匙白米醋、1 汤匙鲜姜末和 2~3 瓣碾碎的蒜，混合搅拌均匀。再缓缓加入 1/2 茶匙香油和 1 汤匙炒菜用植物油，搅拌均匀。加入 450~570 克煮熟、沥干后的豆角，搅拌均匀。最后在上面撒一些烤芝麻。

蒜炒豆角
4 人份

在一口大平底锅中放入 2 汤匙橄榄油，中高火加热，放 2 瓣碾碎的蒜。放入 450 克煮熟后沥干的豆角，翻炒 2~3 分钟，直至豆角微微变成棕色。加盐调味，并加入 1/2 茶匙现磨黑胡椒碎，搅拌均匀。将豆角装盘。

黄油香草豆角
4 人份

在一口大平底锅中用中火熔化 3~4 汤匙无盐黄油，放入 450 克煮熟后沥干的豆角。炒 2~3 分钟，使豆角微微变成棕色，且均匀裹上黄油。加细海盐和现磨黑胡椒碎调味，再在菜上面撒一些新鲜的香草碎，如香葱、欧芹或罗勒。

你也可以在黄油中加 1 小棵剁碎的葱或 1 瓣剁碎的蒜和 1 茶匙百里香碎。炒香后，放入豆角炒 2~3 分钟，使其微微变棕色。再加入柠檬汁、一点儿欧芹碎和烤杏仁片。

豆角烧茄子

4 人份

这 道菜会用到很多味道浓郁的食材，如蒜（用量很大）、姜、青葱和塞拉诺辣椒。炒豆角和茄子时放上这些食材，会做出一道美味佳肴，让你回味无穷。将这些食材切碎很费时间，但是炒菜的时间很短，所以在炒菜前你要将一切都准备好。有时，我会在这道菜上撒一些新鲜的罗勒或芫荽。不同的香草会给这道菜增添不同的风味。不过，不管加入什么香草，这道菜的味道都非常棒。罗勒和芫荽可以都准备一些，家人想吃什么口味的，你就加什么。

3/4 杯蔬菜高汤（可自制，见第 20~21 页；也可从商店购买）

1 茶匙香油

1/2 茶匙糖

1/4 杯芥花籽油

4 大瓣蒜（剁碎）

1 块鲜姜（去皮、剁碎，约 1 汤匙量）

2 根青葱（葱白和绿色部分斜着切成细丝，约 1/2 杯）

1 个塞拉诺辣椒（去茎、掏空后剁碎；见"小贴士"）

230 克豆角（横着切成两半）

680 克小茄子（2~3 个，切成 1 厘米见方的块；见"小贴士"）

3 汤匙酱油

香米饭（配菜吃）

2 茶匙香油

新鲜的罗勒和 / 或芫荽碎（配菜吃）

---

1. 在一个碗中放入蔬菜高汤、香油和糖，拌匀后放在一边备用。

2. 在一口大的不粘锅中倒入芥花籽油，中高火加热。放入蒜、姜、一半葱丝和塞拉诺辣椒，翻炒 1 分钟。放入豆角，翻炒 1 分钟。加入茄子，再翻炒 1 分钟，茄子均匀裹上油后就不必再翻炒了，将茄子加热至变棕色。

3. 将酱油倒在蔬菜上，拌匀后不断翻炒 3 分钟，直至茄子变软、豆角变得脆嫩。加入

用高汤做的酱汁，炖 3~5 分钟，不时搅拌，直至汤汁被完全吸收（酱汁不需要很多，有一点儿即可）。关火，加入剩下的葱丝，拌匀。

4. 将菜盛在米饭上，浇一勺汤、撒一些烤芝麻和香草碎，趁热吃。

小贴士：如果你希望菜辣一点儿，可以多放 1 个辣椒，或放一些辣椒籽。

亚洲茄子很适合做这道菜，当然你也可以用其他品种的茄子。

香草

本书中的很多菜谱都用到了香草。香草可以为沙拉、酱料和甜点增色不少。评价厨艺时，香草的使用是很重要的一项考核标准。

最佳食用季节

春季至秋季；全年都可购买到。

最佳拍档

见第 177 页。

品种

罗勒、细叶香芹、香葱、芫荽、莳萝、墨角兰、薄荷、牛至、欧芹（平叶欧芹和皱叶欧芹）、迷迭香、鼠尾草、龙蒿和百里香。

挑选

优质的香草颜色鲜艳、枝繁叶茂，且散发着清新的香气；枯萎、发黑或发黄的香草是劣质的香草。百里香和迷迭香等木本香草很新鲜、柔软，不易断。

储存

香草的储存条件很讲究，尤其是罗勒，最好在收获当天或几天内使用（硬实型香草，如百里香和迷迭香，冷藏可存放几天，这种香草平时在家中可以准备一些）。如果香草很湿，在储存前先擦干。你可以将香草用微湿的厨房纸巾松松地卷起来，放入密封塑料袋后，再放入保鲜盒中。每隔几天换一次纸巾，并将变色的叶片择掉。

蔬菜的处理

清洗

使用前，香草要清洗一下。将香草放入一盆冷水中浸泡一会儿，晃动、洗去表面泥土。取出香草，换干净的水，重复以上步骤将香草洗干净。用不掉毛的厨房毛巾将香草擦干（如果香草的量比较大，可使用蔬菜脱水器），再铺开，风干表面残留的水分。

切或撸下叶子

手握茎部，用厨师刀将叶子从茎上切下。软一点儿的茎可以留在叶片上。

将百里香、墨角兰和迷迭香的叶片从茎上取下时，你可以捏着香草枝的顶部，用手顺着茎将叶片撸下来。

切碎

1. 将香草叶聚拢在一起，切几刀。
2. 将切好的香草叶聚拢起来，再切几刀，直至将叶片全部切碎。罗勒或薄荷等比较大的叶片可以直接撕碎。

3. 我不建议你将香草切得特别碎——这样会损失一些香味。不过，如果菜谱要求你切得特别碎，就重复上面的步骤，将香草切碎。

切丝

1. 像罗勒和薄荷这样的叶子比较大的香草一般要切成丝。

2. 将几片叶子叠在一起，卷成雪茄型。
3. 将叶卷横着细切。

·可以将几枝香草用线捆起来，头朝下放置。待叶片完全风干后，从茎上择下，放入密闭容器中。

·干的香草叶比新鲜的香气更浓，两者的味道也有些许差异。在刚开始做菜时，干的香草叶要少放，快起锅时可以多放些新鲜的香草叶。

·在菜中加香草碎时，用量随意。如果你家种香草，可以调整使用的品种。对于特定的香草，请牢记以下搭配。

罗勒：适合搭配夏季和初秋的蔬菜（也很适合搭配核果和西瓜）。罗勒很容易烂，烂的部分撕下或切下即可。

细叶香芹：有一种淡淡的欧芹味。你可以像使用欧芹一样使用细叶香芹，但要注意细叶香芹比较嫩，用生的即可。你可以试试将其与胡萝卜等根茎类蔬菜和韭葱搭配使用。

香葱：可以为鸡蛋和其他春夏餐点增添一丝洋葱味和蒜香，也很适合放入黄油或山羊乳干酪中（香葱紫色的花很漂亮，可做装饰）。

芫荽：味道清新爽口，适合与辛辣的调料一起使用；可搭配牛油果、甜菜、胡萝卜、花椰菜、玉米、茄子、辣椒（甜的或辣的）、番茄、红薯和南瓜。

莳萝：很甜，有草香。你可以将莳萝、罗勒和芫荽，或莳萝和薄荷，或将这四种香草在一起混合使用。莳萝可搭配夏季和初秋蔬菜，配土豆也很不错。

墨角兰：味道甜甜的、与牛至的味道类似。可以搭配番茄酱、洋蓟、蒜香绿叶蔬菜或四季豆。

薄荷：适合搭配晚春至初秋的蔬菜。我喜欢将薄荷放入番茄、黄瓜沙拉中，或配西葫芦、甜菜食用。

牛至：味道和墨角兰的味道类似，但更浓郁些，风干后味道极佳。你可以将干牛至加入番茄、黄瓜和菲达奶酪中；也可以将新鲜的牛至放入酱汁中，腌制烤蔬菜。

欧芹：味道有些辛辣。平叶欧芹的形状很好看，味道也浓，我很喜欢。

迷迭香：有浓郁的柠檬香和松子香（少量使用）。适合配烤菜或炖菜，但配根茎类蔬菜最佳。

鼠尾草：有一种浓烈的木香，要少量使用。鼠尾草配南瓜最佳，用黄油炸后非常鲜脆可口（见第322页）。

龙蒿：非常适合搭配芦笋、洋蓟和其他春季蔬菜，也非常适合配鸡蛋和红葱。

百里香：味道像薄荷的味道，有柠檬香。你可以将其放入羽衣甘蓝沙拉、绿叶蔬菜炖菜中，也可以和番茄、花椰菜、洋葱、抱子甘蓝和根茎类蔬菜一起烤或炖着吃。

最适合的烹饪方法

 香草油

1/2 杯

在一个耐热量杯或碗上放一个双层网格过滤器，在过滤器上铺两层薄纱布。你也可以把平底咖啡过滤器放在双层网格过滤器上。在食物搅拌器中放入 1 杯带细茎的新鲜罗勒、芫荽、薄荷、平叶欧芹，或 1/2 杯带细茎的新鲜香葱、莳萝、龙蒿，再放入 1/2 杯葡萄籽油、菜籽油或特级初榨橄榄油，将香草打成泥。将香草泥放入一口小炖锅中，中高火加热 30 秒，不时搅拌，直至沸腾。将锅从火上移开，将香草泥倒入过滤器中（不要按压里面的固体）。扔掉过滤出的固体残渣，将香草油晾凉。香草油密封冷藏可存放 1 周。

你也可以在小炖锅中放入 1/4 杯切碎的新鲜墨角兰、牛至、迷迭香或百里香和适量橄榄油，中高火加热 30 秒，不时搅拌，直至把香草炒软，之后按照上述步骤操作即可。

 香草黄油

1/2 杯

将 8 汤匙无盐黄油放在一个小碗中，

放至室温。加细海盐、2~3 汤匙新鲜的香草碎、1 小撮柠檬皮屑、红葱末或熊葱末，搅拌均匀，还可以加一些烤蒜末。将搅拌好的香草黄油混合物放在烘焙油纸或保鲜膜上，将烘焙油纸或保鲜膜一端折起，盖住香草黄油。两只手拿起包好的香草黄油，卷成圆柱形。来回滚一下，并将两端密封。放入冰箱中冷藏，使其变硬。卷起来的香草黄油冷藏可存放几天，冷冻可存放 1 个月。

 墨西哥青酱

约 1 杯

在食物料理机中加入 1 瓣蒜，捣碎。加入 1½ 杯带细茎的新鲜平叶欧芹叶、1/2 杯带细茎的新鲜芫荽叶和 1/2 杯新鲜薄荷叶，你还可以根据个人喜好加入 2 汤匙洗净、沥干的刺山柑花蕾，搅拌均匀。将混合物放入一个中等大小的盆中，加入 2 汤匙鲜榨柠檬汁、1/4 茶匙细海盐和 1/8 茶匙现磨黑胡椒碎，再倒入 1/2 杯特级初榨橄榄油，搅拌均匀。最后用盐和胡椒调味。用保鲜膜将其盖起来，冷藏至少 1 小时，最好一晚上。

龙蒿酸奶酱

约 3/4 杯

龙蒿酸奶酱与油炸杂菜（见第 158 页）特别配，与蒸洋蓟或芦笋（或其他大块烤蔬菜）也很配。你还可以用罗勒、莳萝、芫荽和薄荷代替龙蒿。我特别喜欢在红甜菜和甜菜叶配小麦片（见第 52 页）中加入薄荷酸奶酱或莳萝酸奶酱，或者用罗勒酸奶酱或芫荽酸奶酱配茄子排（见第 147 页）。这个菜谱中的龙蒿可以用其他脆嫩多叶的香草代替。如果你希望香草味浓一点儿，那就多加一些香草。

2/3 杯低脂或全脂原味酸奶

1 大汤匙新鲜的龙蒿碎

1/2 茶匙现磨柠檬皮屑

3 茶匙鲜榨柠檬汁

1/8 茶匙第戎芥末

1/8 茶匙孜然粉

1/4 茶匙细海盐（多准备一些，用于调味）

1/4 茶匙现磨黑胡椒碎（多准备一些，用于调味）

在食物料理机中放入酸奶、龙蒿碎、柠檬皮屑和柠檬汁、第戎芥末、孜然粉、1/4 茶匙细海盐和 1/8 茶匙黑胡椒碎，拌匀。搅拌时，将食物料理机壁上粘着的食材刮下来。将食材搅拌成泥，如丝般顺滑。

你也可以在一个小盆中放入所有的食材，搅拌均匀。加入细海盐和黑胡椒碎调味后，放入密闭容器中，冷藏 30 分钟以上，多则 1 天。

罗勒油醋汁

1½ 杯

如果加的罗勒比较多，你会发现罗勒油醋汁非常顺滑。食材的用量可以减半，不过罗勒还是要多加一些。我每次会做很多罗勒油醋汁，因为它可以存放很多天（放在密封容器中冷藏起来），而且不论配什么，味道都很好。你可以用罗勒油醋汁配烤蔬菜，或用来拌爽口的绿叶蔬菜，也可以在番茄沙拉中滴几滴。

1/2 杯新鲜的罗勒

1/4 杯意大利白香醋（或白葡萄酒醋或香槟酒醋）

1/4 茶匙细海盐（多准备一些，用于调味）

2 汤匙蜂蜜

1 杯橄榄油

用食物搅拌器低速搅拌罗勒、醋、1/4茶匙细海盐和蜂蜜，直至罗勒被搅碎，且酱变得顺滑。倒入橄榄油后，提至中速，搅拌酱料，使其乳化。最后加细海盐调味。

可以用薄荷代替罗勒。

核桃罗勒意大利青酱

约 3/4 杯

传统的意大利青酱是用新鲜的罗勒、蒜、坚果、橄榄油和帕尔玛奶酪调拌成的；坚果一般会选意大利松子，不过这种松子特别贵。我在做这种酱时喜欢用核桃仁，因为核桃味甜、口感细腻，且坚果味很浓（杏仁和开心果也不错。你也可以用薄荷、欧芹或芫荽等其他香草代替罗勒）。核桃罗勒意大利青酱可以用来涂抹三明治、拌意大利面或配烤夏季蔬菜吃。

参考这个菜谱做出的青酱味道特别好。不过，正如我的奶奶所说，做这种酱时要眼嘴并用，随时调整罗勒、橄榄油或奶酪的用量，以调出自己喜欢的口味。

---

3 杯松散的新鲜罗勒

1 瓣蒜

1/3 杯掰成两半的烤核桃仁（或松子或杏仁或开心果）

1/4 茶匙细海盐（多准备一些，用于调味）

1/8 茶匙现磨黑胡椒碎（多准备一些，用于调味）

1/2~3/4 杯特级初榨橄榄油

1/2 杯现磨帕尔玛干酪碎

---

1. 将一小锅水煮沸，并在旁边准备一碗冰水。将罗勒放入沸水中，焯几秒后用漏勺迅速捞出，浸入冰水中。将罗勒放入滤锅，沥去表面水分。轻轻挤压罗勒，挤出残余水分，随后放在厨房纸巾上，使水分进一步减少。

2. 用食物料理机将蒜瓣打成蒜泥。加入罗勒、坚果、1/4 茶匙细海盐和 1/8 茶匙黑胡椒碎，将食材完全打碎。在食物料理机运转的时候，通过外接管注入 1/2 杯橄榄油，继续搅拌，使酱料如奶油般顺滑。

将食物料理机壁上粘着的食材刮下，加入帕尔玛干酪碎，拌匀。最后加入细海盐和黑胡椒碎调味。如果你希望酱料稀一点儿，加入 1/4 杯橄榄油。

酱放入密封容器中冷藏可存放 3 天，冷冻可存放 6 个月。

薄荷意大利青酱：用2½杯新鲜薄荷代替上述原料中的罗勒。在第2步中放入薄荷、坚果、细海盐和黑胡椒碎时，再加入1茶匙蜂蜜，这样酱会有甜味。

凉薯

凉薯原产于墨西哥，是一种有甜味、口感似坚果的根茎类蔬菜。凉薯肉呈白色，脆爽多汁，做熟后也很脆。不过，吃凉薯的乐趣在于生吃（也是最常见的吃法），你可以像吃胡萝卜条一样直接生吃，也可以将其加入莎莎酱、卷心菜沙拉和其他沙拉中。凉薯味道温和，口味似苹果，脆爽的口感令人赞不绝口。

最佳食用季节

秋季至次年春季。

最佳拍档

苹果、牛油果、西蓝花、卷心菜、胡萝卜、卡宴辣椒、芫荽、玉米、姜、葡萄柚、墨西哥辣椒、柠檬、青柠、薄荷、橙子、梨、萝卜、红洋葱、青葱、塞拉诺辣椒、酱油、草莓和西瓜。

挑选

凉薯在秋季至次年春季时使用最佳，不过超市、农贸市场一般会全年供应。要挑选中等大小、比较重的硬实凉薯，这种凉薯不老，也不发干。优质的凉薯呈棕褐色，表皮光滑，无碰伤、裂痕、黑斑、霉斑或局部发软的情况。

储存

将未去皮的凉薯放在冰箱冷藏室或凉爽的地方，可储存 2~3 周。如果凉薯没使用完，要将未使用的部分用保鲜膜严密地包起来，或用塑料袋密封起来，冷藏可存放 1 周。

蔬菜的处理

凉薯在烹制前要去皮。去皮后，你可以像处理其他圆形蔬菜（见第 15 页）一样处理凉薯。

去皮

1. 在凉薯顶部和底部各切下一片薄片，切出两个平面。
2. 将凉薯较大的切面向下放在案板上。用 Y 形蔬

菜削皮器从上至下去皮（如果表皮有蜡，可以用厨师刀去皮。）

・凉薯既脆又甜，适合做生蔬菜拼盘，蘸酱吃。

・可以用蔬果刨将凉薯刨成薄片。

・如果你希望凉薯更脆一点儿，先

用盐腌凉薯块，放入滤锅沥30分钟，沥去部分水分。再用厨房纸巾将凉薯表面残留的水分和盐擦掉，便可生吃或烹制了。

最适合的烹饪方法

炒凉薯

在任何炒菜中，都可以放凉薯，翻炒3~5分钟，去除生味即可。

炸凉薯片

炸凉薯片虽然比较费时，不过炸好的凉薯片既甜又脆，肯定会令你赞不绝口。将凉薯去皮后，纵向切成两半，用蔬果刨将凉薯刨成0.2厘米厚的片。将凉薯片平铺在3个铺了烘焙油纸的单层有边烤盘中。在凉薯片两面都刷一层橄榄油，在上面撒一些盐和现磨黑胡椒碎。将烤箱预热至90℃，烤1.5小时，每25分钟翻一次面，直至凉薯片变得酥脆可口。晾凉后即可食用。

凉薯玉米莎莎酱

4 杯

在一个大盆中加入1个切成丁的凉薯、1/2个红洋葱和1个切成丁的墨西哥辣椒，搅拌均匀。再加入从2根烤玉米上剥下来的玉米粒、1根切成细丝的青葱（葱白和葱绿都要），搅拌均匀。再拌入1汤匙橄榄油、1撮卡宴辣椒粉、1/4杯鲜榨青柠汁和1捧新鲜的芫荽碎。用盐和胡椒调味后，可根据自己的喜好加入牛油果和/或萝卜丁。

凉薯葡萄柚沙拉
配甜酱油酱

6~8 人份

位于旧金山渡轮大厦的百叶门餐厅是我最爱的餐厅之一。这家餐厅的蔬菜做得很好吃，窗外海滩的美景令人心旷神怡。主厨查尔斯·潘在烹制当地的蔬菜时，总有独特的做法——他经常打破传统，做出融合了越南特色和加州特色的菜——这一点深深触动了我。他调制的凉薯葡萄柚沙拉味道特别好，我只要去这家餐厅，就一定会点这道菜。书中的这个菜谱是我离开旧金山后学的（潘的菜谱的改良版）。这道沙拉中有新鲜脆爽的凉薯、胡萝卜和卷心菜，还有酸味浓郁的葡萄柚。沙拉中的甜酱油酱、糖衣碧根果和新鲜薄荷叶也中和了各种味道。有时，为了让沙拉更丰盛点儿，我还会加一些牛油果。

如果你准备接下来的几天都吃这道沙拉，各种食材要单独存放。放了酱的沙拉可以储存2天——吃的时候，再加入葡萄柚和碧根果。

1/2 棵红卷心菜（去掉菜芯后切成细丝，约 6 杯；见"小贴士"）

1 汤匙细海盐（多准备一些，用于调味）

3/4 杯碧根果

2 汤匙芥花籽油（或葡萄籽油；多准备一些，用于调味）

2 汤匙红糖

1/4 杯酱油

1 汤匙白米醋

1 汤匙加 1 茶匙鲜榨青柠汁（多准备一些，用于调味）

1 汤匙细砂糖

1 茶匙蒜末

1/4 杯红辣椒碎（调味用）

1 个中等大小的凉薯（切条或切碎，约 3 杯）

2 根中等大小的胡萝卜（切条或切碎，约 1½ 杯）

1/2 杯新鲜薄荷（粗切）

2 个粉红葡萄柚（去皮、去膜，切成小块；见"小贴士"）

适量现磨黑胡椒碎

1. 将卷心菜放入一个大盆中，加入 5 杯水和 1 汤匙细海盐，静置 15~30 分钟（这样处理过的红卷心菜不会很难嚼，也更脆）。

2. 在一口中等大小的煎锅中用中火烤碧根果，翻炒 4~6 分钟（注意不要煎煳），直至碧根果变成金黄色且发出香味。加入 2 茶匙芥花籽油和 1 大撮细海盐，搅拌均匀。加入红糖，接着翻炒 2 分钟，直至红糖熔化，且碧根果均匀裹上红糖。将锅从火上移开，将碧根果铺在烘焙油纸上晾凉，切成粗粒。

3. 同时，在一个小碗中加入酱油、醋、青柠汁、细砂糖、蒜末和红辣椒碎，搅匀。

4. 在一个大盆中加入凉薯、胡萝卜和剩余的 1 汤匙加 1 茶匙芥花籽油，拌匀。将卷心菜捞出，沥去表面水分后，用厨房纸巾擦去多余水分，再用手挤一下，使其变软。将卷心菜加入凉薯混合物中，滴入酱料调味，并搅拌均匀。再加入 3/4 的薄荷、3/4 的葡萄柚、1/2 的碧根果、细海盐、黑胡椒碎和青柠汁，拌匀。

5. 将沙拉装盘，并在上面撒上剩下的薄荷、葡萄柚和碧根果。

小贴士：食物料理机可以帮你缩短准备时间。在处理卷心菜时，你可以用食物料理机上能切出最细的丝的刀片。卷心菜要先切成 4 等份，以便放入食物料理机中。在处理胡萝卜和凉薯时，你可以用削片的刀片。如果用食物料理机，胡萝卜要切成合适的长度，放入食物料理机中，用力推胡萝卜，以削出薄片；凉薯的处理方法与胡萝卜的处理方法相同，也是先纵向切成两半，再纵向切成 3 份，以便放入食物料理机中。

处理葡萄柚时，在葡萄柚的两端各切下一小片，将葡萄柚较大的切面向下放在案板上。用厨师刀从上至下划开柚子皮。旋转柚子，将皮全部剥下。之后一只手拿柚子，另一只手握刀，将剥皮后的柚子剥开。如果葡萄柚的汁特别多，在下面放一个碗，盛放流下的柚子汁。

苤蓝

苤蓝虽然不起眼，但是和西蓝花、羽衣甘蓝和孢子甘蓝等一样做法多样。苤蓝因其脆爽的口感在法式蔬菜沙拉拼盘中显得格外引人注目。苤蓝一般先切成细丝，再拌入沙拉中。苤蓝烹熟后特别甜——非常值得品尝。

最佳食用季节

晚春至初冬。

最佳拍档

意大利香醋、蓝纹奶酪、卷心菜、胡萝卜、腰果、切达干酪、香葱、绿甘蓝、孜然、咖喱、莳萝、蒜、姜、格鲁耶尔奶酪、羽衣甘蓝、柠檬、青柠、帕尔玛干酪、欧芹、开心果、红辣椒碎、青葱和芝麻。

品种

绿苤蓝（科萨克苤蓝——可长期储存的大苤蓝，科里多苤蓝）和紫苤蓝（比绿苤蓝更甜一点儿）。

挑选

与同等大小的苤蓝相比，优质的苤蓝比较重，叶子是深绿色。不要购买球茎变软或叶尖变黄的苤蓝。

储存

购买后请尽快将叶子和茎从球茎上切下。未清洗的叶子放在敞口塑料袋中冷藏可存放 4 天。球茎也要放在敞口塑料袋中冷藏，最好 10 天内使用完。科萨克苤蓝可储存数月。

蔬菜的处理

苤蓝去皮后，可以像处理其他圆形蔬菜（见第15页）一样处理。

去皮

1. 小苤蓝的皮很光滑且有光泽。如果你想把苤蓝切得特别细或特别薄，不必去皮，否则就要去皮。

如果球茎上还有梗和叶片，切下备用。苤蓝的顶部和底部各切下一小片，切出两个平面。

2. 将较大的切面向下放在案板上，用刀从上至下沿着苤蓝的形状去皮。如果去皮的苤蓝还是有点儿硬，用蔬菜削皮器再多削去一些肉，直至露出里面脆爽的浅色部分。

刨丝或薄片

如果想生吃苤蓝，你可以用四面刨将其刨成丝，或用蔬果刨刨成薄片。大的苤蓝需要先切成两半，并切下梗，以适合蔬果刨刀片的大小，这样刨出的片是半圆形片。小一点儿的苤蓝如果不切开，也要适合蔬果刨刀片的大小，这样刨出的片是圆形片。

大厨建议

• 苤蓝的叶子可以食用，你可以像处理芜菁叶或绿甘蓝一样处理苤蓝叶，再加入用苤蓝做的菜中。苤蓝的梗比较硬，不能食用。

• 苤蓝皮下可能还有一层纤维质肉——大苤蓝尤其如此。如果你遇到这种情况，多削一些，直至露出里面甜脆的肉。

最适合的烹饪方法

蒸苤蓝

在一口大锅中放入可折叠蒸笼，加入足量的水。大火将水煮沸。将苤蓝切成 1 厘米见方的块，平铺在蒸笼中，盖上锅盖，将火调至中高火，蒸 10~20 分钟，直至苤蓝变软。

烤苤蓝

将苤蓝切块后，放入一口中等大小的炖锅或深炒锅中，加入足量的水，水要没过苤蓝。大火将水煮沸后，小火炖 6~8 分钟，使苤蓝变得脆嫩。捞出苤蓝并沥干。将苤蓝、橄榄油、盐和现磨黑胡椒碎搅拌均匀后，平铺在铺了烘焙油纸的有边的烤盘中。将烤箱预热至 200℃，烤 15 分钟后搅拌一次，再烤 10~15 分钟，直至苤蓝变得甜软可口。

 苤蓝炒饭

2~4 人份

将 450 克苤蓝去皮后切成 0.6 厘米见方的块。如果茎上有叶子，择下，切成细条，放在一旁备用。

在一口大的不粘平底锅中加入苤蓝、1 撮盐和 3/4 杯水，大火将水煮沸。如果有叶子，将切好的叶子放在最上面，将火调小后，盖上锅盖炖 3 分钟左右，直至苤蓝变得脆嫩。揭开锅盖，继续煮 6~10 分钟，使水蒸发完。向锅中倒 1 汤匙植物油，将火调至中高火，翻炒使苤蓝均匀裹上油。加入盐和 1/4 茶匙红辣椒碎调味。翻炒 3 分钟左右，直至苤蓝微微变成棕色。将苤蓝拨到锅的一边，在锅的中间倒入 1 汤匙油，摇晃锅，使油均匀覆盖锅底。加入 2 个鸡蛋的蛋液，翻炒后，将鸡蛋拨到锅的一边。再向锅中倒入 2 茶匙油、2½ 杯冷米饭和 2 汤匙酱油，翻炒均匀。将锅中所有的食材混合翻炒 2~3 分钟，不断搅拌，将结块的米饭打碎，直至米饭完全变热。再加入 2 根切成细丝的青葱和 1/3 杯烤腰果，翻炒，并预留一些青葱和腰果做装饰。炒饭做好后，配青柠块食用。

苤蓝奶酪焗面包丁

6~8 人份

这款焗面包丁源自意大利，做起来很简单，适合在家中常做。你只需将头一天买的面包、卡仕达酱和蔬菜搭配起来即可。在这道菜中，苤蓝是亮点。这道餐会用到含有坚果的多麦面包、蒜、洋葱和味道浓郁的切达干酪，营养丰富且很可口，早中晚都可食用。这道美食使用的食材也不是一成不变的。你可以试试用南瓜和羽衣甘蓝，番茄和格鲁耶尔奶酪，西葫芦、菠菜和杰克干酪，也可以用茄子和辣椒。

680 克苤蓝（皮多去一点儿，切成 1 厘米见方的块）

6 片优质多麦厚面包片（或乡村白面包片；共 250~300 克，新做的或头一天买的皆可，切成 3 厘米的立方块）

2 汤匙无盐黄油

1 汤匙特级初榨橄榄油（多准备一些，涂烤盘）

1 个中等大小的黄洋葱（切成 0.6 厘米见方的块）

1 茶匙细海盐

2 瓣蒜（切末）

1/4 茶匙现磨黑胡椒碎

5 杯皱叶菠菜（或平叶菠菜，粗切，切去粗茎；或苤蓝叶；见"小贴士"）

6 个大鸡蛋

1½ 杯全脂牛奶

2 茶匙新鲜的百里香碎

170 克味道浓郁的白切达干酪碎（约 2 杯）

1. 将苤蓝放入一口炖锅中，加入足量的水，使水没过苤蓝。大火将水煮沸，盖上锅盖，小火炖 6~8 分钟，直至苤蓝变得脆嫩。用滤锅将苤蓝沥干后，放在一旁备用。

2. 如果你用新做的面包，将烤箱预热至 200℃，将切成块的面包放入容积为 2.5~3 升的烤盘，烤 8~10 分钟，中间翻一次面（头一天买的面包就不用烤了）。将面包取出，放在一旁备用。

3. 准备一口炒锅，中火加热橄榄油和黄油，待油边缘冒泡后，放入洋葱和 1/4 茶匙细海盐，翻炒 3 分钟左右，直至洋葱开始变软。放入苤蓝、蒜、1/2 茶匙细海盐和黑胡椒碎，中高火翻炒 5 分钟左右，直至蔬菜微微变成棕色且变软。加入菠菜，翻炒 1~3 分钟，使菠菜变熟，具体时间视菠菜的品种而定。将锅从火上移开。

4. 同时，在一个中等大小的碗中放入鸡蛋、牛奶、百里香碎和剩下的 1/4 茶匙细海盐并拌匀，再拌入 3/4 杯切达干酪碎。

5. 将烤箱预热至 200℃。在烤盘上刷一层橄榄油。

6. 将面包加入盛蔬菜的锅中（或将面包和菠菜倒入一个大盆中），拌匀。将锅中的面包蔬菜混合物倒入烤盘中，将蛋液均匀倒在面包蔬菜混合物上。用大勺子或洗净的手将各种食材搅拌均匀，将所有的面包按压进菜中。为了让各食材的味道充分混合，将面包浸在菜中至少 30 分钟，至多一晚上（盖上锅盖冷藏起来）。静置时间越长，口感越佳。

7. 将剩余的切达干酪碎放在面包布丁上，放入预热至 200℃ 的烤箱烤 30~40 分钟，直至布丁的中心完全定形，边缘起泡，且上面的干酪变为淡棕色（如果干酪变色特别快，在上面盖一层锡纸，在烤的最后 5 分钟再揭开。）

小贴士：皱叶菠菜或平叶菠菜耐高温，所以很适合做这道面包布丁。不过如果没有菠菜，你可以用嫩菠菜叶。你还可以用苤蓝叶，但是要将叶子从梗上择下，切成细条。如果苤蓝叶子不够 5 杯，可以加一些菠菜或其他绿叶蔬菜。

腌苤蓝片配绿甘蓝、梨、开心果和青柠意大利油醋汁

腌苤蓝片
配绿甘蓝、梨、开心果和青柠意大利油醋汁

6 人份

如果将苤蓝削成纸片般的薄片后生吃，它那多汁的口感和清新的味道肯定会令你念念不忘。苤蓝沙拉很独特，既可在常温时吃，也可冷藏后享用，且颜色鲜艳，令人陶醉。苤蓝腌制后会变软一些，这样你可以将腌制后的苤蓝、开心果、奶酪和梨放在一起，用绿叶蔬菜卷起来吃。这个菜谱中的绿甘蓝可以用皱叶甘蓝替换，你可以根据个人喜好进行选择。将做好的沙拉分盘装好后，即可食用——整个烹调过程超级简单。

---

1 汤匙鲜榨青柠汁

1 汤匙意大利香醋

1 茶匙蜂蜜

1/2 茶匙细海盐

1/8 茶匙现磨黑胡椒碎（多准备一些，用于调味）

4 汤匙橄榄油

450 克苤蓝（皮多去一些，用蔬果刨切成 0.2 厘米厚的片）

1 大瓣蒜

1/4 茶匙红辣椒碎

300~350 克绿甘蓝（或皱叶甘蓝；洗净后叶片上留一些水分，除去茎和主叶脉，将叶片切成 0.6 厘米宽的细条，约 6 杯）

1 汤匙无盐黄油（或橄榄油）

适量片状海盐

1 个波士克梨（去核后切成 0.6 厘米见方的块）

1/3 杯开心果（切成粗粒）

适量曼彻格奶酪（或盐渍乳清奶酪或陈年杰克干酪；放在沙拉上）

---

1. 在一个中等大小的盆中放入青柠汁、意大利香醋、蜂蜜、1/4 茶匙细海盐和 1/8 茶匙黑胡椒碎，拌匀。倒入 3 汤匙橄榄油，搅拌均匀。将苤蓝放入酱料，腌制一段时间。

2. 将剩下的 1 汤匙橄榄油倒入炒锅，中火加热。放入蒜和红辣椒碎，翻炒 30 秒 ~1 分钟，炒出香味。加入绿甘蓝，一次加一点儿。加入剩下的 1/4 茶匙细海盐调味，炒 1 分钟左右，直至菜叶变蔫。加入 1/3 杯水（如果锅里的水不多，加至多 1/2 杯水），盖上锅盖中小火加热 5~6 分钟，直至叶子变软。揭开锅盖继续加热，直至水分蒸发完。加入黄油或橄榄油，炒 1 分钟左右，使绿甘蓝和油混合均匀。

3. 准备几个沙拉盘。用夹子将蘸了油醋汁的苤蓝放在盘子中，每个盘子中放 1 片（或几片，覆盖盘底，苤蓝片可叠放）。在苤蓝上撒上片状海盐，并放约 1/4 杯绿叶蔬菜。在上面撒一些梨块和开心果粒，并滴几滴第 1 步用的油醋汁。用蔬菜削皮器削奶酪，将奶酪放在沙拉上。最后加片状海盐和黑胡椒碎调味。

韭 葱

与蒜和洋葱相比，韭葱像是它们的远亲，但它的味道相对温和。不过，人们在烹饪时，很少用韭葱，因此韭葱的名声不太响亮。在大家的眼中，韭葱不像有草香味的芦笋或肉质肥美的茄子一样容易吸引人的目光。不过，韭葱有自己的舞台，韭葱可蒸、炖、煮或烤着吃，嫩嫩的，甜甜的，入口即化。

最佳食用季节

晚春至秋季。

挑选

韭葱的葱白呈白色或淡绿色，是可食用的部分。因此，在挑选韭葱时，要挑选白色和浅绿色部分多、绿叶少的韭葱（这种韭葱的叶子新鲜、结实）。韭葱的根须可以保持水分，所以建议你购买带根须的韭葱。

最佳拍档

洋蓟、芦笋、卷心菜、花椰菜、芹菜、根芹、切达干酪、细叶香芹、奶油、法式酸奶油、玉米、咖喱料、鸡蛋、山羊奶酪、格鲁耶尔奶酪、榛子、核桃油、柠檬、蘑菇、芥末酱、橄榄、帕尔玛干酪、欧芹、土豆、瑞士甜菜、百里香、白葡萄酒和南瓜。

储存

将未清洗的韭葱放入敞口塑料袋中，可冷藏1~2周（见"大厨建议"，第192页）。

蔬菜的处理

切去根须并清洗

1. 切下韭葱根须。
2. 切去绿叶部分。
3. 剥掉韭葱较硬或变干的外层。
4. 将韭葱纵向切成两半后，放在水龙头下用冷水清洗。清洗时，将每层都分开，仔细清洗，确保洗干净，尤其是靠近根的部分。将韭葱放入一盆冷水中轻轻晃动，洗去残留的泥土。洗净后将韭葱轻轻地从水中拿出来，注意不要搅起碗底的泥土。

你也可以将韭葱切丝后，再次清洗：将切好的韭葱放入一盆冷水中，不停翻动，洗去泥土。将韭葱取出，将盆洗净，可重复上述步骤，多清洗几次。在烹制韭葱前，沥去水分。

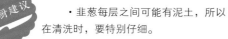

大厨建议

· 韭葱每层之间可能有泥土，所以在清洗时，要特别仔细。

· 如果用的韭葱丝或韭葱碎的量特别大，提前一天洗净并切好。在烹制韭葱前，要沥去水分（韭葱可以放入密闭容器中冷藏，但在冷藏前，要洗干净）。

· 韭葱深绿色的叶片不要扔掉，可以用来做高汤。

清洗
（烹饪整棵时）

如果你想烹制整棵韭葱，可以纵向切一刀。这样在清洗时，方便洗内部。

切细丝

1. 切去韭葱根须。将韭葱纵向切成两半，将切面向下放在案板上（如果想切得特别细，将韭葱纵向切成4等份）。

2. 横着切韭葱，切成约0.3厘米宽的细条。

切碎

1. 切去韭葱根，将韭葱纵向切成两半。
2. 再纵向切成0.3厘米宽的长条。

3. 将长条韭葱并排放在一起，横着细细地切。

最适合的烹饪方法

炖韭葱

将 450~680 克韭葱处理洗净，去掉根须，再纵向切成两半。将无盐黄油或橄榄油放入一口大炖锅，中火加热。放入韭葱，炒 4~6 分钟，不时翻炒，直至韭葱变成棕色。加入一杯蔬菜高汤，盖上锅盖炖 15~20 分钟，使韭葱变软。揭开锅盖，再炖一段时间，将水分蒸发完。最后加盐和现磨黑胡椒碎调味。

你也可以在最后几分钟向锅中加入全脂奶油和新鲜的香草碎（如细叶香芹、龙蒿、香葱和/或平叶欧芹），将奶油炖至浓稠状态即可。

烧烤韭葱

将处理洗净的韭葱（如果是小韭葱，用整根；如果是普通大小或大韭葱，横切成两半，切时注意保持根部相连）放入一大锅沸盐水中。煮 8~10 分钟，使韭葱变软，具体时间视韭葱的大小而定。将煮熟的韭葱沥去水分，并用厨房纸巾擦干。将韭葱、橄榄油、盐和现磨黑胡椒碎搅拌均匀，放在烤炉上用中高火烤，每面烤 2 分钟左右，使韭葱微微变焦即可。烤好的韭葱可以直接吃，也可以蘸对页中的油醋汁食用。

烤韭葱

将 450~680 克韭葱处理好后，纵向切成两半，并洗净。将韭葱、橄榄油、盐和现磨黑胡椒碎搅拌均匀，放在烤盘上。将烤箱预热至 200℃，烤 40 分钟，期间翻一次面，烤至韭葱变软即可。

法式韭葱
配油醋汁

4 人份

这个菜谱源自法国一家著名的餐厅——枫丹马赫酒馆。它坐落在圣多米尼克路上，在埃菲尔铁塔附近。我很有幸在这家餐厅品尝到了很多珍馐佳肴，且对这道菜的印象尤为深刻。为了便于在家中做这种油醋汁，我对那个菜谱做了改良。韭葱配上这种油醋汁，有一种甜甜的味道，这是这种油醋汁的优点。这种油醋汁不仅充分凸显了韭葱的口感特点，也遵循了韭葱的传统做法。

榛子油为这种酱汁增添了意料之外的丰富口感和坚果香。我建议你在家中常备一些榛子油。不过，如果没有榛子油，也可以用核桃油或较多的葡萄籽油或芥花籽油来代替。

4~8 棵完整的韭葱（切去根须，纵向从上至中部切一刀，保持根部相连，清洗干净；见"小贴士"）

2¼ 茶匙第戎芥末

2¼ 茶匙雪利酒醋

1¼ 茶匙意大利香醋

1 茶匙鲜榨柠檬汁

1/4 茶匙细海盐（多准备一些，用于调味）

1/4 茶匙现磨黑胡椒碎（多准备一些，用于调味）

1 大汤匙新鲜的莳萝碎

1 大汤匙新鲜的香葱碎

1 大汤匙新鲜的细叶香芹碎

1 大汤匙新鲜的罗勒碎

1/4 杯榛子油

1/4 杯葡萄籽油（或芥花籽油）

---

1. 锅中放入可折叠蒸笼，加水。大火将水煮沸，将韭葱平铺入蒸笼。盖上锅盖蒸 10~15 分钟，直至韭葱变得极软，用削皮刀可以轻松刺穿。将蒸好的韭葱放在不起毛的纱布或厨房纸巾上，以吸去多余水分。

2. 碗中加入第戎芥末、雪利酒醋、意大利香醋、柠檬汁、1/4 茶匙细海盐和 1/4 茶匙黑胡椒碎，搅匀。再放入莳萝碎、香葱碎、细叶香芹碎和罗勒碎，缓缓倒入榛子油和葡萄籽油。边倒边快速搅拌，至油醋汁混合均匀。加入细海盐和黑胡椒碎调味。

3. 韭葱纵向切成两半，每个盘子中放两半。如果韭葱较小，在盘子中各放 2 整棵。韭葱上放 2~3 茶匙油醋汁即可。热的韭葱味道很好，不过晾至室温时食用也可以。

小贴士：韭葱长短、粗细不一，有些韭葱的葱白较少。如果一棵大的韭葱上葱白部分较多，可以做一盘菜，将韭葱蒸熟后纵向切成两半即可。如果用的是小棵或中等大小的韭葱，2棵才能做一盘菜，那韭葱就不必切开。

按照法国的饮食习惯，你可以在韭葱上放一棵晾凉后、切碎的全熟煮鸡蛋。

生 菜

一些生菜的叶片包得比较紧，这种生菜非常清脆爽口；但是也有些品种的生菜，叶片松散多褶，味道温和，有坚果香。在农贸市场或小菜店购买生菜时你会发现，生菜的颜色、味道、形状和大小等之间差异很大。

最佳食用季节

春季、夏季和秋季。

最佳拍档

意大利香醋、蓝纹奶酪、意大利卤豆、胡萝卜、鹰嘴豆、黄瓜、菲达奶酪、新鲜的香草、水果、蒜、山羊奶酪、榛子油、蜂蜜、柠檬、兵豆、芥末、坚果、橄榄油、橙子、帕尔玛干酪、萝卜、红葡萄酒醋、白米醋、盐渍乳清奶酪、烤的根茎类蔬菜、雪利酒醋、番茄、核桃油和白葡萄酒醋。

品种

奶油生菜（比布生菜和波士顿生菜）、球生菜、皱叶生菜（也叫罗马生菜）和野苣（也叫羊羔生菜、玉米生菜）。

挑选

优质的生菜叶片较脆，鲜嫩，无棕色斑点，主叶脉无折断痕迹。嫩生菜叶特别脆，但成熟的生菜味道比较浓郁。生长时间过长或过度灌溉的生菜有点儿苦，叶片有点儿硬，会变干或变成棕色，叶子边缘尤其如此。

储存

用厨房纸巾将生菜松松地包起来，放入口开一半的塑料保鲜袋中。球生菜和罗马生菜可储存数周；但是奶油生菜和皱叶生菜只能储存几天。野苣不好储存，需尽快使用。

蔬菜的处理

生菜处理、洗净后，可以切成细条（见第 116 页）或切碎（见第 176 页）。

掰下叶片

切去生菜的底部。轻轻地把连接的叶片掰下，扔掉碰坏或变蔫的外层叶片和变为棕色的茎。

清洗

准备一大碗冷水，把叶子浸入水中，轻轻晃动叶子，洗去泥土（洗的时候，注意靠近底部的部分，那里一般泥土较多）。轻轻将叶片从水中取出，注意不要搅起碗底的泥土。倒掉碗中的水，洗净碗后，再洗几次，直至将生菜完全洗净。野苣在使用前清洗，择下须根后，叶子用冷水洗几遍，洗掉根部附近的泥土。将洗好的生菜叶放入蔬菜脱水器中甩干，再用厨房纸巾卷起来，以吸去残留的水分。

切或手撕

你可以将生菜撕或切成适口大小。如果是罗马生菜，我一般用刀切；我很少用球生菜，如果用，我会切细丝。特别脆的生菜可以直接用手撕。如果是传家宝品种的小生菜，将叶子掰下来，直接吃整片叶子即可。

最适合的烹饪方法

生菜沙拉

先做一份简易油醋汁：将醋或鲜榨柑橘汁和油以 1∶3 的比例调配在一起，并用盐和胡椒调味。如果想让油醋汁的味道更好，在醋或柑橘汁中先放一些第戎芥末、红葱末和一点儿枫糖浆或蜂蜜，再倒入油。如果加一瓣蒜的蒜泥（蒜泥放入醋中静置 10~15 分钟后，再放油），味道就更棒了。沿着碗壁将油醋汁倒入嫩生菜混合物中，轻轻搅拌，使其混合均匀，并用盐和胡椒调味。再加入胡萝卜丝和萝卜丝，搅拌均匀后即可食用。

大厨建议

· 在做沙拉前，将生菜沥干，最好用蔬菜脱水器，这样菜叶能充分沾上酱汁。叶片甩干后，用不起毛的纸巾将菜叶卷起来，注意让厨房纸巾接触每片叶子，将生菜放入敞口塑料袋中冷藏，这样可以让菜叶表面干燥，口感更脆。用这种方法储存的生菜，脆爽的口感可以保持1天。

· 如果你想让变蔫的生菜重新焕发生机，将生菜放入一碗冰水中，浸泡30分钟，以使其充分吸收水分，之后捞出并沥干。

· 做生菜沙拉时，如果想做简易酱汁，直接在菜叶上滴油和酒醋，搅拌均匀即可。

· 如果你喜欢味道温和的生菜（如球生菜）的脆爽口感，试着将其和散叶生菜或罗马生菜这种味道浓郁的生菜搅拌在一起，味道会更好。

红叶生菜沙拉
配烤玉米、桃子、牛油果和核桃仁

4~6 人份

这道沙拉中有软嫩的红叶生菜、玉米、甜桃和牛油果，充满夏日风情。这道沙拉既可以是一道完美的配菜，也可以是一道相当不错的主菜。如果你用生菜作为沙拉基底菜，那么能让各种应季食材的味道发挥到极致。在做沙拉时，你只需要遵照这个方程式——叶用蔬菜 + 应季蔬菜和 / 或水果 + 奶酪和 / 或鸡蛋 + 坚果——进行调配即可。在任何季节，你都可以将一道简单的叶用蔬菜沙拉提升到大餐的层次。

---

2 根玉米（见"小贴士"）

1 大棵红叶生菜（洗净后沥干，切或撕成适口大小的片）

适量蜂蜜油醋汁（做法见文后）

适量片状海盐

适量现磨黑胡椒碎

2 个生桃子（去核后切成薄片）

1 个牛油果（去皮、去核后切块）

1/2 杯烤核桃仁

1/2 杯现磨的优质菲达奶酪碎

---

1. 中高火加热烤炉。

2. 剥玉米皮，保留最里面的一层。玉米须切下或择掉。玉米烤 8~10 分钟，直至玉米皮在顶部张开。将玉米从烤炉中拿出，晾凉。

3. 将玉米皮都剥掉，将玉米粒削入一个大碗中（见第 129 页）。预留 1/4 杯玉米粒，最后用来撒在沙拉上。

4. 在玉米粒中加入红叶生菜，滴一些蜂蜜油醋汁，一边加，一边搅拌，直至红叶生菜和玉米粒都沾上油醋汁。加入少量片状海盐和黑胡椒碎调味，拌匀。加入桃子、牛油果、烤核桃仁和奶酪碎，并各预留一些，用来撒在沙拉上。将沙拉放入一个大盘中，在上面撒上预留的食材。

小贴士：烤玉米可以为这一道沙拉增添别样的风味，不过如果玉米特别新鲜，就不用烤了，直接将玉米粒削下放入沙拉即可。

衍生做法

柠檬醋（见第 40 页）与这道沙拉也很配。你也可以将苹果切成薄片，代替桃子，用碧根果代替核桃仁。

蜂蜜油醋汁

1½ 杯

3 汤匙蜂蜜

1/3 杯香槟酒醋（或白葡萄酒醋）

适量细海盐

适量现磨黑胡椒碎

1/2 杯特级初榨橄榄油

1/2 杯葡萄籽油

　　蜂蜜、醋、1/2 茶匙细海盐和 1/8 茶匙黑胡椒碎混合拌匀。倒入橄榄油和葡萄籽油，边加边搅拌。最后加入细海盐和黑胡椒碎调味。酱料密封后，冷藏可存放 3 周。

蘑菇

蘑菇是一种可食用的真菌，不是真正意义上的蔬菜，但是我们一般将其看作蔬菜。蘑菇的品种有上千种，不过各类蘑菇最大的不同在于：是野生的，还是种植的。野生的蘑菇不常见，价格较高，但是味道很浓郁。

最佳食用季节

种植的蘑菇全年都可购买到，野生的蘑菇最好在春季和入冬时购买。

最佳拍档

芝麻菜、柿子椒、面包糠、黄油、卷心菜、胡萝卜、奶油、鸡蛋、宽叶莴苣、佛提那奶酪、蒜、姜、山羊奶酪、墨西哥辣椒、韭葱、柠檬、墨角兰、马萨拉葡萄酒、味噌、马苏里拉奶酪、牛至、帕尔玛干酪、欧芹、松子、玉米粉、萝卜、意大利乳清奶酪、迷迭香、青葱、红葱、雪利酒醋、酱油、塔雷吉欧奶酪、龙蒿、百里香、香油和葡萄酒。

品种

黑喇叭菌、鸡油菌、小褐菇（迷你小圆蘑）、金针菇、杏鲍菇、灰树花（舞菇）、羊肚菌、滑子菇、平菇、牛肝菌、大褐菇、香菇、松露和口蘑。

挑选

优质的蘑菇看起来很新鲜，闻起来也很香（没有霉味或腥味），摸着很结实，与同等大小的蘑菇相比比较重。不要购买蘑菇菌盖脱水、收缩、有碰伤或裂缝的蘑菇。要购买有菌柄的蘑菇，不过如果一些蘑菇没有菌柄，你也不必担心——只要蘑菇看起来很新鲜，就可以购买。

储存

将蘑菇放在棕色纸袋中，不仅能防止脱水，还能让蘑菇"呼吸"。如果购买的蘑菇是用收缩袋包起来的，用的时候拿出来即可。蘑菇会吸味，所以冷藏时要离其他味道重的食材远一些。蘑菇很容易变干，所以购买后请尽快使用，最好3~4日内使用完。

蔬菜的处理

蘑菇一览表

黑喇叭菌：一种很难发现的、有香味的野生蘑菇，呈喇叭形，近黑色，蘑菇菌盖呈波浪形，菌柄长。黑喇叭菌和鸡油菌是"近亲"。

鸡油菌：这种野生蘑菇有一种浓郁的果香（有人说杏香）和胡椒味，肉多且有嚼劲。最常见的鸡油菌是金黄色或橙色的。鸡油菌价格很高，所以我一般将其与其他蘑菇搭配做菜。

小褐菇：未成熟的大褐菇，颜色为淡褐色至深棕色，和口蘑的大小差不多，但是口感更紧实，味道也更浓。这种蘑菇适合放在菜中提味，还能吸收其他食材的味道。

金针菇：一种源自日本的种植型蘑菇，菌柄很细，菌盖很小，特别可爱，一般一簇簇长在一起。金针菇有淡淡的甜味，很有嚼劲。金针菇很娇嫩，不适合长时间烹煮，所以要在最后一刻下锅（尤其在做汤时）。

杏鲍菇：口感顺滑，有甜味，肉质紧实，适合炖或炒。

灰树花：源自日本，有野生的，也有种植的，颜色为深灰色至棕色，菌盖呈扇形，边缘有褶皱。灰树花口感紧实，有浓郁的木香。

羊肚菌：一种名贵的野生春季蘑菇，有温和的森林清香、坚果香和淡淡的烟熏味。蘑菇菌盖上有许多小坑，需要仔细清洗。这种蘑菇特别适合搭配春季蔬菜。

滑子菇：源自日本，常用于味噌汤中。滑子菇特别香，蘑菇菌盖呈圆形，菌柄粗。滑子菇是天然的汤或酱料增稠剂。

平菇：菌盖平，呈扇形，颜色为银灰色至浅褐色。烹饪后味道温和清淡，顺滑多汁。烹饪时（要切去干硬的菌柄）不宜搭配味道浓烈的食材。

牛肝菌：野生菌，有浓郁的泥土香，肉质紧实。从夏末至秋季都可以买到新鲜的牛肝菌，但一般晒干后使用。泡干牛肝菌的水（见第 203 页）可用于烹饪，为菜提味。

大褐菇：菌盖巨大，肉质肥美，可在里面填充馅料后烹饪，也可腌制或烘烤。

香菇：源自日本的种植型蘑菇，菌盖宽厚，呈伞状，菌柄末端要切掉。香菇有浓烈的烟熏味和木香。你可以像烤培根一样烤香菇片。

松露：松露极其稀有，味道令人迷醉，价格很高。白松露一般生吃，黑松露常烹熟后食用。

口蘑：种植型蘑菇，有温和的泥土香，烹饪后味道更加浓郁。

清洗

处理口蘑或其他种植型蘑菇时，可以用干蘑菇刷、软毛牙刷、微湿的纸巾或厨房纸巾轻轻擦掉蘑菇表面的泥土（不要用水，因为蘑菇会吸水，吸了水的蘑菇在烹饪时会变得像橡胶一样）。如果这些方法不奏效或羊肚菌等野生蘑菇孔状菌盖中有很多泥土，可将蘑菇放入一碗冷水中并快速捞出，重复几次，再用厨房纸巾擦掉残留的泥土，烹饪前沥干。你可以用削皮刀将发黑或变干的部分切下，并将硬的菌柄末端切掉。

大厨建议

· 除了香菇和牛肝菌等其他味道浓郁的蘑菇，其他的蘑菇是可以互相替换的：你可以根据手边现有的蘑菇和个人喜好随意选用不同品种的蘑菇。

· 蘑菇烹饪后会收缩很多，所以如果菜谱要求用大量蘑菇，你也不要意外。

· 你可以用应季的野生蘑菇为菜肴锦上添花。如果菜谱要求用大量野生蘑菇，你可以改用种植型蘑菇（或两种蘑菇混着用）。

· 平菇和小褐菇的菌柄可以食用，但要切去坚硬的末端。

· 如果在菜肴中加入大褐菇，要去掉菌褶，否则它会染黑其他食材。你可以用勺子轻轻将菌褶刮下来。

切菌盖

1. 拔掉或切下菌柄。
2. 将菌盖平放在案板上，切出厚度合适的片。菌柄单独切成片或块。如果想将蘑菇菌盖切丁，

先切成条，再横着切成丁（如果蘑菇菌盖特别厚，你可以先水平切开，再切片或切丁）。

切除菌柄末端
（形状不规则的蘑菇）

切形状不规则的蘑菇时，按照菜谱的要求操作。一般来说，要切下菌柄上坚硬的部分，再将菌柄和菌盖切成大小均匀的形状。在切灰树花或平菇时，将菌柄的末端切下，使蘑菇分散开。用手将一

簇簇蘑菇掰开，再一片片撕开。你不必纠结如何处理形状不规则的蘑菇，只要将坚硬的部分切下，剩下的部分怎么处理都行。

泡发干蘑菇

将干蘑菇放入一盆冷水，水面要高过蘑菇1厘米。搅拌蘑菇，洗掉泥土。静置2分钟，让泥土沉在碗底。取出蘑菇时不要搅起碗底的泥土。

将洗净的蘑菇放入一碗热水或高汤中（30克

干蘑菇约需要1杯水或高汤），浸泡10分钟左右，使蘑菇变软。用细网过滤器沥去表面水分。泡蘑菇的水可为汤、酱料或烩饭提味。

最适合的烹饪方法

烤蘑菇

将蘑菇（蘑菇菌盖保持完整或切成 4 等份或切片）、橄榄油、盐和现磨黑胡椒碎搅拌均匀，还可以加一些新鲜的香草碎，如百里香、迷迭香或墨角兰。将蘑菇平铺在铺了烘焙油纸的有边烤盘中，将烤箱预热至 200℃，烤 12~18 分钟，期间翻一次面，直至蘑菇变软且呈棕色，具体烘烤时间视蘑菇的大小而定。

蘑菇烤好后，迅速拌入意大利香醋，并用盐和胡椒调味。

烤蘑菇很适合配嫩绿叶蔬菜吃。你可以蘸柠檬醋（见第 40 页）或配油醋汁，再在上面放一些盐渍乳清奶酪片。

炒蘑菇

在一口大炒锅中放入橄榄油或一块黄油，中高火加热后，放入蘑菇（切成 4 等份、切片或切块）。橄榄油或黄油要适量加入：蘑菇会吸油，让你误认为油加的不多，但蘑菇在加热后会析出水分。加入盐和现磨黑胡椒碎调味，不停翻炒 5~8 分钟，直至蘑菇变软且呈金黄色。最后用盐和胡椒调味。

你也可以用红葱末和 / 或蒜末煎蘑菇。待蘑菇变软后，加入一点儿白葡萄酒醋、马萨拉葡萄酒醋或雪利酒醋，炒至酒醋被蘑菇完全吸收。关火前，你可以根据自己的喜好撒一些新鲜的香草碎，如香葱、平叶欧芹或百里香，再加点儿奶油，翻炒均匀即可。

烤大褐菇
4 人份

准备 4 个大褐菇，菌柄择掉。在一个能放得下大褐菇的单层烤盘中放入 1/3 杯橄榄油、3 汤匙鲜榨柠檬汁或意大利香醋和 2 瓣碾碎的蒜，搅拌均匀。将蘑菇菌盖放入调好的酱料，用刷子将酱料涂在蘑菇上。加入盐和现磨黑胡椒碎，将蘑菇菌盖凸起的一面向下放置。你还可以在蘑菇上放一点儿新鲜的百里香或干牛至。将蘑菇腌制 30 分钟后，凸面向下放在烤炉上，中火烘烤 8~12 分钟，期间翻一次面，烤至大褐菇变软。

香菇抱子甘蓝比萨
上面放一个鸡蛋

2 张 12 寸（30 厘米）比萨

将香菇煎至金黄酥脆，烟熏味会重一些。煎香菇可以作为自制比萨的食材，与卷心菜或抱子甘蓝搭配，味道会更好。抱子甘蓝要切成细丝，用烤箱烤至酥脆。这个菜谱的一个亮点是用了甜甜的红洋葱、顺滑的佛提那奶酪和意大利乳清奶酪。你还可以在比萨上打一个鸡蛋。

如果有时间提前准备，你可以先将比萨面团和好（做比萨是一个愉快的活动，没有你想象的那么复杂）。面团要在烤比萨前 2 小时和好，你也可以在面团上划几道口子，以缩短醒面的时间。你也可以从商店购买约 450 克现成的比萨面团，做 2 张 12 寸（30 厘米）的比萨。我建议你用烘焙石板烤比萨；当然，你也可以用无边烤盘烤，或将有边烤盘翻面使用。

---

1 汤匙特级初榨橄榄油

60 克香菇（去菌柄，菌盖切条；见第 203 页）

1 汤匙无盐黄油

230 克抱子甘蓝（切细丝）

1/4 茶匙细海盐

1/4 茶匙红辣椒碎

适量普通面粉（用于防粘）

2 个比萨面饼（见第 206 页）

1 杯全脂意大利乳清奶酪

1/2 个小红洋葱（切成特别细的丝；1/2 杯）

90~125 克现磨意大利佛提那奶酪碎（2/3 杯；或125~175 克马苏里拉奶酪片）

4 枝新鲜的百里香

2 个大鸡蛋（可选）

适量粗粒或片状海盐

适量家里最好的特级初榨橄榄油（最后滴在比萨上）

---

1. 将烘焙石板放在烤箱中层（如果没有烘焙石板，在无边烤盘上涂一层油，或将有边烤盘翻面后涂一层油代替烘焙石板）。将烤箱预热至 290℃，烤 30 分钟左右。

2. 同时，在灶边准备一个盘子，里面铺上厨房纸巾。在一口大煎锅中倒入橄榄油，中高火加热。将香菇放入锅中，煎 3 分钟左右，不时翻动，直至香菇变得酥脆且边缘呈棕色。将香菇捞出，放在盘子中晾凉。

3. 再次用中高火加热炒锅，并用煎香菇剩下的油熔化黄油。加入抱子甘蓝、细海盐和红辣椒碎，翻炒 3~4 分钟，直至蔬菜变软且出现棕色斑点。

4. 在案板或比萨铲上撒上大量的面粉，将面饼拉成 12 寸（30 厘米）的圆饼（不要给面饼排气。拉面饼时从中间向四周拉，面饼的边缘要厚一些）。如果面饼做得特别薄或上面有孔，也不必担心：将孔周边的面拉过去，用手指按平，将孔填上即可。

5. 用勺子背在面饼上涂一层意大利乳清奶酪（用一半奶酪）。在面饼上铺一半甘蓝、一半红洋葱和一半香菇。在上面撒一半奶酪和2枝百里香上择下的叶片。

6. 将放了烘焙石板的烤架拉出烤箱。轻轻晃动比萨，不要让比萨粘在比萨铲上（如果比萨粘在了比萨铲上，轻轻将比萨四周提起，在下面铺一层面粉）。让比萨从比萨铲快速滑到烘焙石板上，将烤架放进烤箱中，关闭烤箱门。烤8~10分钟，直至比萨面饼酥脆且呈浅金黄色（如果放在烤盘上烤，不要超过15分钟）。如果想在比萨上放鸡蛋，先将鸡蛋打入蛋糕模具或量杯中，比萨烤4分钟后（如果在烤盘上烤，要8分钟后），将鸡蛋倒在比萨上。继续烤4~6分钟，直至蛋白定形，蛋黄仍能流动，面饼呈浅黄色。

7. 用比萨铲将比萨取出，或用夹子夹到案板上。在比萨上撒粗粒海盐，滴几滴家里最好的橄榄油即可。用同样的方法做另一张比萨。

比萨面饼

2个12寸（30厘米）的比萨面饼

1½杯温水（40~46℃；必要时可多加2茶匙）

1茶匙活性干酵母
4杯高筋面粉（或普通面粉）
1茶匙盐
2茶匙糖
3汤匙特级初榨橄榄油（多准备一些，涂在碗上）

1. 在一个容量为2杯的量杯中加入1/4杯温水和活性干酵母搅匀，静置5分钟。分别在操作台、比萨铲或案板上撒一层面粉。

2. 在食物料理机中放入面粉、盐和糖，搅拌均匀。

3. 在盛酵母的量杯中加入剩余的温水，并搅匀。通过食物料理机外接管将酵母水缓缓注入，并注入橄榄油。至面团成球形，且不粘料理机壁时即可（如果面团很松散，不成形，再加入2茶匙温水，一次加1茶匙。）

4. 用硅胶刮刀将面团从食物料理机中取出，放在操作台上。为了让面更筋道，多揉一会儿，再将面团放入涂了橄榄油的碗中，用保鲜膜将碗盖住，放在厨房中较温暖的地方醒1.5小时，使面团变为原来的2倍大。

5. 在操作台上再撒一层面粉，将面团放在上面。将面团切成两半，分别揉光滑。将面团压成厚饼，分别用保鲜膜包起来静置20分钟。如果第二天才用面饼，就将面饼冷藏起来，在使用前将面饼静置至室温即可。

奶油蘑菇酱
配意大利大宽面

4½~5 杯

蘑菇是一种纯天然的食材，适合用来做意大利红酱。我在做这种蘑菇酱时，会混合使用平菇和小褐菇，这样可以平衡蘑菇的土香、口感和价格。有时，我还会放一些干牛肝菌和泡干牛肝菌的水，以增强酱的木香味。如果买到的蘑菇的品种比较特殊，我会加一些杏鲍菇和鲍鱼菇。如果附近的农贸市场有比较好的蘑菇摊位或小菜店，你可以买一些其他品种的蘑菇，加入蘑菇酱中。

这款蘑菇酱特别适合搭配意大利大宽面——一种较宽、光滑的意大利面条；不过，你也可以用蘑菇酱配贝壳状通心粉。售卖的干意大利大宽面一般一包 250 克（2~3 人份），做这道蘑菇面需要 2 包。 如果你想用一包也可以，但蘑菇酱的量要足。没加奶油和帕尔玛干酪的半成品蘑菇酱可以冷藏储存，所以你可以将一半蘑菇酱放入密闭容器后冷藏起来。没吃完的蘑菇酱也可以冷藏，第二天的蘑菇酱更入味，可以配烤蒜香烤面包片吃。

做奶油蘑菇酱时，我建议你使用食物料理机。如果没有食物料理机，你可以将食材切得特别碎，不过这样做出来的酱比较浓稠，但味道也很好。

---

1 个中等大小的黄洋葱（切成块）

1 根中等大小的胡萝卜（去皮后切成块）

1 根芹菜（择去叶，切块）

450 克平菇（洗净、处理好，切成块；见"小贴士"）

450 克小褐菇（洗净、处理好，每片切成 4 块；见"小贴士"）

适量细海盐

1/4 杯橄榄油

3 汤匙无盐黄油

1/8 茶匙现磨黑胡椒碎（多准备一些，用于调味）

1/3 杯番茄酱

1/4 茶匙红辣椒碎

1/2 杯干白葡萄酒

1/2 杯淡奶油（选用乳脂含量较高的）

1/3 杯现磨的帕尔玛干酪碎（多准备一些，最后撒在意大利大宽面上）

450 克干意大利大宽面

---

1. 将黄洋葱、胡萝卜和芹菜放入食物料理机中，将蔬菜打成泥。将蔬菜泥放入一个中等大小的碗中，备用。将平菇和小褐菇放入食物料理机中，一次放 450 克，打成粗粒糊状，放在一边备用。

2. 大火煮沸一大锅盐水。

3. 同时，在一口荷兰炖锅中放入橄榄油和

1 汤匙黄油，中高火加热。黄油熔化后，加入蔬菜泥、1/4 茶匙细海盐和 1/8 茶匙黑胡椒碎，翻炒 5~7 分钟，直至蔬菜变软，开始焦糖化且锅中的水分完全蒸发完。加入番茄酱和红辣椒碎，翻炒成浓稠的糊状。继续翻炒 2~3 分钟，注意不要煳锅，直至所有食材与酱料混合均匀

且变为棕色。

4. 将火调成中火，加入蘑菇糊和 1/4 茶匙细海盐。翻炒 12~15 分钟，使蘑菇完全变软。加入葡萄酒，翻炒 3 分钟左右，直至水分完全蒸发完。加入奶油和帕尔玛干酪碎，翻炒 5 分钟。加入细海盐和黑胡椒碎调味。

5. 在沸盐水中放入意大利大宽面，根据包装袋上的说明将面煮熟。将面沥去表面水分，并预留 2 杯煮面水。

6. 将大宽面直接放入奶油蘑菇酱中，并加入 1 杯预留的煮面水和 2 汤匙黄油。将面与酱料搅拌均匀，如果酱料比较稠，再加一点儿煮面水，再调味。

7. 将意大利大宽面放入浅碗中，在上面撒一些现磨帕尔玛干酪碎即可食用。

小贴士：平菇和小褐菇的菌柄不要扔掉，也可以食用！记得使用前切下菌柄的末端。

鸡油菌奶油烤面包片

4 份

在 烹饪野生鸡油菌时要注意让它的味道充分体现出来，不能让别的食材的味道掩盖其特别的味道。你只需要用黄油和红葱将野生鸡油菌波浪形的蘑菇菌盖煎炒一下，炒出清新土香，拌入一些奶油，将鸡油菌放在酥脆的烤面包片上即可。吃的时候，还可以配上炒鸡蛋。

---

3 汤匙无盐黄油

1 汤匙红葱末

230 克鸡油菌（刷干净，菌柄末端切掉；如果鸡油菌较大，切成两半）

1/4 茶匙细海盐（多准备一些，用于调味）

适量现磨黑胡椒碎

1/2 茶匙新鲜的百里香叶（切碎）

3 汤匙淡奶油（选用乳脂含量较高的）

4 厚片硬皮意大利面包（或法国面包）

1 瓣蒜（切成两半；可选）

---

1. 在一口中等大小的炒锅中放入黄油，中火熔化。黄油边缘起泡时加入红葱末，翻炒 1 分钟，直至红葱末变软并散发出香味。放入鸡油菌、1/4 茶匙细海盐、黑胡椒碎和百里香碎，炒 6 分钟左右，直至鸡油菌变软且微微变成棕色。调至小火，加入奶油，翻炒 1~2 分钟，直至奶油变稠且鸡油菌均匀裹上奶油。加入细海盐和黑胡椒碎

调味。

2. 同时，将面包放入烤盘，用烤箱烤 15 分钟，直至面包片边缘变得金黄酥脆、中间还很软。用蒜的切面涂抹烤面包片，再将鸡油菌均匀地放在烤面包片上即可。

小贴士：春季时，你可以用同样的方法烹制羊肚菌（切成2等份或4等份）。

荨麻

荨麻有野生的，也有种植的，叶子呈锯齿形，茎细长且有细毛。荨麻上的细毛摸起来会让人有刺痛感——不舒服的手感足以让大多数人对其敬而远之。但是荨麻营养丰富且很可口，比菠菜还甜，味道也更浓郁。荨麻烹熟后，上面的细毛就没那么让人烦了。

荨麻可以蒸、煮、煎、炒，也可以放在比萨上食用。你肯定会被荨麻的口感和色泽所征服。记住，千万不要生吃或直接用手摸荨麻。

最佳食用季节

春季

挑选

挑选荨麻时要看，不要摸。新鲜的荨麻颜色鲜亮，叶子很新鲜。

储存

将荨麻放在封口的塑料袋中。荨麻的保质期很短，所以我建议你1~2天内使用完。如果你想让荨麻储存的时间长一些，先用沸盐水将荨麻焯熟（见第18页），再放在密闭容器中冷藏，但2天内也要使用完。

最佳拍档

芦笋、奶油、鸡蛋、蚕豆、山羊奶酪、韭葱、柠檬、橄榄、帕尔玛干酪、意大利面、豌豆、松子、红辣椒碎、意大利乳清奶酪和核桃仁。

蔬菜的处理

剪叶片并清洗

1. 清洗荨麻时要戴上手套。如果粗的主茎上有叶片，用厨用剪刀剪下来（或择下来）。细茎上的叶片不用择下来，扔掉主茎。

2. 将叶片和细茎放在一盆冷水中。

3. 用手或夹子搅动荨麻，清洗干净。

4. 将荨麻捞出，注意不要搅起沉在碗底的泥沙。必要时，可重复清洗几遍。

• 在一般情况下，在农贸市场就可以买到荨麻。如果荨麻没有包装好，你可以请卖家帮你把荨麻包好，这样就省得回家后自己分包储存了。

• 虽然荨麻处理起来比较费事，但很值得。处理荨麻时要戴上塑胶手套，清洗和放入锅中时要用夹子。我一般会在操作台上铺一层烘焙油纸，再处理荨麻。

• 荨麻上的细毛在做熟后会消失。买回家后你可以先把荨麻焯熟备用，放在密闭容器中，冷藏可存放2天。

• 你可以像烹饪菠菜一样烹饪荨麻（记住，荨麻的味道比菠菜的重很多）。

最适合的烹饪方法

焯荨麻

我一般会先将荨麻焯熟。焯的时候，将荨麻放入一锅沸盐水中焯30秒~1分钟，使其变软，你也可以焯2~3分钟，将荨麻完全焯熟。沥去表面水分，最后用抹布将荨麻完全擦干。

炒荨麻

炒荨麻特别适合配意大利面。将荨麻处理干净后焯一下，再沥干。在一口炒锅中加入橄榄油和 / 或黄油，中高火加热，先放入红葱末，再放入荨麻，翻炒3分钟左右，使荨麻变软。将炒好的荨麻和煮好的意大利面、预留的煮面水搅拌均匀，再洒一些鲜榨柠檬汁，多放一些现磨的帕尔玛干酪碎，再滴几滴家里最好的特级初榨橄榄油即可（你也可以加一些蚕豆或其他春季蔬菜）。

荨麻核桃酱
配奶酪脆面包片

1½ 杯

每次做这款荨麻核桃酱，我都特别兴奋。去市场买荨麻也是件很开心的事。把荨麻买到手后，我会放在手提袋中，脸上挂着与菜贩砍价成功后的微笑。在回家的路上，我会一直想着它配什么菜会更好吃。

回家后，我会迅速戴上手套，将荨麻处理干净并焯熟。我之所以这么快处理荨麻，不是因为我想马上做荨麻核桃酱，只是不想一直惦记这件事（荨麻焯熟后就不烦人了，你可以提前 2 天将荨麻准备好）。做荨麻核桃酱时，我会用荨麻、蒜、核桃仁、柠檬汁、帕尔玛干酪和橄榄油。只需片刻，荨麻核桃酱就能做好，而且味道相当令人惊艳。荨麻核桃酱可以拌意大利面、放入煎蛋卷或放在蒸蔬菜和意式玉米糊上。不过最好的吃法还是在烤面包上铺一层奶酪底，再涂一层荨麻核桃酱。这款酱绝对是春季餐桌必备的。

适量细海盐

175~250 克荨麻

1 小瓣蒜

1/2 杯烤核桃仁

1 汤匙鲜榨柠檬汁

1/4 茶匙现磨黑胡椒碎（多准备一些，用于调味）

1/2~3/4 杯特级初榨橄榄油

1/2 杯现磨帕尔玛干酪碎

1 杯全脂意大利乳清奶酪

12 片大脆面包片（或 24 片小脆面包片；见第 20 页）

---

1. 大火煮沸一大锅淡盐水。

2. 戴上手套，将荨麻主茎上的叶片和细茎剪下后，扔掉主茎。将荨麻放入一盆冷水清洗干净后，再放入沸水焯 2~3 分钟，直至荨麻变软且散发出香味。用漏勺（或夹子）将荨麻捞出，放入滤锅，沥去表面水分，用漏勺背（或荨麻晾凉后用手）挤压出残留的水分。

3. 将蒜放入食物料理机中搅碎。加入荨麻、烤核桃仁、柠檬汁、1/4 茶匙细海盐和 1/4 茶匙黑胡椒碎搅拌，将荨麻和烤核桃仁碾碎。通过食物料理机外接管缓慢注入

1/2 杯橄榄油，将混合物搅拌至顺滑。你可以多加点儿橄榄油，但不要超过 1/4 杯，以调制出合适的浓稠度。放入帕尔玛干酪，搅拌使其混合。最后加细海盐和黑胡椒碎调味。

4. 在脆面包片上涂一层意大利乳清奶酪，再将荨麻核桃酱放在上面即可。

衍生做法

你可以试着将荨麻核桃酱和意大利面拌在一起。荨麻核桃酱很适合作为比萨的配料，也很适合配彩虹胡萝卜、甜脆豌豆和萝卜。

秋 葵

秋葵多汁，味道丰富，有茄子、四季豆和芦笋混合的味道，而且吃法很多。在美国南部，人们会把秋葵炒一下，再炖成汤；秋葵还可以在烤炉上烤、用烤箱烤、腌或炖着吃。

最佳食用季节

夏季。

品种

绿秋葵（最常见的品种）和红秋葵（颜色从浅红至深红）。

最佳拍档

罗勒、卡宴辣椒、辣椒、芫荽、椰奶、玉米、玉米粉、孜然、咖喱粉、蒜、柠檬、青柠、洋葱、意式玉米糊、大米、番茄和白葡萄酒醋。

挑选

如果你想吃脆甜的秋葵，就挑选小荚秋葵——荚长不超过 5 厘米。不要挑选有黑斑，或荚发干、变软的秋葵。特别大的秋葵，荚一般较硬，多纤维，而且不论怎样烹饪，吃起来都黏糊糊的。我建议你在农贸市场购买秋葵，那里的秋葵品种齐全，你可以买到最鲜嫩的小秋葵。

储存

为防止秋葵脱水，将秋葵放在棕色纸袋中，在纸袋中秋葵能"呼吸"。湿秋葵会很快发霉，所以在储存前一定要擦拭干净。秋葵最好在购买后 2~3 日内使用。

蔬菜的处理

清洗并切片

1. 将秋葵放在冷水中冲洗，再擦干。用削皮刀将秋葵的蒂切掉一部分，切出一个平面。切时不要切破秋葵荚，以免秋葵籽露出。

2. 将秋葵的蒂全部切掉，将秋葵纵向切成两半。如果想用秋葵将菜的汤汁变得浓稠些，横着将秋葵切成一个个薄圆片。

大厨建议

• 秋葵籽含有一种天然的增稠成分，能使汤变稠；将秋葵切开后煮或炖，效果更好。在一定程度上，汤汁的浓稠度对于菜肴有很大的作用，所以你在烹饪菜肴时，要控制好汤汁的浓稠度。如果你不喜欢秋葵的口感，可以用烤箱或烤炉烤、炒或腌制，这样秋葵会更脆。你也可以炖完整的秋葵（只去蒂，不切开），直至秋葵变软。5~8厘米长的秋葵最适合采用上述这些烹饪方法烹饪（如果你想让秋葵将汤汁变稠，将秋葵切成细丝）。

• 秋葵过了最佳使用期会变硬，切时特别费力。这样的秋葵就直接扔了吧。

• 红秋葵烹饪后会变绿。

最适合的烹饪方法

烤秋葵

将处理好的秋葵与橄榄油、盐和胡椒搅拌均匀。将秋葵平铺在一个有边烤盘中，将烤箱预热至230℃，烤15分钟左右，期间可摇晃烤盘，直至秋葵变软且呈棕色。你还可以根据自己的喜好在秋葵上撒一些片状海盐，淋一点儿柠檬汁或青柠汁。

炒秋葵

在一口炒锅中放入1汤匙橄榄油，中高火加热，放入230克处理好的秋葵，并用盐和胡椒调味。炒5分钟左右，直至秋葵变软且呈棕色。最后在秋葵上撒一些片状海盐，淋一点儿柠檬汁或青柠汁。

炒秋葵的时候，还可以放入1/4茶匙孜然粉和/或香草。

烧烤秋葵
配烟熏红椒粉和青柠
2人份

将完整的秋葵放在烤炉上烤，不仅可以为秋葵增添一丝烟熏味，提升秋葵酥脆的口感，还可以保持秋葵易黏稠的特点。将230克去蒂的秋葵中放入1/2个青柠挤出的汁和青柠皮屑、2小撮烟熏红椒粉、碾碎的蒜瓣和1汤匙橄榄油中腌制30分钟~2小时。再加入盐和现磨黑胡椒碎调味（腌制的时候，也可以加一些其他调料，或将秋葵放在橄榄油、盐和胡椒中，搅拌均匀）。将秋葵直接放在烧烤网夹上，或串在烤肉签上，放在烤炉上用中高火烤2分钟左右，直至秋葵变软。将秋葵翻面再烤2~4分钟，直至秋葵变棕色且有淡淡的烧焦痕迹。最后在秋葵上撒一些片状海盐，淋一点儿青柠汁，或蘸枫糖甜辣酸奶酱（见第284页）食用。

咖喱秋葵配芫荽和青柠

咖喱秋葵
配芫荽和青柠

6~8 人份

如果你平时不常用秋葵，会觉得处理秋葵特别麻烦。处理秋葵的确很费功夫，处理不新鲜的秋葵更麻烦。我建议你购买应季的秋葵（最好购买当地新鲜的秋葵），对于这道菜，买到新鲜的秋葵就已经成功了一大步。这道菜的重点就是保留了秋葵的清香、外脆里嫩的口感和带籽吃的口感，味道好极了。做这道菜时，你可以用完整的秋葵，也可以将秋葵切成细丝，再将其与番茄、辣椒、玉米和鹰嘴豆一起放在椰奶里炖。将炖好的菜放在米饭上，在上面撒一些芫荽碎，配青柠块非常好吃。这道菜酸甜可口、口感丰富，我保证你吃过一次后会经常做这道菜。

---

1 罐不加糖的全脂椰奶（375~390 克，椰奶上的乳脂取出，备用）

1 汤匙咖喱粉

1 个小洋葱（切小块）

2 瓣蒜（切末）

1 汤匙姜末（1 片 3 厘米长的姜片，切碎）

1 个黄柿子椒（或红柿子椒；去蒂并掏空籽，切成 0.6 厘米见方的块）

1~2 个墨西哥辣椒（掏空籽后切碎；如果希望菜辣一点儿，留一些籽）

3/4 茶匙盐（多准备一些，用于调味）

1/4 茶匙现磨黑胡椒碎（多准备一些，用于调味）

450 克番茄（去籽后切块）

2 杯熟鹰嘴豆（罐装的也可以）

2 杯新鲜的玉米粒（从 2 根玉米上削下的）

230 克小秋葵（细英，长度不超过 8 厘米，去蒂后保持完整，或切成 0.6 厘米厚的圆片）

1 汤匙鲜榨青柠汁

1/2 杯新鲜的芫荽碎

适量香米饭（配菜吃）

适量青柠块（配菜吃）

---

1. 在荷兰炖锅中倒入椰奶乳脂，中火加热。椰奶乳脂边缘开始冒泡后，放入咖喱粉，加热 1 分钟，直至散发出香味。放入洋葱、蒜末、姜末、柿子椒、墨西哥辣椒碎、3/4 茶匙盐和 1/4 茶匙黑胡椒碎，翻炒 4~6 分钟，直至蔬菜开始变软。

2. 加入一半番茄、鹰嘴豆和椰奶，翻炒。锅盖不要盖严，小火炖 5 分钟，不时搅拌，直至将番茄炖烂且汤汁变稠。

3. 将火调至中高火，放入剩下的番茄、玉米粒、秋葵和青柠汁。锅盖不要盖严炒 3~5 分钟，直至秋葵刚要变软，但还很脆。拌入一半芫荽碎，用盐调味，关火。将咖喱秋葵浇在米饭上，再在上面撒剩下的芫荽碎，配青柠块食用。

   小贴士：在咖喱中放入完整的秋葵，不会使汤汁变黏稠。如果你喜欢小口吃秋葵，喜欢喝较浓稠的汤，可将秋葵切成 0.6 厘米厚的圆片。

洋 葱

洋葱可以让菜肴变得更可口，所以在菜谱中很常见。干洋葱和鲜洋葱、如熊葱和甜洋葱（外皮像纸），都是很好的食材。

最佳食用季节

春季至秋季；全年都可购买到。

最佳拍档

苹果、苹果酒醋、芦笋、意大利香醋、月桂叶、柿子椒、蓝纹奶酪、胡萝卜、芹菜、切达干酪、红辣椒、香葱、肉桂、丁香、奶油、孜然、鸡蛋、茄子、茴香根、无花果、蒜、山羊奶酪、格鲁耶尔奶酪、羽衣甘蓝、蘑菇、豌豆、红葡萄酒醋、根茎类蔬菜、迷迭香、鼠尾草、瑞士甜菜、百里香、番茄和白葡萄酒醋。

品种

西伯里尼洋葱、珍珠洋葱、熊葱、红洋葱、青葱（又名绿洋葱）、红葱、西班牙洋葱、甜洋葱（包括百慕大洋葱、维达利亚洋葱、沃拉沃拉洋葱、毛伊岛洋葱）、白洋葱和黄洋葱。

挑选

优质的洋葱摸起来很结实，与同等大小的洋葱相比比较重；劣质的洋葱是变软、发霉或长了绿芽的。从超市购买的干藏洋葱适用于很多菜肴。不过，如果能买到新鲜的春季或夏季洋葱，就买应季的。

挑选春季洋葱，如青葱或熊葱时，要买头部青绿、球茎无伤的，不要买发黄、变蔫或变干的洋葱。

储存

将洋葱放在阴凉干燥、空气流通较好的地方，这样洋葱可以存放至少1个月。甜洋葱、如维达利亚洋葱等，储存方法和上面提到的方法相同，但是建议你一周内使用。熊葱、青葱和其他春季的新鲜洋葱放在敞口塑料袋中，冷藏可存放1周。

蔬菜的处理

切片
（普通洋葱）

1. 剥掉纸片般的表皮，切掉根部。

2. 将洋葱切成两半，剥掉最里面的皮。

3. 将洋葱放在案板上，根部朝上。将洋葱竖切成片，下刀的间距要一致。按照上述方法将另一半也切好。你也可以将洋葱切面向下放置，切成半月形。

大厨建议

• 洋葱越成熟，刺激性气味就越强，处理时你就越容易被刺激得流泪。

如果你受不了洋葱的气味，在处理前将洋葱冷藏一会儿，再用锋利的刀快速地切。切的时候，将洋葱的切面向下放在案板上。这样做虽说不能完全去除洋葱的刺激性气味，但也有点儿作用。

• 如果你想将生洋葱片或洋葱块的刺激性气味减弱，将切后的洋葱浸入一盆冷水，使用时再捞出并沥干即可。

• 红洋葱味道温和，有点儿甜，熟后颜色会变暗，但味道会变甜。红洋葱也可以生吃，切成细丝或薄片后，放在沙拉中。

• 青葱最好生吃或简单烹制后食用。虽然菜肴中很少用绿色的部分，但这部分却是青葱最有营养的部分（我建议你多用）。你可以像用香草一样用青葱——菜肴做好后撒在上面，或做装饰。

• 红葱的球茎像蒜头。如果你想为菜肴增添一丝洋葱味，可以用红葱——它特别适合放在酱汁或油醋汁中。

• 西班牙洋葱可以与黄洋葱互相替换使用，但是西班牙洋葱的味道更温和，也更甜。

• 熊葱是在春季生长的野葱，像青葱，但是葱叶较宽，有浓郁的蒜和洋葱的混合味道。你可以用熊葱代替韭葱、青葱或洋葱。熊葱烹熟后，味道会变淡，所以熊葱可以像青葱或香草一样用。菜肴做好后，熊葱撒在上面即可。

切块
（普通洋葱）

1. 切下茎的末端和根须。将洋葱切成两半。
2. 将洋葱切面向下按压在案板边缘。用刀水平切洋葱，不要将根部完全切开。
3. 竖直切洋葱，下刀的间距和水平切开时相同。切到根部时也不要完全切开，这样洋葱不会分散开（你也可以根据洋葱的形状从不同的角度切）。
4. 切块时将洋葱按紧，手指关节抵在刀面上，用刀均匀地将洋葱切成块。按照上述方法，将另一半洋葱也切好。

清洗并切片
（青葱）

1. 用冷水冲洗青葱，让流水冲洗到葱叶里面，因为里面容易积聚泥土，再撕下变蔫或破损的外皮。
2. 切下青葱根部。刀与青葱垂直，将葱白切薄圆片，或斜切出椭圆片（椭圆片更好看）。

清洗并切丝
（熊葱）

1. 剥下熊葱的外皮。
2. 用削皮刀切下根须。
3. 用厨师刀切下叶子。
4. 将葱白泡在水中晃动，冲洗干净。叶子单独清

洗，多洗几次。将葱白像切青葱一样切成圆片或椭圆片（见第 221 页）。将叶子堆在一起，切碎（见第 177 页），或将叶子卷起来，切成细丝（见第 116 页）。

剥皮
（西伯里尼洋葱或珍珠洋葱）

　　将洋葱放入沸水焯 1 分钟，再浸入一盆冰水中，使其冷却。用削皮刀将根部底端切下一小片，切时注意保持根部仍相连。用手或削皮刀将洋葱皮剥掉。

最适合的烹饪方法

烧烤洋葱

准备一个甜洋葱、白洋葱、黄洋葱或红洋葱，切掉根部和茎，剥去纸片般的外皮。将洋葱水平切成两半。在根部和茎的切面处滴大量橄榄油，并用盐和黑胡椒碎调味。将洋葱放在烤炉上，中火烤7分钟后翻面，之后每4分钟翻一次面，共烤15分钟，直至洋葱变软且变成均匀的棕色。

烤洋葱

准备一个甜洋葱、白洋葱、黄洋葱或者红洋葱，切掉其根部和茎。将洋葱切成两半，把外皮剥掉，再将每半切成4等份。用大量橄榄油搅拌，使洋葱均匀地裹上橄榄油，并用盐和现磨黑胡椒碎调味（你还可以根据自己的喜好，加一些意大利香醋和/或小枝迷迭香）。将洋葱平铺在一个有边烤盘中，将烤箱预热至200℃，最多烤45分钟，其间不时翻面，直至洋葱变软且变成棕色。

如果烤珍珠洋葱或西伯里尼洋葱，在一个中等大小的盆中，放入剥皮后焯好的珍珠洋葱或西伯里尼洋葱，再放入橄榄油、盐和现磨黑胡椒碎中搅拌。你还可以根据自己的喜好加一些新鲜的迷迭香或百里香碎或小枝百里香。将洋葱平铺在有边烤盘中，将烤箱预热至230℃，烤15~20分钟，不时摇晃烤盘，使洋葱翻面，直至洋葱变软且变成棕色。最后加一些新鲜的迷迭香或百里香碎做装饰。

糖浆珍珠洋葱或西伯里尼洋葱
4人份

在一口中等大小的炒锅中加入1汤匙橄榄油，中火加热。加入剥皮后焯好的珍珠洋葱或西伯里尼洋葱，炒5~7分钟，不时颠锅，直至洋葱开始变成棕色。加入1汤匙意大利香醋、1/2杯蔬菜高汤和1汤匙黄油，并加入盐和现磨黑胡椒碎调味。你还可以根据自己的喜好，加入1/2茶匙迷迭香或百里香碎。将汤汁煮沸后，中火炖12分钟，不时搅拌，直至汤汁变少且洋葱变软。如果你希望洋葱甜一些，炖的时候加1茶匙蜂蜜或红糖。

焦糖化洋葱香醋酱
约2杯

在一口大炒锅中放入1/4杯橄榄油，中高火加热，放入3个切成细丝的洋葱和4小枝新鲜的百里香，炒5分钟左右，直至洋葱开始变色。加入盐和现磨黑胡椒碎调味。将火调至中火炒35~40分钟，不时搅拌，直至洋葱变成金棕色。炒的时候，如果洋葱粘锅，可以加水，至多1/4杯。炒好后，加入1汤匙糖和3汤匙意大利香醋，翻炒。加入1/2杯水，将火调至中高火炖5分钟左右，不时搅拌，直至液体蒸发完、洋葱变软且酱料如果酱一般。将百里香取出、扔掉，加入调料调味。焦糖化洋葱香醋酱可以趁热吃，也可以晾凉后食用。将焦糖化洋葱香醋酱放在密闭容器中，冷藏可存放1周。

腌洋葱

约 2 杯

在一口中等大小的炖锅中加入 1/3 杯苹果酒醋（或白葡萄酒醋）、1 茶匙糖、1/3 杯水和 1/4 杯细海盐，搅拌均匀。中火加热，搅拌使糖溶解。拌入 1 大个切成薄片的红洋葱，炖 3 分钟左右，直至洋葱开始变软。将洋葱放入罐子，汤汁也倒入罐子，使汤汁没过洋葱。静置晾一段时间，不时搅拌；晾凉后密封起来，冷藏可存放 1 周。

你也可以在将洋葱下锅的时候，再加 1 个切成细丝的墨西哥辣椒（掏空籽）和 / 或 1/8 茶匙孜然粉。

熊葱芦笋烩饭

5~6 人份

烩饭可以体现各种应季蔬菜特有的味道。这道烩饭用到了初春的应季蔬菜，是我最爱的一道烩饭。芦笋和熊葱有浓郁的青草香，可以让烩饭的味道更丰富。虽然春天注定会过去，但是这道菜肴的泥土香可以将春天一直留在餐桌上。

1/2 杯淡奶油（选用乳脂较高的）	1/2 杯干白葡萄酒
1 捆熊葱（约 10 根或 230 克，去根须，葱白切薄片，葱叶切碎；见"小贴士"）	1 大捆芦笋（掰掉坚硬的末端，横着切成 0.6 厘米厚的片，笋尖保留）
1/2 茶匙盐（多准备一些，用于调味）	2 汤匙无盐黄油
1/4 茶匙现磨黑胡椒碎（多准备一些，用于调味）	1/2 杯现磨的帕尔玛干酪碎（或罗马诺干酪碎；可多准备一些，撒在菜上）
5 杯自制蔬菜高汤（见第 20~21 页；或 4 杯从商店购买的蔬菜高汤，再加 1 杯水）	2~3 茶匙鲜榨柠檬汁
2 汤匙特级初榨橄榄油	适量新鲜的柠檬皮屑（撒在菜上，可选）
1 个中等大小的黄洋葱（切成 0.6 厘米见方的块）	适量家里最好的特级初榨橄榄油（撒在菜上）
1½ 杯意大利米（或法老小麦）	

1. 在一口小炖锅中放入奶油和熊葱葱白，搅匀，中火加热。将火调至中小火，继续炖 10 分钟左右，直至葱白变软，奶油变稠。加 1 小撮盐和黑胡椒碎调味（奶油熊葱可以提前一天做好。晾至室温后放在密闭容器中冷藏；使用前加热一下即可）。

2. 在一口中等大小的炖锅中放入蔬菜高汤，中小火加热。

3. 在荷兰炖锅或大炒锅中放入橄榄油，中火加热，加入洋葱翻炒 5 分钟左右，直至洋葱开始变软。加入米饭翻炒，再加入 1/2 茶匙盐和 1/4 茶匙黑胡椒碎调味。继续翻炒 1 分钟左右，直至米饭泛油光。倒入葡萄酒继续翻炒，直至葡萄酒蒸发完。

4. 用长柄勺将 1 杯热蔬菜高汤浇在米饭上，翻炒 3~4 分钟，直至高汤几乎被吸收完。继续向米饭中加入高汤，一次加一杯。加入最后一点儿高汤后，放入芦笋翻炒 3~4 分钟，直至芦笋刚刚变软，米饭完全变软且呈奶油状，吃起来仍有嚼劲（整个过程约 25 分钟）。如果你喜欢稀一点儿的烩饭，再加 1 杯蔬菜高汤或水，翻炒至汤水被吸收一部分，将烩饭调到合适的浓稠度。

5. 放入熊葱叶和奶油熊葱，翻炒 1 分钟。再加入黄油、奶酪和 2 茶匙柠檬汁，翻炒，

关火。再加入盐和柠檬汁调味。将烩饭放在一个大碗或小浅盘中，在上面撒上现磨黑胡椒碎、一些奶酪、1 小撮柠檬皮屑，再滴几滴家里最好的特级初榨橄榄油即可。

小贴士：你可以用 2 根大韭葱代替熊葱（韭葱只用葱白和浅绿色部分），韭葱要先纵向切成 4 等份，再切成细丝。韭葱在奶油中炖的时间要长一些，约 15 分钟。

衍生做法

也可以不做奶油熊葱。在这一步加入 2 汤匙无盐黄油和 1/4 杯熊葱坚果意大利青酱（见第 226 页）、蒜薹坚果意大利青酱（见第 226 页）或荨麻核桃意大利青酱。放芦笋的时候，再放 1~1½ 杯速冻或新鲜的豌豆即可。

熊葱坚果意大利青酱

约 1½ 杯

熊葱的味道和蒜的味道一样浓，而且熊葱独特的口味令人终生难忘——独特的口味指一种很香的味道，这味道你只有吃过才知道。这种熊葱坚果意大利青酱就有那种味道。熊葱应季时，你可以一次多做点儿这种酱，冷冻起来即可。

我喜欢用这种酱蘸蒸芦笋（见第 36 页）、拌意大利面或加入熊葱芦笋烩饭（见第 225页 "衍生做法"）。我经常在这种酱刚做好时，就用面包蘸着吃。

像做其他意大利青酱一样，你可以在这种酱中加入任何坚果、优质奶酪、优质橄榄油和 / 或坚果油。熊葱粗细不同，味道也有些差异，所以你需要调整橄榄油、柠檬汁和其他调料的用量。

---

1 捆熊葱（约 10 根或 230 克，根须切去后洗净，粗切；见"小贴士"）

1/2 杯烤核桃仁（或烤碧根果）

1/2 杯现磨帕尔玛干酪碎（或罗马诺干奶酪碎或阿齐亚戈干酪碎）

1 茶匙鲜榨柠檬汁（多准备一些，用于调味）

1/4 茶匙细海盐（多准备一些，用于调味）

1/8 茶匙现磨黑胡椒碎（多准备一些，用于调味）

1/3~1/2 杯特级初榨橄榄油（或核桃油）

在食物料理机或食物搅拌器中加入熊葱、坚果、奶酪、1 茶匙柠檬汁、1/4 茶匙细海盐、1/8 茶匙黑胡椒碎和 1/8 茶匙橄榄油，搅拌成浓稠的酱。必要时多加一些橄榄油，调成合适的浓稠度。最后加入细海盐、黑胡椒碎和柠檬汁调味。

这种青酱放在密闭容器中，冷藏可存放 5 天，冷冻可存放 3 个月。

小贴士：在做熊葱坚果意大利青酱或用其他生蔬菜做酱时，要将蔬菜叶子的主叶脉切掉——

主叶脉太硬，味道太重。如果你不希望酱的味道太重，将较粗的茎扔掉或只用一部分。你也可以用焯熟的熊葱做这种青酱，这种酱的味道比较温和。将熊葱用沸水焯 30 秒（预留一点儿生熊葱），再放入一碗冰水中（防止掉色）。将表面水分沥去，做成青酱，再在青酱中放入生的熊葱调味。

衍生做法

蒜薹坚果意大利青酱：蒜薹虽然有蒜味，但没那么浓郁，比熊葱的味道温和些。你可以用 8~10 根蒜薹代替熊葱。

欧洲防风

人们对欧洲防风的喜爱程度和它本身的价值并不相称，反倒它的"近亲"胡萝卜更受人们的追捧。欧洲防风比较甜，有坚果味和土香，很容易烹饪。

最佳食用季节

晚秋至冬季（晚秋第一次结霜后收获的最甜）。

最佳拍档

杏仁、苹果、意大利香醋、根芹、香葱、肉桂、丁香、咖喱料、姜、蜂蜜、辣根酱、韭葱、枫糖浆、肉豆蔻、欧芹、碧根果、梨、土豆、迷迭香、芜菁甘蓝、红葱、红薯、百里香、芜菁、核桃仁和南瓜。

挑选

要购买小的或中等大小的欧洲防风。根部要结实，皮要光滑，无瑕疵，也无须根。不要购买根部变蔫或开始长芽的欧洲防风：这种欧洲防风的芯已经糠了。

储存

将未清洗、未处理的欧洲防风放在铺了厨房纸巾的大塑料袋中，防止水分流失。欧洲防风冷藏可存放2周。

蔬菜的处理

　　如果欧洲防风不是很新鲜（见"大厨建议"），那么你要像给胡萝卜去皮一样给欧洲防风去皮。如果欧洲防风的芯已经糠了，要去掉。你可以像处理其他圆锥形蔬菜（见第 12 页）一样处理欧洲防风。

切除糠芯

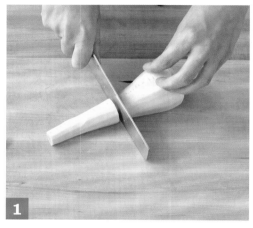

1.将欧洲防风的根部横着切成 2~3 段。

2.每段纵向切成 4 份。如果芯已经糠了，去掉。

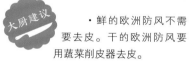

・鲜的欧洲防风不需要去皮。干的欧洲防风要用蔬菜削皮器去皮。

・欧洲防风的皮和切掉的部分可用于做高汤。

・欧洲防风熟得很快。注意，不要烹饪过度，否则欧洲防风的口感会像蔬菜泥的一样。我一般喜欢蒸或烤着吃。

最适合的烹饪方法

蒸欧洲防风

　　将欧洲防风切成 1 厘米宽的长条（如果萝卜芯已经糠了，切掉）。在一口锅中放入可折叠蒸笼，注入足量的水。大火将水煮沸，将欧洲防风薄薄地平铺在蒸笼内。盖上锅盖，蒸 6~10 分钟，至欧洲防风刚刚变软（如果想做欧洲防风泥，蒸至少 15 分钟，直至完全变软）。将欧洲防风、橄榄油或黄油、盐、现磨黑胡椒碎和新鲜的香葱碎拌匀后即可食用。

欧洲防风泥

　　欧洲防风需蒸至少 15 分钟（或用盐水煮）才能完全变软，用叉子可以轻松插入其中。将蒸好的欧洲防风放入食物料理机，再加一点儿黄油或橄榄油、蔬菜高汤、奶或奶油，将混合物搅拌成合适浓稠度的蔬菜泥。最后用盐和现磨黑胡椒碎调味，并将欧洲防风泥搅拌至如奶油般顺滑。

欧洲防风酸奶酱
3 杯

　　用四面刨的大孔将 2 根中等大小的欧洲防风（约 300 克）刨碎（或者用食物料理机的刀片刨丝），放入一个大碗。向碗中加入 1½ 杯原味希腊酸奶、一块 5 厘米长的鲜姜（去皮后用蔬果刨刨碎）和 1/3 杯烤核桃仁碎。搅拌均匀后将 2 汤匙蜂蜜滴在混合物上。拌入 6~7 个椰枣（去核后剁碎）和 2 汤匙鲜榨柠檬汁或青柠汁，搅拌均匀，再加入至多 1/2 杯原味希腊酸奶，调出合适的浓稠度。用盐和现磨黑胡椒碎调味，如有需要，可多加一些柠檬汁。最后拌入 2 茶匙新鲜的薄荷碎。欧洲防风酸奶酱放入密闭容器中冷藏至少 4 小时，至多 4 天，使其入味。

蜂蜜黄油欧洲防风和胡萝卜配迷迭香和百里香
4 人份

　　准备 450 克欧洲防风，如果皮很干，要去皮，将欧洲防风斜切成 5 厘米长的条。准备 450 克胡萝卜，也斜切成 5 厘米长的条。在一个大盆中将欧洲防风、胡萝卜、1 茶匙新鲜的迷迭香碎、1 茶匙新鲜百里香碎和 2 汤匙特级初榨橄榄油混合搅拌。多撒一些细海盐和现磨黑胡椒碎，搅拌均匀。将蔬菜平铺在一个有边烤盘中，将烤箱预热至 200℃，烤 20 分钟。每 8 分钟摇晃一下烤盘或搅拌一下蔬菜，直至蔬菜变软且均匀焦糖化。同时，在一个小碗中放入 2 汤匙熔化的无盐黄油、1 汤匙蜂蜜和 1 茶匙鲜榨柠檬汁，拌匀。烤 20 分钟后，将烤盘从烤箱中取出，在蔬菜上倒入黄油混合物。搅拌均匀后将烤盘重新放入烤箱，再烤 10 分钟，直至欧洲防风和胡萝卜变软且边缘变成金黄色。装盘，用盐和现磨黑胡椒碎调味。

蔬菜夹心蛋糕

8~10 人份

这 种蛋糕是香料蛋糕发展的一个新阶段。它不仅有欧洲防风和鲜姜的味道，还用到了甜甜的、有坚果香的褐化黄油奶酪霜。这种蛋糕中，各种食材搭配得很和谐。你可以将这种蛋糕做成分层生日蛋糕，即在每层中间和最上面涂一层奶酪霜，也可以做成纸杯蛋糕或单层大蛋糕（见"小贴士"）。

适量无盐黄油（室温放置，涂在蛋糕模具上）

2 杯普通面粉（多准备一些，涂在蛋糕模具上）

1 杯葡萄籽油（或芥花籽油；见"小贴士"）

3 杯欧洲防风（约 570 克，去皮、刨片）

4 厘米长的鲜姜块（30~35 克，用蔬果刨去皮后刨碎）

1 汤匙姜粉

1 汤匙肉桂粉

1 茶匙肉豆蔻粉

1/2 茶匙多香果粉

1½ 杯糖

3 茶匙泡打粉

3/4 茶匙细海盐

4 个大鸡蛋

3/4 杯低脂或全脂牛奶

1 汤匙香草精

1/2 杯烤碧根果碎（或烤核桃仁碎；见第 19 页）

适量褐化黄油奶酪霜（做法见文后）

---

1. 将烤箱预热至 180℃。用黄油和面粉涂抹 2 个 9 寸（23 厘米）蛋糕模具的内壁和底部，在蛋糕模具底部铺一层圆形烘焙油纸。

2. 在一口大炒锅中倒入 1/4 杯油，中火加热。油热但还没冒烟时，加入欧洲防风和鲜姜，翻炒 7~10 分钟，直至欧洲防风变软且炒出香味。关火，将欧洲防风倒出，晾凉。

3. 同时，在一个大碗中将姜粉、肉桂粉、肉豆蔻粉和多香果粉混合搅拌。再加入 2 杯面粉、糖、泡打粉和细海盐，搅拌均匀。

4. 在一个小碗中放入剩下的 3/4 杯油、鸡蛋、牛奶和香草精，搅拌均匀。

5. 将第 4 步中的食材加入第 3 步的碗中，拌匀。再加入第 2 步中的欧洲防风混合物和坚果，拌匀。

6. 将面糊平均放入 2 个蛋糕模具，烘烤 30~35 分钟，直至蛋糕顶部变成金黄色；你也可以用牙签插入蛋糕，如果牙签拔出来是干净的，则表明蛋糕烤好了。

7. 将蛋糕放在冷却架上静置 10 分钟，晾一会儿。用刀插入蛋糕和模具间，沿着蛋糕边缘划一圈，使蛋糕与模具分离。将模具倒扣在冷却架上，静置一会儿，使蛋糕脱模。拿走蛋糕模具和烘焙油纸，将蛋糕完全晾凉。

8. 将一块蛋糕顶部朝上放在蛋糕盘上。将

1/3 的奶酪霜放在蛋糕顶部，并用刮刀（或黄油刀）将奶酪霜涂抹均匀。将另一块蛋糕顶部朝下放在第一块蛋糕上，将剩余的奶酪霜放在第二块蛋糕上（奶酪霜可以少放一些，够涂蛋糕上部即可），并将蛋糕顶部和周围涂匀（或只涂蛋糕上部）。

小贴士：我一般只涂蛋糕上部，蛋糕四周不涂。蛋糕上和两层蛋糕间我会放很多奶酪霜，这样，欧洲防风的味道会更好。不过，你也可以在蛋糕四周涂一层奶酪霜。不管采用哪一种方法，奶酪霜都够用。

如果你想做低脂蛋糕，将菜谱中的1/2杯油换成3/4杯无糖苹果酱。

如果你想做4层蛋糕，也要用2个蛋糕模具做蛋糕。蛋糕烤好、晾凉后，用锯齿刀沿水平方向一分为二。这样，奶酪霜的用量要加倍。每层蛋糕上都涂抹一点儿奶酪霜。

褐化黄油奶酪霜

约 2½ 杯

12汤匙无盐黄油（1½块）

4~4½杯糖粉

2茶匙香草精

3~6汤匙牛奶（或温水；多准备一些，调奶酪霜的浓稠度）

1. 在一口中等大小的炖锅中加入无盐黄油，中火加热 8~10 分钟，直至黄油熔化且变成黄棕色。

2. 同时，将 4 杯糖粉过筛，放入一个中等大小的碗（或厨师机）中。

3. 将褐化黄油和香草精加入糖粉，用电动打蛋器（或厨师机）低速打匀。再加入 3 汤匙或更多牛奶，调成合适的浓稠度，接着中低速搅拌 3 分钟，将黄油打发。如果加的牛奶太多，打发的奶油很稀薄，再加些糖粉，一次加一点儿，以调成合适的浓稠度。奶酪霜先晾晾，再涂抹在蛋糕上。

4. 将奶酪霜放入密闭容器中，冷藏可存放 1 周。奶酪霜使用前要恢复至室温，必要时可加些奶或温水稀释。

豌 豆

春季的豌豆又嫩又甜，呈翠绿色，有草香，值得细细品尝——和罐装豌豆的味道完全不同。硬壳豌豆，即从豆荚中剥出的圆球形豆子，在应季的时候要趁新鲜时使用，因为那时候的豌豆最好吃。豌豆在收获后糖分会转变为淀粉，所以对豌豆来说，时间很重要。

食荚豌豆，如荷兰豆和甜脆豌豆，不管是豆荚还是豆，都可以食用。食荚豌豆虽可以存放一段时间，但你最好购买应季的食荚豌豆，并尽快使用。

最佳食用季节

春季。

品种

硬壳豌豆（包括英国豌豆）、荷兰豆和甜脆豌豆。

挑选

优质的豌豆豆荚呈鲜绿色，豆子水分充足；劣质的豌豆是干瘪的。

最佳拍档

洋蓟、芦笋、蓝纹奶酪、细叶香芹、香葱、芫荽、奶油、蚕豆、姜、青蒜、韭葱、柠檬、薄荷、荨麻、洋葱、欧芹、土豆、熊葱、青葱、芝麻、野菠菜、龙蒿和香油。

储存

将新鲜的豌豆放入敞口塑料袋中冷藏。冷藏时间尽量短，最好只冷藏几天，否则豌豆的味道和口感会变差（虽说冷藏可存放 1 周）。

蔬菜的处理

剥豆子

1.择去甜豌豆两端，撕下豆筋。

2.打开豆荚，将豆子取出。

去豆筋

　　许多豌豆没有豆筋。处理有豆筋的豌豆时，将豆筋从一头向另一头撕掉，再将两端择掉；或借助削皮刀去豆筋。成熟的豆荚两侧都有豆筋。切茎时，直接将两边的豆筋一起扯掉。

大厨建议

　　·从刚收获的豌豆中剥出的豆子质量最好，冷冻豌豆其次。烹制冷冻豌豆时，建议烹制的时间比包装袋上建议的时间短一些。因为冷冻豌豆在包装前就已经焯熟了，所以加热即可。

　　·荷兰和甜脆豌豆特别适合放在生蔬菜拼盘中。豆荚和豆子可以生吃，也可以焯一下，焯后的豆子更甜。

　　·有些豌豆瓣变干后会裂开。干豌豆瓣适合做汤，或煮熟后和红葱、高质量的橄榄油一起搅拌成蔬菜泥。

　　·豌豆苗是甜豌豆的幼嫩茎叶，很脆，有草香，在农贸市场一般都可以买到。豌豆苗可以为沙拉、菜肉煎蛋饼、炒菜和奶酪脆面包片增添甜脆爽口的味道。

最适合的烹饪方法

焯甜脆豌豆或荷兰豆

将带荚的豆子放入一大锅沸盐水中，焯 1~2 分钟，使豆子微熟但仍脆爽。将豆子放入一个大碗中，晾至室温后食用，也可以加一些盐和现磨黑胡椒碎调味。你可以直接吃，也可以滴几滴橄榄油或香油，并撒一些芝麻。

如果你想吃冷豌豆，或将豌豆与其他食材一起做一道菜，先将豌豆焯一下，再迅速放入一碗冰水中冷却，接着沥去表面水分，并平铺在一块毛巾上吸去多余的水分。

焯硬壳豌豆

将去荚的豌豆放入一锅沸盐水中，焯 30 秒左右，使豆子变为鲜亮的绿色。

如果想趁热吃，将焯好的热豌豆放在一个大碗中，再拌入黄油或香草黄油（见第 178 页），并用盐和现磨黑胡椒碎调味。如果想晾凉后吃或做成菜，焯好后迅速放入一碗冰水中冷却，随后沥去表面水分，并平铺在一块毛巾上吸去多余的水分。

做硬壳豌豆泥

先将豌豆焯熟（见上文），焯的时间为 5~8 分钟，豆子要煮软。预留 1/4 杯煮豆水，将温热的豌豆放入食物料理机，加一点儿黄油或橄榄油、盐和现磨黑胡椒碎。用食物料理机将食材打碎，做成浓稠顺滑的豌豆泥。可以加一些煮豆水，一次加一汤匙，以调成合适的浓稠度。最后加入新鲜的薄荷、罗勒、龙蒿、西芹或香葱碎。

炒硬壳豌豆

将新鲜的豌豆放入一口炒锅中，注入足量的水（不要超过 1/4 杯），使水没过锅底。不盖锅盖，中高火加热，直至水几乎蒸发完，待豌豆颜色鲜亮且既嫩又脆。关火，加入一小块黄油，搅拌豌豆使黄油熔化。加入盐和胡椒调味，最后加入新鲜的薄荷碎（或其他香草碎）。

加黄油的时候可以再加一些青葱丝。

炒豌豆苗

先去掉豌豆苗的根部。在一口大炒锅中加入一点儿油，中高火加热。向锅中加入蒜末和红辣椒碎（还可以加一些去皮后的鲜姜末），翻炒 30~60 秒，炒出香味。加入豌豆苗翻炒，并加一点儿水或蔬菜高汤炖一会儿。不盖锅盖，炒 1~2 分钟，直至豌豆苗变软。炒蔬菜时，你也可以加一些豌豆苗。

豌豆芦笋牛油果沙拉
配萝卜油醋汁

4 人份

你可以用萝卜做荧光粉色的辛辣味油醋汁。这种油醋汁特别惊艳，我每次做的时候都会感叹造物主的神奇和伟大。这道沙拉中的甜脆豌豆、芦笋、牛油果和罗勒虽然都是绿色，但颜色略有不同，非常有趣。这道沙拉的颜色新鲜明快，很适合在温暖的春日食用。

如果你不想将沙拉一次性全部吃完，将牛油果只加入你吃的那部分沙拉即可。不放牛油果的沙拉放在密闭容器中，冷藏可存放 3 天。

---

1 捆芦笋（去除坚硬的末端，斜切成 3 厘米长的段，笋尖保留）

1 汤匙特级初榨橄榄油

1/4 茶匙细海盐（多准备一些，用于调味）

1/8 茶匙现磨黑胡椒碎（多准备一些，用于调味）

230 克甜脆豌豆（除去两端，斜着切成 3 段）

2 根青葱（斜切成圈）

3 个萝卜（用蔬果刨刨成薄片）

萝卜油醋汁（做法见文后）

1 棵牛油果（去核并切块）

1/2 杯新鲜的手撕罗勒（或 1/4 杯新鲜的薄荷丝）

1/2 杯现磨的盐渍乳清奶酪碎（或菲达奶酪碎；约 60 克，多准备一些，用于调味）

---

1. 将烤箱预热至 200℃，在烤盘上铺一层烘焙油纸。

2. 将芦笋放在一个大碗中，拌入橄榄油、1/4 茶匙细海盐和 1/8 茶匙黑胡椒碎。将芦笋平铺在烤盘上，用烤箱烤 8 分钟左右，直至芦笋变软、外脆里嫩且呈金黄色。

3. 将温热的芦笋放回碗中，拌入甜脆豌豆、青葱丝、3/4 萝卜片和一半萝卜油醋汁。再拌入牛油果、罗勒叶和奶酪，加一些油醋汁、细海盐和黑胡椒碎调味。最后在沙拉上放一些奶酪和剩余的萝卜片。

小贴士：芦笋可以烤一下，烟熏味和烧焦味与这道沙拉也很搭，见第 36 页。

萝卜油醋汁

约 1 杯

1 杯红萝卜（5~6 个，处理干净后切成两半）

2 汤匙红葡萄酒醋

3 汤匙特级初榨橄榄油

2 茶匙蜂蜜

1/2 茶匙第戎芥末

1/4 茶匙细海盐（多准备一些，用于调味）

1/8 茶匙现磨黑胡椒碎（多准备一些，用于调味）

在食物料理机中放入萝卜、红葡萄酒醋、橄榄油、蜂蜜、第戎芥末、1/4 茶匙细海盐和 1/8 茶匙黑胡椒碎，搅拌均匀，但萝卜仍呈颗粒状。萝卜油醋汁可以提前 1 天做好。萝卜油醋汁做好后，放入密闭容器中冷藏起来。

辣　椒

仲夏至中秋时节，市场上满眼都是橙、黄、红、紫、浅绿、翠绿甚至棕色的辣椒。辣椒虽然品种很多，但是一般分为两大类，即甜椒和辣椒（辣度从微辣至超辣）。

最佳食用季节

入秋时。

最佳拍档

牛油果、杏仁、意大利香醋、罗勒、黑豆、小麦片、花椰菜、奶酪、芫荽、古斯古斯面、孜然、鸡蛋、茄子、菲达奶酪、蒜、山羊奶酪、柠檬、青柠、墨角兰、薄荷、马苏里拉奶酪、橄榄、洋葱、牛至、欧芹、松子、土豆、红葡萄酒醋、大米、青葱、西葫芦、南瓜、红薯、番茄、黏果酸浆、核桃仁和白葡萄酒醋。

品种

香蕉甜椒、柿子椒（甜）、吉卜赛辣椒（甜）、哈瓦那辣椒（超级辣）、匈牙利蜡辣椒（中辣）、墨西哥辣椒（辣，可以做辣椒粉或烟熏辣椒粉，烟熏干燥后被称为烟熏辣椒）、帕德龙辣椒（微辣，有的较辣）、巴西拉辣椒（中辣）、波布拉诺辣椒（中辣）、日式甜椒（味道温和，有的较辣）、泽拉诺辣椒（辣）、意大利甜椒和泰国辣椒（超辣）。

挑选

优质的辣椒表面光滑且结实，颜色鲜亮。购买时尽量购买同等大小的辣椒中比较重的，不要买起皱、变蔫或有碰伤的辣椒。

储存

未清洗的辣椒放在敞口塑料袋中，冷藏可存放 1~2 周。

蔬菜的处理

切条或丁
（圆辣椒）

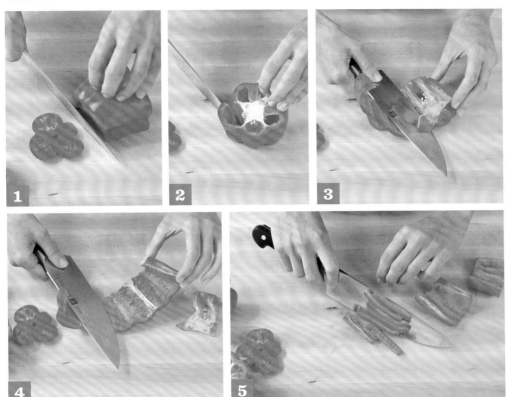

1. 切下辣椒的蒂部，再切下底部，切下的厚度不要大于凹陷的深度。
2. 将辣椒竖直放在案板上，底部的平面向下，竖直切一刀。
3. 将辣椒放在案板上，辣椒皮向下。将刀与案板平行，沿着辣椒内壁将辣椒瓤和辣椒籽切下。再用刀刮去残留的辣椒籽和辣椒瓤。
4. 你也可以将辣椒竖着放，用削皮刀竖直切下辣椒瓤，边切边旋转辣椒。再将辣椒平铺在案板上，将剩余的辣椒瓤和辣椒籽刮下。
5. 你可以将辣椒切成长条，或将辣椒条放在一起后切丁。你也可以将辣椒底部切下后直接切辣椒（将辣椒放在案板上时，皮贴着案板更容易切）。

切条或丁
（尖辣椒）

1. 切辣的辣椒时，要戴上手套。用削皮刀将辣椒蒂切下。
2. 将辣椒纵向切成两半。
3. 沿着辣椒内壁将辣椒籽和辣椒瓤切掉。

4. 将辣椒纵向切成均匀的长条。
5. 如果想切丁，将长条放在一起横着切，切出大小均匀的丁。

大厨建议

• 绿柿子椒是红色、黄色和橙色柿子椒未完全熟时的状态，味道不浓烈，可能还有点儿苦味，我一般不用绿柿子椒。绿柿子椒成熟后，会根据品种变成不同颜色的柿子椒。

• 紫柿子椒颜色鲜艳，但一般也是未成熟的。紫柿子椒和绿柿子椒一样，也有点儿苦味（紫柿子椒烹饪后会变成暗绿色）。如果你想吃紫柿子椒，就挑已经成熟的、深紫色的，这样的紫柿子椒会甜一些。

• 辣椒最辣的部分是辣椒瓤和辣椒籽，你可以将其扔掉，或只用一部分，减轻辣度。

• 中辣的辣椒的皮比甜椒的薄一些，适合填充馅料后煎或烘烤。注意，即使味道很温和的辣椒，辣度也因品种不同而不同。

• 帕德龙辣椒和日式甜椒较温和，有时不经意间你也会吃到辣的。这让喜欢吃辣椒的人感觉乐趣倍增。

最适合的烹饪方法

烤辣椒

将辣椒放在有边烤盘中，将烤箱预热230℃，烤 25~40 分钟，直至辣椒微微变软、部分变黑且起泡。在烘烤过程中，每 10 分钟用夹子翻一次面。

炙烤辣椒

将辣椒放在有边烤盘中，放在烤箱最上层，上火烤 6~10 分钟，在烘烤过程中，用夹子翻面，直至辣椒完全变黑和起泡。

用炉灶或烤炉烤辣椒

如果你使用煤气灶烤，将煤气灶调至中高火，将辣椒放在火上烤 6 分钟左右。在烘烤过程中用夹子小心将辣椒翻面，并转动辣椒，使辣椒表面大部分变黑并开始脱皮（你也可以在户外用明火烤，不过在烧烤过程中要紧盯着辣椒）。如果你用户外烤炉烤，中高火烤 10~12 分钟，期间将辣椒翻面，直至辣椒微微变软且表面均匀变焦。

将烤软、烤黑的辣椒放在碗中，用保鲜膜将碗密封好，这样可以让表皮松动。静置 10 分钟后揭掉保鲜膜。辣椒晾凉后用手将辣椒皮剥掉，掏出辣椒瓤，将辣椒撕开，平铺在案板上。用削皮刀将辣椒籽刮掉，将辣椒切条或根据菜谱的具体要求切。

🫑 煎帕德龙辣椒或日式甜椒
2~4 人份

在一口炒锅中加入 1 汤匙特级初榨橄榄油，大火加热。向锅中放入 230 克帕德龙辣椒或日式甜椒（完全擦干），不时翻炒 3~5 分钟，使辣椒均匀裹上油且局部变成棕色并开始起泡。在辣椒上挤 1/2 个柠檬的汁后快速将辣椒放在盘子上。在辣椒上撒大量粗粒或片状海盐，或拌入 1 勺法式酸奶油和新鲜的香葱碎。请趁热食用。

夏末蔬菜杂烩
配帕尔玛干酪燕麦碎

4~6 人份

在夏末时，可以做蔬菜杂烩的蔬菜特别多，如茄子、西葫芦、番茄和柿子椒。我将这些蔬菜做好后，再上面放些帕尔玛干酪和燕麦脆皮，一起烤。到了 9 月末，奶油南瓜渐渐增多，我会在蔬菜杂烩中再放一些奶油南瓜，放了奶油南瓜的蔬菜杂烩别有一番风味。你可以称这道菜为脆皮酥、蔬菜派或任何名字……只要别叫它砂锅菜就行（虽然看起来和砂锅菜有点儿像）。这道菜味道极佳，配得上更好的名字。

酥皮原料

2/3 杯传统燕麦片

3/4 杯未漂白的中筋面粉

1/2 杯现磨的帕尔玛干酪碎（多准备 1/4 杯，最后用）

2 茶匙新鲜的百里香叶（剁碎）

1/2 茶匙细海盐

1/8 茶匙现磨黑胡椒碎

6 汤匙冷藏无盐黄油（3/4 块）

1 汤匙鲜榨柠檬汁

1 汤匙第戎芥末

蔬菜杂烩原料

1/4 杯特级初榨橄榄油

1 个大紫洋葱（或黄洋葱；切块）

2 大瓣蒜（切末）

1 个红柿子椒（去茎、去籽，切块）

1 个小奶油南瓜（约 680 克，去皮、去籽，切成 1 厘米见方的块；见"小贴士"）

适量细海盐

2 汤匙番茄酱

1 个中等大小的茄子（切成 1 厘米见方的块）

1 个中等大小的西葫芦（切成 1 厘米见方的块）

适量现磨黑胡椒碎

1/2 杯蔬菜高汤（见第 20~21 页；或水）

2 个大番茄（去籽、切块）

2 茶匙新鲜的百里香碎

1 汤匙红葡萄酒醋

1/2 杯松散的新鲜罗勒（剁碎）

新鲜的平叶欧芹碎（最后用）

1. 将烤箱预热至 200℃。

2. 做酥皮：在一个碗中将燕麦片、面粉、帕尔玛干酪碎、百里香叶、细海盐和黑胡椒碎搅拌均匀。用四面刨的大孔将黄油刨入碗中，加入柠檬汁和第戎芥末。用手将黄油弄碎，再将面粉、黄油以及其他原料拌匀。用保鲜膜将碗密封后，冷藏 30 分钟左右或提前 1 天做好。

3. 做蔬菜杂烩：在荷兰炖锅中加入橄榄油，中高火加热。在锅中放入洋葱、蒜末和柿子椒，不断翻炒 3 分钟，直至蔬菜开始变软。拌入奶油南瓜和 1/2 茶匙细海盐，翻炒 5 分钟左右，直至奶油南瓜微微变软。再放入番茄酱、茄子、西葫芦、1/2 茶匙细海盐和 1/4 茶匙黑胡椒碎，翻炒 5 分钟左右，直至蔬菜微微变软（烹饪时如果蔬菜粘锅，倒入一半蔬菜高汤）。

4. 放入蔬菜高汤、番茄、百里香和 1/4 茶匙细海盐，翻炒 1 分钟，使其混合均匀。再加入红葡萄酒醋和罗勒叶翻炒，并用细海盐和黑胡椒碎调味。将蔬菜杂烩放在碗、砂锅或规格为 23 厘米×33 厘米的烤盘中。

5. 将做酥皮的食材从冰箱中取出，撒在蔬菜杂烩上，并撒上剩下的 1/4 杯帕尔玛干酪碎。

6. 烤 25 分钟左右，直至酥皮微微变成棕色且边缘起泡。也可以多烤 2 分钟，使酥皮和帕尔玛干酪变成深棕色。最后用欧芹碎做装饰。请趁热食用。

小贴士：如果你想做一道经典的蔬菜杂烩，可以用 2 个中等大小的西葫芦代替奶油南瓜。

开放式三明治配腌辣椒奶酪（见第 244 页）或腌蒜香番茄（见第 297 页）

开放式三明治
配腌辣椒奶酪

6 份

这种开放式三明治上放的辣椒比在任何商店买的罐装辣椒都好吃。将微辣的甜椒在平底锅中用大火煎过后，味道和用火烤的辣椒的味道很相似。将辣椒放入醋、油、蒜和新鲜的罗勒中腌制，再将腌好的辣椒放在涂了山羊奶酪的脆面包片上（最好再配一些腌蒜香番茄，见第 297 页）。将腌辣椒放在比萨上或沙拉中也很好吃，也可以将其和橄榄、奶酪和生蔬菜放一起，做成拼盘。

如果做法式三明治，你可以用法国球形面包；如果想做适口大小的蔻丝提尼（一种意大利开胃菜，特别配鸡尾酒），最好用 20 片法棍切片。

---

2 汤匙加 1/2 杯特级初榨橄榄油

2 个红柿子椒（去茎、去籽，切成 0.3 厘米宽的细条）

1 个波布拉诺椒（去茎、去籽，切成 0.3 厘米宽的细条）

1/2 茶匙细海盐

1/2 杯意大利白香醋（或白葡萄酒醋或红葡萄酒醋）

2 瓣蒜（切薄片）

1/2 茶匙糖

1/8 茶匙现磨黑胡椒碎

1/2 杯松散的罗勒叶（切细丝）

6 大片脆面包片（见第 20 页）

250 克新做的山羊奶酪（或意大利乳清奶酪）

适量片状海盐

1/4 杯烤松子（可选）

---

1. 在一口大平底锅中倒入 2 汤匙橄榄油，大火加热。在锅中放入辣椒和 1/4 茶匙细海盐，翻炒 7~10 分钟，直至辣椒完全变软、边缘开始发黑。关火。

2. 在一个大广口瓶中放入醋、蒜、糖、1/4 茶匙细海盐和黑胡椒碎，搅拌均匀。将温热的辣椒放入瓶中搅拌，使辣椒均匀裹上酱汁。静置 30 分钟后，向瓶中加入剩下的 1/2 杯橄榄油和一半的罗勒叶，搅匀后再静置 30 分钟即可食用。也可以盖上瓶盖，冷藏一晚上，使其更入味。将辣椒放在密闭容器中，冷藏可储存 1 周。

3. 做这道三明治前，将腌辣椒静置至室温。在脆面包片上均匀抹一层奶酪，在上面放几勺腌辣椒和剩余的罗勒叶，还可以撒一些片状海盐和烤松子。

小贴士：你可以用其他品种的甜椒代替波布拉诺椒。

土豆

土豆既可以用烤箱烤后作为填充馅料，也可以在室外用烤炉烤或煮熟后涂上黄油，还可以做成土豆泥——土豆的烹饪方法多种多样。正因为如此，很多菜中都会放土豆。土豆虽然品种很多，但一般按照所含的淀粉量分类。土豆中的淀粉会影响口感，所以各种土豆的做法也不尽相同。

最佳食用季节

夏季至初冬。

品种

高淀粉土豆（低水分土豆，包括赤褐色土豆、爱达荷土豆、烘焙土豆）、中淀粉土豆（包括育空黄金土豆、芬恩黄土豆、大部分紫皮或白皮土豆和一些小土豆）和低淀粉土豆（高水分土豆，包括新土豆、大部分小土豆和红皮土豆）。

最佳拍档

洋蓟、罗勒、卷心菜、切达干酪、细叶香芹、芫荽、奶油、法式酸奶油、蒜、山羊奶酪、四季豆、绿叶蔬菜、格鲁耶尔奶酪、辣根酱、皱叶甘蓝、韭葱、柠檬、青柠、薄荷、芥末、橄榄、洋葱、欧芹、南瓜子、辣椒、萝卜、根茎类蔬菜、迷迭香、鼠尾草、青葱、红葱、野菠菜、酸奶油、红薯、百里香、番茄和醋。

挑选

优质的土豆肉结实，皮光滑，不皱缩、无绿斑，也没发芽。

储存

新土豆和其他薄皮土豆最好购买后3日内使用。你可以将土豆放在阴凉通风的地方保存（土豆在温暖潮湿的环境中会发芽）；将土豆放入纸袋，将纸袋口折起来，这样阳光不会照射到土豆上；也可以将土豆放在麻布袋或盆中，但是不要冷藏。

蔬菜的处理

将土豆清洗干净（见"大厨建议"）后，你可以像处理其他圆柱形或圆形蔬菜（分别见第 13 页和第 15 页）一样处理土豆。

切条

1. 在土豆一侧切下一片，将切面向下放在案板上。用刀切出厚度均匀的片。

2. 将土豆片叠在一起，切成宽度合适的条。

切薄片或楔形片

1. 将土豆纵向切成两半。
2. 将土豆切面向下放在案板上。
3. 用厨师刀将土豆切成均匀的薄片。将另一半也切好。如果想切成楔形片，顺着土豆的形状下刀，这样切出的土豆片一边薄一边厚。切到土豆的中部时，转动土豆，接着切未切的一侧。

大厨建议

· 请尽量购买有机土豆，尤其你想连皮一起吃时。土豆中农药的含量一般很高，即便清洗干净，也会残留大量的农药。

· 清洗土豆时，用水冲洗，并擦洗土豆皮，再浸泡一段时间，最后擦干。如果菜谱要求去皮，就去皮。

· 土豆上的绿斑一定要切掉（有时去皮后才能看到绿斑）。绿斑中含有一种毒素，叫茄碱。大量食用茄碱，会对人体造成损伤。土豆芽很苦，也要切掉。

· 去皮的土豆氧化得很快。你可以将去皮的土豆放入柠檬水（见第25页）中。如果土豆去皮后很长时间才烹制，将盛有柠檬水的容器盖上，并冷藏起来。土豆在使用前沥去表面水分，再擦干；如果你准备煮土豆，就没必要沥干了。

最适合的烹饪方法

烤土豆

最常见的烤土豆用的是赤褐色土豆。擦洗土豆，沥干后，用勺子在土豆上划几个口子。在土豆表面刷一层油，并用大量的盐调味。将放有土豆的烤盘放在烤箱中层，将烤箱预热至 180℃，烤 60~75 分钟，烤至土豆变软，用削皮刀可轻易插入（削皮刀可以轻易戳透）。将土豆取出，并在表皮切一个 X 形开口，在开口四周向里按，让土豆皮裂开，便于食用。

做土豆泥

将高淀粉或中淀粉土豆去皮后，切成 5 厘米见方的块。将土豆放在锅中，并注入足量的冷水，使水面高于土豆 3 厘米。加入少量的盐调味。水煮沸后将火调小，煮 20 分钟左右，直至土豆完全变软。将土豆取出，沥去表面水分后重新放入锅中，碾成泥（你可以用压泥器或碾磨器，但是不要用食物料理机），并在土豆泥中加入足量的奶和/或奶油，以调出合适的浓稠度。最后加入一块黄油，拌开，并用盐和现磨黑胡椒碎调味。

蒸土豆

小的低淀粉土豆或中淀粉土豆（特别是新土豆）特别适合蒸着吃。在一口大锅中放入可折叠蒸笼，并注入足量的水。大火将水煮沸，将土豆放入蒸笼，盖上锅盖蒸 15~20 分钟，期间可向锅中加水，蒸至土豆微微变软。在蒸好的土豆中加入家里最好的特级初榨橄榄油或黄油、片状海盐、现磨黑胡椒碎和新鲜香葱、细叶香芹或欧芹碎，并拌匀。

🍎 香酥小土豆
4 人份

将 680 克小土豆擦洗表皮，冲洗干净。将小土豆和 2 瓣碾碎的蒜放入一口大炖锅中，并注入足量水，使水面没过土豆。加入 2 汤匙细海盐，盖上锅盖大火将水煮沸。揭开锅盖，将火调小，继续煮 8~10 分钟，直至土豆微微变软。用滤锅将土豆表面水分沥去后，静置一段时间晾凉。将土豆中的蒜扔掉，并将土豆斜切成两半（特别小的不用切开）。在一口煎锅中用中高火加热 2 汤匙特级初榨橄榄油，将土豆在锅底平铺开，煎 2 分钟，不用翻动，至土豆微微变成棕色。加入 1 茶匙新鲜的百里香碎和 1 茶匙新鲜的迷迭香碎，颠锅，将土豆的另一面也煎一下，不要翻动，直至土豆变得金黄酥脆。最后用片状海盐和现磨黑胡椒碎调味。此时便可趁热食用了。

土豆沙拉
配莳萝和薄荷

6~8 人份

这道沙拉清新明快，是一道不可多得的有奶油香的土豆沙拉。我是在地中海的船上偶然学会这道菜的。我当时吃这道菜时，感觉碧蓝澄澈的大海都失去了颜色，更不用说烟熏烤茄子、鹰嘴豆泥、小麦片配番茄和黄瓜、石榴糖浆等小菜了。我之前很难想象，土豆沙拉竟然可以做得这么清淡，根本不像我们平时吃的那种味道厚重、有蛋味的土豆沙拉。从那一刻起，我就爱上这道土豆沙拉了。

1360 克赤褐色土豆（或其他高淀粉土豆或中淀粉土豆；4~5 个大的，去皮后切成 1 厘米见方的块；见"小贴士"）

2 茶匙细海盐（多准备一些，用于调味）

1/2 杯低脂或全脂原味酸奶

1/2 茶匙现磨柠檬皮屑

2 汤匙鲜榨柠檬汁（多准备一些，用于调味）

1 汤匙白葡萄酒醋

1 汤匙第戎芥末

1/4 杯特级初榨橄榄油

1/4 茶匙现磨黑胡椒碎

1/8~1/4 茶匙红辣椒碎

1/4 杯青葱丝（葱白和绿的部分都要）

1 汤匙新鲜的薄荷碎

1 汤匙新鲜的莳萝碎

---

1. 将土豆放入一口大锅中，加入水，使水面高于土豆 3 厘米。加入 1 茶匙细海盐，盖上锅盖大火将水煮沸。将火调小继续煮，煮 6 分钟后，用削皮刀试一下土豆是否煮熟。土豆共需要煮 8~13 分钟（千万不要把土豆煮得过熟了，否则土豆就变成土豆泥了）。将土豆表面水分沥去。

2. 煮土豆时，在一个中等大小的碗中加入酸奶、柠檬皮屑、柠檬汁、白葡萄酒醋和第戎芥末，搅匀。缓缓倒入橄榄油，一边倒橄榄油，一边快速搅拌，直至将酱料搅拌均匀。

3. 趁热将土豆放入酱汁，并用剩下的 1 茶匙细海盐、黑胡椒碎和红辣椒碎调味，拌匀后晾凉。

4. 拌入青葱丝、薄荷碎和莳萝碎，再加一些调料调味，必要时可再加一些柠檬汁。

小贴士：一般来说，大家不会用赤褐色土豆做土豆沙拉（这种土豆一不小心就会煮得特别软，且易碎）；不过，如果烹饪方法得当，我还是最爱用赤褐色土豆，因为这种土豆特别容易吸收味道浓郁且有香草味的酱汁。育空黄金土豆及其他中淀粉土豆煮后不易碎，口感厚实且有奶油香，也是不错的选择，不过煮的时间要长一些。如果你用红皮土豆，做出来的沙拉会很好看。红皮土豆不需要去皮，最多煮15分钟（或时间再短一点儿）。

土豆团
配甜豌豆和古冈佐拉酱

4~6 人份

这道软软的有馅料的土豆团特别适合配甜豌豆和美妙的古冈佐拉酱一起食用。这道菜的味道，你尝一下就会忍不住赞叹，而古冈佐拉酱既好吃，又容易做。

如果你买不到新鲜的豌豆，也可以用速冻豌豆。速冻豌豆的味道也很不错——比过于成熟的新鲜豌豆好吃。虽说速冻豌豆已经提前焯熟，但在使用前要再烹饪一下。

土豆团原料

450 克赤褐色土豆（约 2 个，擦洗表皮并冲洗干净）

1 杯普通面粉（多准备一些，用于调味）

适量细海盐

1/8 杯现磨白胡椒碎

1 个大鸡蛋（打匀）

古冈佐拉酱原料

1 汤匙无盐黄油

1 汤匙红葱碎

3/4 杯淡奶油（选用乳脂含量较高的）

1/2 杯蔬菜高汤（最好自制，见第 20-21 页；或从商店中购买）

1/2 杯新鲜或速冻豌豆

1/4 茶匙细海盐（多准备一些，用于调味）

1/8 茶匙现磨白胡椒碎（多准备一些，用于调味）

1/8 茶匙肉豆蔻粉

90 克古冈佐拉奶酪碎

1/4 杯现磨的鲜帕尔玛干酪碎（多准备一些，用于调味）

新鲜的薄荷碎和欧芹碎（配菜吃）

---

1. 做土豆团：将土豆放入一口大锅中，注入冷水，使水面高于土豆 8 厘米。大火将水煮沸后，中高火煮 35~40 分钟，直至土豆变软。将土豆捞出，沥去表面水分，晾 10 分钟左右，至可用手触摸。

2. 将土豆去皮后，用土豆压泥器或碾磨器碾碎，放在烤盘上晾凉。

3. 在操作台上（最好是木质案板）撒一层面粉，将碾碎的土豆放在上面。将土豆揉成团，并在上面挖一个坑。

4. 在蛋液中拌入 1/2 茶匙细海盐和白胡椒碎，将蛋液倒入土豆坑中，迅速将蛋液揉进土豆中，一边揉一边加面粉，揉成面团。揉好的土豆面团很柔软，容易定形，可以轻松拿起来。如果土豆面团粘手，再加 1~2 汤匙面粉。

5. 将一锅盐水煮沸。同时，在烤盘、案板上和手上涂一层面粉。将土豆面团切成 6 块，用手将每块面团都搓成 1 厘米粗的长条。如果土豆条粘案板，多撒一些面粉。将土豆条切成 2 厘米长的小段，用拇指或叉子背将其压成片。你可以一边按

土豆团，一边将土豆面片平铺在烤盘中，并在上面盖一块干净的抹布。

6. 做古冈佐拉酱：用一口中等大小的炖锅中火熔化黄油。放入红葱炒 1 分钟左右，直至红葱变软且炒出香味。放入奶油和蔬菜高汤炖 4~6 分钟，直至汤汁减少，变得较稠（如果再加入奶酪，汤汁会稠一些）。加入豌豆、1/4 茶匙细海盐、1/8 茶匙白胡椒碎和肉豆蔻粉，炖 1 分多钟，关火。加入古冈佐拉奶酪碎和帕尔玛干酪碎，搅拌均匀。用细海盐和白胡椒碎调味后，盖上锅盖保温。

7. 将土豆面片分两批下锅，先将一半土豆面片放入沸水，搅拌一下，煮 3~4 分钟。土豆面片浮起时，用漏勺盛出，放入碗中。煮另一半土豆面片时，检查一下酱料，酱料应该是稀的。如果酱料变得很稠，加入一小勺煮土豆面片的水，将酱料稀释。

8. 在煮好的土豆面片上浇上酱汁，并撒一些帕尔玛干酪碎和 1 小撮新鲜的香草碎。煮好后请尽快食用。

炸土豆块

2~4 人份

在家时，我会炸土豆块，把它当作零食或配沙拉食用。使土豆块裹上一层调料，将其放入烤箱，烤至外脆里嫩，其味道完全不亚于真正的炸薯条（你吃了后肯定还想再多做一些）的味道。土豆块可以蘸辣根奶油酱（见第 281 页）或意大利香醋番茄酱（见第 297 页）食用。

---

2 个大的爱达荷土豆（或赤褐色土豆；擦洗表皮，冲洗干净，并切成 0.6 厘米厚的楔形片，见第 246 页；另见"小贴士"）

2 汤匙特级初榨橄榄油（多准备一些，烘烤用）

1/2 茶匙细海盐

1/4 茶匙现磨黑胡椒碎

适量粗粒或片状海盐（最后用）

---

1. 将烤箱预热至 230℃。在两个有边烤盘底部刷一层橄榄油。

2. 在一个碗中放入土豆，再加入 2 汤匙橄榄油、细海盐和黑胡椒碎，拌匀，让土豆均匀裹上调料。

3. 将土豆均匀铺在两个单层烤盘中，烤 10 分钟。用刮刀翻面后继续烤 10~12 分钟，直至土豆边缘变得金黄酥脆。

4. 将土豆从烤箱中取出，并迅速在上面撒一些粗粒海盐即可享用。

小贴士：你也可以将土豆块切得再薄一些（0.3 厘米），薄些的土豆会像薯片一样酥脆，味道也特别好。不过，在烤土豆前，烤盘中一定要均匀涂抹一层橄榄油，以免土豆粘在烤盘上。

萝 卜

萝卜和芥蓝家族的关系比较近，所以也有辛辣味。除了常见的红皮萝卜，还有些五彩斑斓、辣味不同的萝卜。

最佳食用季节 | **最佳拍档**
春季至秋季 | 芦笋、牛油果、意大利香醋、罗勒、黄油、胡萝卜、

香葱、莳萝、蒜、生菜、味噌、芥末、红葡萄酒醋、白米醋、芝麻、荷兰豆、酱油、甜脆豌豆、百里香、香油和白葡萄酒醋。

品种

红萝卜（超市中最常见的品种）、白萝卜（在美国最常见的亚洲萝卜）、法国早餐萝卜（传家宝品种）、黑萝卜（生吃或烹饪，味道都很好）和红芯萝卜（也叫心里美，切丝后放入沙拉中，特别好吃）

挑选

优质的萝卜果肉结实、表面光滑、水分充足、没有裂缝、没变色或变蔫。

储存

去除萝卜上的叶子，茎保留 3 厘米长。把择下来的叶子用微湿的厨房纸巾卷起来，放在封口塑料袋中，冷藏可存放几天。大部分红皮小萝卜可以储存几周；不过，如果你想生吃，建议你尽快使用。白萝卜（去叶）可储存 1 个月，黑萝卜和红芯萝卜可储存 2 个月。

蔬菜的处理

将萝卜清洗干净后，你可以像处理其他圆形或圆柱形蔬菜（分别见第 15 页和第 13 页）一样处理萝卜。

清洗萝卜叶

萝卜的叶子很脏。将萝卜叶浸泡在冷水中晃动清洗。多清洗几次。将叶子捞出时，不要搅起沉在碗底的泥土。

清洗并去皮

处理小个的萝卜（皮较薄的萝卜，如红萝卜）时，你可以将萝卜放在水龙头下冲洗；也可以将萝卜浸泡在一盆冷水中，用手摩擦萝卜表面，洗去表皮上的泥土。处理大个的萝卜时（皮较厚的萝卜，如黑萝卜或红芯萝卜），你可以用软毛蔬菜清洗刷擦洗萝卜表面，再用水清洗并沥干。处理白萝卜和其他有疤痕或味道较重的萝卜时，你可以用蔬菜削皮器去皮（也可以连皮一起吃）。

用蔬果刨刨片

你可以用厨师刀直接将萝卜根切下，再用蔬果刨将萝卜刨成薄圆片（对于比较大的圆形萝卜，先将萝卜横着切成两半，再分别用蔬果刨刨出半圆片）。刨片时要握紧萝卜。记住，要用护手器，这样更安全。

大厨建议

• 萝卜叶不要扔掉！如果萝卜叶看起来很新鲜，留着配其他有苦味的绿叶蔬菜一起烹饪。你可以将它放进炖芥蓝（见第118页）或茴香籽脆皮瑞士甜菜挞（见第124页）中。

• 萝卜的辛辣味主要在萝卜皮上，如果你不喜欢这种味道，就把萝卜去皮。你也可以将萝卜烹熟，这样不仅可以缓解萝卜皮的辣味，还能吃到萝卜柔嫩的口感。我喜欢将萝卜烹熟后吃！

• 在生蔬菜拼盘中，萝卜占有一席之地。萝卜特别适合搭配奶油酸奶、奶酪或豆类做的酱一起吃。你可以在萝卜上放一些黄油和片状海盐，把它当作零食吃。

• 如果你幸运地买到了黑萝卜，可以用黑萝卜代替菜谱中的欧洲防风。

• 红芯萝卜最适合生吃，但烹饪后会褪色。

最适合的烹饪方法

烧烤萝卜

将完整的小萝卜、橄榄油、盐和现磨黑胡椒碎（还可以加一些新鲜的薄荷碎和香葱碎）搅拌均匀。放在烤炉的烧烤网夹上，大火烤 5 分钟左右，不时翻动，直至萝卜既嫩又脆。烤萝卜可以直接食用，也可以放入一个碗中，加入薄荷和香葱，再放一点儿柠檬汁和萝卜叶（切碎），用盐和胡椒调味后食用。

烤萝卜

去掉萝卜叶子和根须，将萝卜切开（中等大小的萝卜切成 4 等份，小的切成两半）。将萝卜、橄榄油、盐和现磨黑胡椒碎搅拌均匀，平铺在有边烤盘中。将烤箱调至 230℃，烤 15~20 分钟，期间翻一次面，直至萝卜既嫩又脆。

炒萝卜

用萝卜代替"炒酸甜芜菁"（做法见第306 页）中的芜菁，或用味噌黄油烹饪萝卜和萝卜叶——代替芜菁（味噌黄油芜菁，做法见第 307 页）。

黄油炖萝卜
4 人份

在一口大平底锅中倒入 1 汤匙无盐黄油，中火熔化。向锅中放入 680 克小萝卜（切成 2 等份或 4 等份；如果萝卜大小差不多，可以不切）或 680 克大萝卜（去皮后切成 2 厘米见方的块或楔形片），翻炒 5 分钟左右，直至萝卜开始变软。将 1/2 杯水、2 茶匙蜂蜜和 1 汤匙红葡萄酒醋或苹果酒醋搅拌均匀。将酱汁倒入锅中，并用盐和胡椒调味。炖 5~10 分钟，直至萝卜变软且泛油光。

白萝卜蘑菇味噌汤配红芯萝卜、乌冬面和牛油果

白萝卜蘑菇味噌汤
配红芯萝卜、乌冬面和牛油果

4~6 人份

如果汤有治愈功能，这道汤便有这种功能。味噌、蒜和姜一起做成了这道清淡可口的汤。喝汤时，你会感觉一股暖流涌入了心田。配上白萝卜、菠菜、平菇和乌冬面或荞麦面，这顿饭变得既可口又健康。红芯萝卜、牛油果和黑芝麻丰富了这道汤的颜色和口感，使其色香味俱全。

2 汤匙香油

1 个中等大小的洋葱（切薄片）

2 瓣蒜（切薄片）

1 块姜（3 厘米长，去皮后剁碎）

1/4 杯加 3 汤匙白味噌

2 汤匙酱油（多准备一些，用于调味）

1/2 个大白萝卜（约 250 克，去皮后切成 0.6 厘米厚的半圆片）

1/2 茶匙盐（多准备一些，用于调味）

1/4 茶匙现磨黑胡椒碎（多准备一些，用于调味）

90 克平菇（处理干净后切薄片，约 1 杯；见"小贴士"）

125 克乌冬面（或荞麦面）

4 杯切碎的菠菜叶（或乌塌菜或小白菜叶；可选）

1/2 个大红芯萝卜（切成两半后，用蔬果刨刨成 0.2 厘米厚的半圆形薄片，约 250 克，配汤吃）

1 个牛油果（去核后切片，配汤吃）

适量烤黑芝麻（或白芝麻；配汤吃）

1. 在一口大锅或荷兰炖锅中倒入香油，中火加热。放入洋葱、蒜和姜末，翻炒 3~4 分钟，直至洋葱变软，但还未完全变成棕色。

2. 在一个容量为 2 杯的量杯中放入白味噌和 1 杯水，搅拌使味噌在水中溶解。将味噌放入锅中，再放入 8 杯水、酱油、白萝卜、1/2 茶匙盐和 1/4 茶匙黑胡椒碎。盖上锅盖，煮沸后将火调小，锅不要盖严煮 4~5 分钟，直至白萝卜开始变软。

3. 放入平菇和面。将火调至中高火，煮 5~7 分钟，直至面条稍稍变软（具体煮面的时间请参考包装袋上的说明）。如果你喜欢吃菠菜，放入菠菜，再煮一会儿，将菠菜煮熟。

4. 必要时，可多放一些酱油、盐和黑胡椒碎调味。将汤和面盛入碗中，并在上面放红芯萝卜、牛油果和烤芝麻。

小贴士：平菇是我的首选，你也可以用滑子菇或金针菇。传统的味噌汤用的是滑子菇，滑子菇可以使汤变得稠些。记得将蘑菇菌柄上坚硬的末端切掉。细长的金针菇味道温和，如果用金针菇，要将其根部切掉，使金针菇散开。在出锅前的几分钟将金针菇放入锅中，煮几分钟即可。你还可以用香菇，为汤提味。

白萝卜糕
配胡萝卜芫荽沙拉

9 块 3 寸（8 厘米）见方的萝卜糕

白萝卜很适合放在汤和沙拉中，但是，我建议你试着将其用在其他菜肴中。在中国的传统饮食中，人们会将白萝卜刨碎，和米粉一起蒸熟后用油炸，做成萝卜糕。我用同样的方法做了白萝卜糕，还在里面加了一点儿腌香菇，再和脆爽的胡萝卜芫荽沙拉，搭配着吃。这种萝卜糕虽然和平时吃的点心不太一样，但它绝对是美味。

萝卜糕和一份沙拉就是一道完美的餐前开胃小吃，够 9 个人享用。你也可以用两块萝卜糕配更多的沙拉，将其当作一道正餐享用。

1100 克的白萝卜（去皮）

6 汤匙芥花籽油（或葡萄籽油；多准备一些，涂蛋糕模具）

2 瓣蒜（切末）

60 克香菇（去菌柄、洗净后切碎）

1 汤匙白米醋

2 茶匙糖

1 撮加 1 茶匙盐（多准备一些，用于调味）

1/4 茶匙现磨黑胡椒碎

3/4 杯米粉

适量胡萝卜芫荽沙拉（做法见文后）

适量烤黑芝麻（或白芝麻；配菜吃）

---

1. 将烤箱预热至 200℃。

2. 将白萝卜切成 5~8 厘米长的段，以便放入食物料理机中，将萝卜刨成小片。将白萝卜片放入滤锅，并在上面裹一层保鲜膜，在上面放一个比较重的碗或锅，压住白萝卜，挤出水分。静置 10 分钟，沥干。

3. 在一口大炒锅中倒入 2 汤匙油，中火加热。向锅中放入蒜末，翻炒 30~60 秒，直至炒出香味且蒜末变焦。放入香菇，翻炒 2 分钟左右，直至香菇变软。再放入白醋、1 茶匙糖和 1 撮盐，炒 2~3 分钟，直至香菇变软且变为金黄色，且锅中水分儿乎蒸发完。炒好的香菇放入碗中备用。

4. 将锅重新放回灶上，向锅中加入 2 汤匙油，将火调至中高火。放入白萝卜、剩下的 1 茶匙糖、1 茶匙盐和 1/4 茶匙黑胡椒碎，搅拌均匀。翻炒 10 分钟，直至白萝卜变软，且水分蒸发完。再加入炒好的香菇。

5. 在一个盆中将米粉和 1/2 杯水搅拌均匀。将白萝卜和香菇倒入盆中，搅拌均匀。

6. 在 9 寸（23 厘米）的方形（或圆形）蛋糕模具的内壁和底部涂一层油。将白萝卜混合物倒入模具中，用曲柄抹刀按压，使混合物均匀填充模具且表面平整。在模具上盖一层锡纸，将模具放在烤盘的中间。在烤盘中注入热水，使水面位于模具高度的一半（不能再高）。小心地将烤盘放入烤箱中，烤45~50分钟，使萝卜糕定形。

7. 将模具从水中取出，揭开锡纸，将萝卜糕完全晾凉。将模具放入密闭容器中冷藏少则30分钟，多则一个晚上。

8. 用刀给萝卜糕脱模，将其切成3寸（8厘米）见方的块（如果模具是圆形的，就切成大小均匀的楔形片）。

9. 在一口大煎锅中倒入剩下的2汤匙油，中高火加热。放入4~5块萝卜糕，将锅底铺满，但是每块糕间要留有空隙。炸萝卜糕时，不要随便翻动，一面炸5分钟，直至萝卜糕表面变脆且呈棕色。将炸好的萝卜糕放在厨房纸巾上，以吸收多余的油分。重复上述步骤，炸余下的萝卜糕。如果油不够，每次炸之前再倒入一些油。

10. 配胡萝卜芫荽沙拉，趁热吃（或将烤箱预热至200℃，重新烤6~8分钟，使萝卜糕变热、变酥脆）。沙拉中要放一些酱，再放1撮烤芝麻。你还可以在沙拉上再放一些其他的酱料。

胡萝卜芫荽沙拉

3½ 杯

2汤匙酱油
2汤匙蜂蜜
2汤匙芝麻酱
2茶匙白米醋
2汤匙鲜榨青柠汁
2汤匙芥花籽油（或葡萄籽油）
3根大胡萝卜（去皮并处理干净）
3/4杯松散的新鲜芫荽叶
1茶匙烤黑芝麻（见第19页；多准备一些，配菜吃）
适量细海盐

1. 在一个小碗中将酱油、蜂蜜、芝麻酱、白米醋、青柠汁搅拌均匀。倒入油，并快速搅拌，使其混合均匀。

2. 将胡萝卜去皮，削成长条，放入一个大碗中，放入芫荽叶、烤芝麻和足量的酱汁，搅拌使蔬菜均匀裹上酱汁（留一些酱汁，最后倒在沙拉上）。放几撮细海盐调味，并撒一些烤芝麻，搅拌均匀。

食用大黄

我们一般会将食用大黄和水果一起用在派或其他甜品中，事实上食用大黄是一种蔬菜。食用大黄细长多汁，呈红色。烹制食用大黄时，要放入很多糖，以中和它的酸味。不过你也可以将食用大黄做成可口的菜肴——烹制后做成酱料或放入炖菜中，为炖菜提味。

最佳拍档

苹果、罗勒、黑莓、小豆蔻、肉桂、丁香、奶油、姜、葡萄柚、蜂蜜、青柠、柠檬、枫糖浆、肉豆蔻、橙子、开心果、树莓、桃红葡萄酒、核果类、草莓、糖、香子兰、白巧克力和酸奶。

最佳食用季节

春季至仲夏。

挑选

优质的食用大黄结实，呈红色，没有棕色斑点。我一般会挑选最红的食用大黄，偏绿的食用大黄特别酸。从冬末到第二年春天，你可以从市场买到大棚种植的食用大黄。这种食用大黄颜色浅一点儿，味道温和些，但比较软。因为区域不同，所以田间种植的食用大黄的成熟期也不尽相同，从初春至晚春都有。田间种植的食用大黄呈深红色，味道特别浓；如果应季的食用大黄收获得特别早，会特别软。

储存

将食用大黄放在敞口塑料袋中，冷藏可存放 1 周。你可以用湿的厨房纸巾将其卷起来，以免水分流失。

蔬菜的处理

切段

　　将食用大黄的两端切下（如果上面有叶子，将叶子择下）。季末田埂上长的食用大黄可能有筋，用削皮刀或蔬菜削皮器削掉（我一般不削掉，因为烹饪后筋会变软）。如果给食用大黄去皮，要小心红色的汁。

　　将食用大黄放在案板上，横着切成均匀的段，具体大小视菜谱的要求而定。

大厨建议

　　·清洗食用大黄时，如果上面有叶片，要择掉。在水龙头下用流动的冷水冲洗。田间长的食用大黄上泥土很多，清洗时检查容易聚集泥土的底部是否清洗干净。

　　·不论烤还是炖，食用大黄都会很快变软。如果你想保持食用大黄的形状和口感，切成长段。烹制食用大黄时，要检查其软硬度，不要过度烹饪。如果食用大黄切得太薄，会"熔化"。

　　·每种食用大黄的酸度都不同。所以，你可以先放一点儿糖，再一点点儿地调。

　　·食用大黄的叶子千万不要吃！食用大黄的叶子中含有草酸，草酸是一种潜藏的毒药。

食用大黄草莓酥配青柠酸奶和开心果

食用大黄草莓酥

配青柠酸奶和开心果

6~8 人份

从食用大黄上市到季末，你都可以用这种简单的方法享用它。配上糖、蜂蜜和草莓，食用大黄会变甜，但仍有一丝酸味；再在上面放一些开心果碎和味道浓郁的青柠味希腊酸奶，你就可以做出一道特别适合在春夏时节享用的简单甜品了（我也会把它当作早餐吃）。

---

680 克食用大黄（去筋，切成长 1 厘米的段）

约 350 克草莓（去蒂，切成 4 等份）

1/2 杯白砂糖

1/4 杯蜂蜜

1 个青柠（磨出皮屑，并榨汁）

2 撮加 1/8 茶匙细海盐

1¼ 杯未漂白的中筋面粉

1/2 杯传统燕麦片（生的）

8 汤匙冷藏无盐黄油

1/4 杯袋装红糖

2 杯低脂或全脂原味希腊酸奶

1/4 杯烤开心果（切碎，可选）

---

1. 将烤箱预热至 190℃，在一个 10 寸（25 厘米）陶瓷乳蛋饼盘或 9 寸（23 厘米）玻璃烤派盘的内壁和底部涂一层黄油。

2. 将食用大黄、草莓、1/4 杯白砂糖、蜂蜜、1 汤匙青柠汁和 2 撮细海盐放在一个大碗中，拌匀。再放入 1/4 杯面粉，搅拌均匀。将食用大黄混合物放在酥皮饼盘中。

3. 在一个大碗中将剩下的 1 杯面粉、燕麦片和 1/8 茶匙细海盐拌匀，并用四面刨的大孔将冷藏黄油刨入碗中，用手拌匀。加入剩下的 1/4 杯白砂糖、红糖和 1½ 茶匙青柠汁，用手拌匀，均匀撒在食用大黄混合物上。

4. 将食用大黄混合物放在烤箱中层，并在下面放一个有边烤盘，接滴下来的汁液。烤 30~35 分钟，直至上方酥皮变成黄棕色且馅料边缘微微冒泡。食用前晾 10 分钟。食用大黄和草莓在烤后会流出很多糖浆，需要一段时间将其重新吸收。

5. 在一个小碗中将一半青柠皮屑和酸奶搅拌均匀。你可以根据自己的喜好多放一些青柠皮屑，并留一些做装饰。

6. 这道甜品可以趁温热时食用，也可以晾至室温时食用。用勺子将食用大黄草莓酥盛在浅碗中，盛的时候要带一些甜品底部的糖浆。与酸奶搭配草莓酥食用。你也可以根据自己的喜好，在酸奶上撒一些青柠皮屑和开心果碎。

芜菁甘蓝

芜菁甘蓝是很不错的甜中带辣的根茎类蔬菜：味道介于芜菁和野生卷心菜的之间。芜菁甘蓝可烘烤或做蔬菜泥。芜菁甘蓝明显的甜味和丝滑的口感让寒冷的冬天变得生机盎然。

最佳食用季节

晚秋至冬季。

最佳拍档

苹果、小豆蔻、胡萝卜、肉桂、奶油、蒜、姜、佛提那奶酪、高达奶酪、格鲁耶尔奶酪、肉豆蔻、洋葱、欧芹、土豆、迷迭香、菠菜、瑞士甜菜、百里香、南瓜、芜菁和芜菁叶。

挑选

不要购买有裂缝、碰伤、皱缩、有的部位比较软或个头特别大（直径超过13厘米）的芜菁甘蓝：特大的芜菁甘蓝吃起来很柴。优质的芜菁甘蓝表面光滑，结实，与同等大小的芜菁甘蓝相比比较重。在秋季，你可以买到未涂蜡的芜菁甘蓝。

储存

一般买到的芜菁甘蓝都没有绿叶，如果有绿叶，要择掉（绿叶可以扔掉，也可以烹饪）。将芜菁甘蓝放在大的封口塑料袋中储存即可。如果储存期间塑料袋中出现水珠，在袋子中铺一层厨房纸巾。芜菁甘蓝冷藏可存放1个月左右。

蔬菜的处理

将芜菁甘蓝清洗、去皮后，你可以像处理其他圆形蔬菜（见第 15 页）一样处理芜菁甘蓝。

清洗并去皮

在冷水中用力擦洗芜菁甘蓝，取出并沥去表面水分。用厨师刀将茎和根部切掉。用蔬菜削皮器将芜菁甘蓝的硬皮削掉。注意，发绿的部分要全部削掉。涂蜡的芜菁甘蓝要用厨师刀去皮。将芜菁甘蓝切面较大的一面向下放在案板上，从上至下去皮。去皮时转动芜菁甘蓝，以便更好地去皮；去皮后再检查一遍，将遗漏的部分削掉。

大厨建议

• 芜菁甘蓝和芜菁属于"近亲"，只是芜菁甘蓝的成长时间更长。芜菁甘蓝一般比芜菁更大、更圆；与芜菁白色或奶油色的肉相比，芜菁甘蓝的肉黄一些。芜菁甘蓝比芜菁更紧实，因此所需的烹饪时间也更长。请将这点牢记于心，并在将芜菁甘蓝放入装有芜菁或其他蔬菜的烤盘前，仔细思考一下；也许你就会决定单独烤芜菁甘蓝了。

• 刚收获的芜菁甘蓝特别适合生吃。用蔬果刨将芜菁甘蓝刨成片，放入其他生吃的蔬菜中，再配上一些酱料食用；你也可以将芜菁甘蓝切成条，做成沙拉。

最适合的烹饪方法

烤芜菁甘蓝

将芜菁甘蓝去皮后切成 5 厘米见方的块，向芜菁甘蓝中放入大量橄榄油、盐和现磨黑胡椒碎。将芜菁甘蓝平铺在有边烤盘中，将烤箱预热至 220℃，烤 30~40 分钟，直至芜菁甘蓝变软且呈金黄色。

枫糖芜菁甘蓝泥

4~6 人份

芜菁甘蓝奶油白的表皮下是紧实、有泥土香的黄色肉。将芜菁甘蓝煮熟后碾碎，并在上面撒一些盐和胡椒即可食用。芜菁甘蓝不需要额外加甜味调料，不过如果在烹饪时加一些黄油和枫糖浆，更能体现芜菁甘蓝的特点。如果你将芜菁甘蓝碾碎，做成泥，可以用叉子吃。将芜菁甘蓝和一杯蔬菜高汤放入食物料理机中，搅打成丝滑的芜菁甘蓝泥。

---

900 克芜菁甘蓝（去皮后切成 2 厘米见方的块）

2½ 汤匙细海盐（多加一些，用于调味）

3 汤匙无盐黄油

1/4 茶匙新鲜白胡椒碎（多加一些，用于调味）

1 汤匙枫糖浆

适量新鲜的香草碎（平叶欧芹、香葱、百里香或莳萝，配菜吃；可选）

---

1. 将芜菁甘蓝放入一口炖锅或荷兰炖锅中，注入 4~5 杯水，使水面高过芜菁甘蓝。放入 2 茶匙细海盐，大火将水煮沸。将火调小，水保持沸腾状态，煮 15 分钟左右，直至芜菁甘蓝变软，但还没碎。

2. 用滤锅将芜菁甘蓝沥干，再放回锅中煮 1~2 分钟，直至锅中的水蒸发完。关火，用土豆捣烂器将芜菁甘蓝捣碎，可以有一些小块。放入黄油、剩下的 1/2 茶匙细海盐、1/4 茶匙白胡椒碎和枫糖浆。必要时可再加一些调料调味。

3. 趁热吃。如果你喜欢吃香草，在上面再放一些新鲜的香草碎。

衍生做法

你可以用蜂蜜代替枫糖浆，也可以不加任何甜味调料。

芜菁甘蓝苹果小豆蔻派

配波旁枫糖奶油和碧根果

人们很少将芜菁甘蓝做成甜甜的派，事实上芜菁甘蓝也可以做成甜派。如果我们能发挥芜菁甘蓝的优点，从烹饪时间和操作简便度上看，它比南瓜略胜一筹，烹熟后很软，如奶油般浓稠顺滑。不知道这种派用料的人在尝过后，会觉得派中有一种熟悉的香味，但说不出来到底放了什么原料。除了南瓜派或红薯派中的肉豆蔻、姜和肉桂香，芜菁甘蓝派还有一种独特的口感，且有泥土香和辣味。配上苹果和小豆蔻后，这种派就更甜，味道就更好了。你还可以在派上放波旁枫糖奶油和烤碧根果。

需要注意的是，面团需要提前做好，并冷藏至少 30 分钟。

---

680 克芜菁甘蓝（去皮后切成 1 厘米见方的块）	1/4 茶匙姜粉
2 个苹果（去皮后切成 1 厘米的块，约 2 杯）	1/4 茶匙肉桂粉
1 杯糖	1 汤匙鲜榨柠檬汁
1/4 杯枫糖浆	适量普通面粉（制作面团）
1/2 茶匙细海盐	适量酥皮面团（做法见文后）
8 汤匙无盐黄油	2 个大鸡蛋
1 茶匙香草精	适量波旁枫糖奶油（配派吃；做法见文后）
1 茶匙小豆蔻粉	1/3 杯烤碧根果（见第 19 页，切成粗粒，做装饰；可选）
1/4 茶匙肉豆蔻粉	

---

1. 将烤箱预热至 190℃。

2. 在一口中等大小的炖锅中放入芜菁甘蓝、苹果、糖、枫糖浆和细海盐，拌匀。中高火加热，锅盖不要盖严，加热至酱汁开始冒泡后将火调至中小火。揭开锅盖再加热 20~25 分钟，不时搅拌，直至芜菁甘蓝和苹果完全变软，水分几乎蒸发完。此时，芜菁甘蓝和苹果已经焦糖化，且表面裹了一层金色的枫糖浆。放入黄油、香草精、小豆蔻粉、肉豆蔻粉、姜粉、肉桂粉和柠檬汁，搅拌至黄油熔化。将锅从火上移开，晾一会儿。

3. 同时，在案板或烘焙油纸上撒一层面粉。将酥皮面团从冰箱中取出，放在案板或烘焙油纸上擀开。将面团擀成直径为 30 厘米、0.3 厘米厚的面饼。

4. 将面饼放在 9 寸（23 厘米）烤派盘上，面饼边缘可耷拉在烤盘外。用厨用剪刀修剪面饼边缘，使边缘超过烤盘 2~3 厘米即可。将面饼边缘提起，卷在面饼下，轻轻按压使其紧贴着烤盘边沿。用手指沿着烤盘边沿捏面饼边缘，使面饼边缘高一些，这样馅料不会掉出来（捏面饼时，用一只手的拇指和食指放在面饼边缘外侧，另一只手的食指放在面饼边缘内层，将面饼边缘捏成 U 形，各个捏褶间距约 1 厘米）。用保鲜膜裹住面饼，冷藏 15 分钟。

5. 面饼冷藏期间，将芜菁甘蓝混合物放入食物料理机中，打成顺滑的糊状。加入鸡蛋，一次加一个，每次加完鸡蛋后，都要充分搅拌。

6. 将面饼从冰箱中取出，揭去保鲜膜，将芜菁甘蓝混合物倒在面饼上。将面饼放入烤箱烤 40~45 分钟，直至派的中心凝固。将派晾凉。

7. 将派切成楔形片后即可享用。你也可以在派上放大量奶油和烤碧根果。

酥皮面团
9 寸（23 厘米）派的面团

1½杯普通面粉
1汤匙糖
1/2茶匙细海盐
8汤匙无盐黄油（切成1厘米见方的块后冷藏）
1/4杯冷水

1. 将面粉、糖和细海盐放入食物料理机，搅拌均匀。将黄油掰开，撒在面粉上。先

搅拌几下，再持续搅拌 10~15 秒，直至黄油变成豌豆大小。通过外接管向食物料理机加入 1 汤匙冷水，一边搅拌，一边再加 3 汤匙冷水，直至面粉不再粘在料理机壁上，并逐步成团（如果面团不成形，再多加一点儿水）。

2. 将面团揉圆，在面团上裹一层保鲜膜，将面团按成厚饼。将面团放入冰箱冷藏至少 30 分钟，多则 2 天。如果面团在冰箱中放的时间超过 1 小时，取出后要放一段时间再用，让面团变软，方便擀平（面团冷冻可存放 6 个月）。

波旁枫糖奶油
3½ 杯

2杯冷藏淡奶油（选用乳脂含量较高的）
1~2汤匙波旁威士忌
1汤匙枫糖浆
1撮海盐
1/2个香子兰豆荚

在一个大碗中将奶油、1 汤匙波旁威士忌、枫糖浆和海盐混合，搅拌均匀。将香子兰豆荚纵向切开，用削皮刀将香子兰豆取出，放入碗中。用电动打蛋器将混合物高速搅拌至多 5 分钟，直至将奶油打至湿性发泡。再向其中加一些波旁威士忌调味。可以直接享用，也可以将其密封起来，放入冰箱中冷藏 2 小时后再享用。

婆罗门参

蒜叶婆罗门参（白婆罗门参）和黑婆罗门参关系很近，都是源自欧洲的细长根茎类蔬菜。这两种蔬菜虽然在美国种植得不多，但有一小部分农民会种植（大厨们对它们也很感兴趣，因为他们想用独特的食材），所以在农贸市场和小菜店中都可以买到。许多人认为它们的味道像平菇的味道，但我觉得它们的味道更像洋蓟芯或洋姜的味道。

最佳拍档

杏仁、褐化黄油、胡萝卜、香葱、古斯古斯面、奶油、蒜、柠檬、薄荷、蘑菇、欧芹、欧洲防风、迷迭香、红葱、百里香和白葡萄酒。

挑选

要挑选中等大小、有点儿"肚子"的婆罗门参；细长的小婆罗门参不方便去皮，能食用的部分较少。优质的婆罗门参很结实，无裂缝。有些婆罗门参的根部会裂开，没关系，那是自然分叉，只是去皮时不大方便处理（我一般不买这种婆罗门参）。

储存

如果婆罗门参上有长长的根须，储存前要切下一部分，留 1 厘米长在根部。将未清洗的婆罗门参放在宽松的封口塑料袋中，冷藏可存放 2 周。

最佳食用季节

入冬时分。

品种

黑婆罗门参和蒜叶婆罗门参。

蔬菜的处理

将蒜叶婆罗门参和黑婆罗门参去皮后，你可以像处理其他圆锥形或圆柱形蔬菜（分别见第 12 页和第 13 页）一样处理婆罗门参。

清洗并去皮

冲洗并用力擦洗蒜叶婆罗门参和黑婆罗门参，将表皮上的泥土洗掉，用冷水多清洗几次。用削皮刀将蒜叶婆罗门参和黑婆罗门参末端清理干净，用

蔬菜削皮器去皮后，再迅速将婆罗门参放入柠檬水（见第 25 页）中，以免氧化和变黑。

大厨建议

· 蒜叶婆罗门参的表皮呈奶油色，粗糙且多根须。你还可能碰到根部有分叉的蒜叶婆罗门参。黑婆罗门参的表皮呈深棕色，像树皮，根较细，像细胡萝卜。这两种婆罗门参的肉都呈梨白色，最好烹饪后食用。

· 这两种婆罗门参都会弄脏手，在手上留下黏黏的膜。你可以在处理婆罗门参时戴上手套，这样就不用担心弄到手上了。粘在手上的膜要多

次清洗，才能洗掉。

· 蒜叶婆罗门参和黑婆罗门参去皮后会很快变色，所以去皮后要迅速放入柠檬水（见第25页）中。

· 黑婆罗门参像洋姜一样含有菊粉，有些人吃了可能会消化不良，引发不同程度的肠胃胀气。所以，你可以将菜谱中的黑婆罗门参用蒜叶婆罗门参代替。

最适合的烹饪方法

炖婆罗门参

蒜叶婆罗门参和黑婆罗门参熟后会变软且焦糖化，想想包浆胡萝卜中微妙的洋蓟、洋姜的味道。将婆罗门参切成 5~8 厘米长、1 厘米厚的片，放入一口中等大小的炖锅，再放入黄油、盐、现磨黑胡椒碎和柠檬汁。倒水，使水面刚好没过婆罗门参，大火将水煮沸。锅盖不要盖严，将火调小后炖 25~35 分钟，直至婆罗门参变软。揭开锅盖搅拌，若锅中的汤汁较多，再炖一会。做好的汤汁较浓稠，会裹在婆罗门参上。

蒸婆罗门参

将蒜叶婆罗门参或黑婆罗门参切成 5~8 厘米长、1 厘米厚的片。在一口大锅中放入可折叠蒸笼，并注入水。大火将水煮沸，将蒜叶婆罗门参或黑婆罗门参放在蒸笼上。盖上锅盖蒸 15~25 分钟，必要时可向锅中再加一些水，直至婆罗门参微微变软。加入黄油、香草黄油（见第 178 页）、橄榄油、1 勺法式酸奶油或柠檬汁，拌匀。最后用盐和现磨黑胡椒碎调味，并撒一些新鲜香草，如欧芹或香葱。

炒蒜叶婆罗门参
配白葡萄酒和红葱

2~4 人份

我第一次烹饪蒜叶婆罗门参时做的菜和这道菜差不多——是用黄油炒蒜叶婆罗门参和红葱，再用白葡萄酒调色。这道菜是我自己研发的——我用了蒜叶婆罗门参，使蒜叶婆罗门参不再像胡萝卜一样普通。虽然卖蒜叶婆罗门参的地方很多，但蒜叶婆罗门参卖得并不好。蒜叶婆罗门参味道温和，有泥土香，还带有一丝甜味，非常可口。做这道菜时，你既可以用蒜叶婆罗门参，也可以用黑婆罗门参。蒜叶婆罗门参的根比较散乱，且大小差异很大；黑婆罗门参的根又细又长，大小差不多。这两种婆罗门参都很不错，可以都用。尤其按照这个菜谱做后，婆罗门参的味道更是与众不同，这道菜可以作为一道丰盛精美的配菜享用。

---

450 克黑婆罗门参（或蒜叶婆罗门参；去皮后切成约 8 厘米长、1 厘米厚的片）

1/2 茶匙细海盐（多准备一些，用于调味）

1 汤匙鲜榨柠檬汁加 1/2 个大柠檬（最后用）

2 小枝新鲜的百里香加 1 撮百里香碎（最后用）

2 汤匙无盐黄油

1 汤匙红葱碎

1/3 杯干白葡萄酒

适量现磨黑胡椒碎

2 撮新鲜的平叶欧芹碎（可选）

---

1. 在一口中等大小的炖锅中放入婆罗门参、3 杯水（或水量没过婆罗门参）、1/2 茶匙细海盐、1 汤匙柠檬汁和百里香小枝。大火将水煮沸后，炖 10~15 分钟，直至婆罗门参变软（用削皮刀的刀尖插一下，试试厚一点儿的婆罗门参熟没熟）。用滤锅将婆罗门参沥干，取出百里香。

2. 将炖锅擦干，倒入 1 汤匙黄油，中火加热。黄油熔化后，放入红葱碎翻炒 30 秒，炒香。放入婆罗门参，调至中高火，翻炒 1.5~2 分钟，直至婆罗门参微微变成棕色。

3. 颠锅，将婆罗门参翻面。将火调小后倒入葡萄酒，将火调至中高火炖 1~2 分钟，不时搅拌，直至葡萄酒挥发完。放入剩下的黄油，并用细海盐和白胡椒碎调味。再翻炒 1 分钟，直至婆罗门参边缘变为金黄色。向锅中放入一点儿柠檬汁，颠锅将婆罗门参翻面。

4. 将婆罗门参装盘。如果喜欢吃香草，在上面撒一些欧芹碎。

黑婆罗门参胡萝卜蒸古斯古斯面
配黑加仑干、杏仁和薄荷

6~8 人份

黑婆罗门参和胡萝卜很搭，如果再配上温和的香料、柑橘类水果的果汁和香草，就更完美了。黑婆罗门参有微妙的清爽味道和奶油口感，与洋蓟芯的口感及其泥土香很像。胡萝卜为这道菜增添了一丝甜味，能让大家吃到一种熟悉的味道。这道菜的菜量很大，要用大碗盛。你可以将其当作一周的午饭，也可以在聚会时大家一起享用。

1 茶匙现磨柠檬皮屑

3 汤匙鲜榨柠檬汁

2 茶匙意大利香醋

1 茶匙香菜粉

1/2 茶匙茴香籽（碾碎；见第 92 页"小贴士"）

1¾ 茶匙细海盐（多准备一些，用于调味）

1/8 茶匙现磨黑胡椒碎（多准备一些，用于调味）

1/4 杯加 2 汤匙特级初榨橄榄油

450 克黑婆罗门参（或蒜叶婆罗门参；擦洗表皮后去皮，切成 1 厘米见方的块；见"小贴士"）

450 克胡萝卜（擦洗表皮后去皮，切成 1 厘米见方的块）

2 汤匙无盐黄油

2 杯生的古斯古斯面（350 克）

1/3 杯黑加仑干（或葡萄干）

2 杯蔬菜高汤（可自制，见第 20~21 页；或从商店购买；或 2 杯水）

1/2 茶匙孜然粉

1 杯熟鹰嘴豆（如果用罐装的鹰嘴豆，清洗并沥干；可选）

1/2 杯松散的新鲜平叶欧芹叶（剁碎）

1/4 杯松散的新鲜薄荷叶（剁碎）

1/3 杯烤杏仁（剁成粗粒，见第 19 页）

1. 在一个大碗中放入柠檬皮屑、2汤匙柠檬汁、意大利香醋、香菜粉、茴香子、1/4茶匙细海盐和1/8茶匙黑胡椒碎，搅拌均匀。再缓缓倒入1/4杯橄榄油，搅拌均匀。将酱料静置一段时间。

2. 将黑婆罗门参和胡萝卜放入一口大炖锅中，倒入足量的水，使水面刚刚没过蔬菜。放入剩下的1汤匙柠檬汁和1茶匙细海盐，盖上锅盖，大火将水煮沸。揭开锅盖将火调小，使水保持沸腾状态，焯5~7分钟，直至蔬菜微微变软。用滤锅将蔬菜沥干。

3. 在一口中等大小的平底锅中放入黄油，中高火熔化。放入古斯古斯面，翻炒2~3分钟，不停搅拌，直至古斯古斯面变为棕色但没变焦。放入黑加仑干或者葡萄干后，加入高汤和剩下的1/2茶匙细海盐，搅拌均匀。盖上锅盖，关火，静置6分钟。

4. 同时，用湿的厨房纸巾将大炖锅擦净。中火加热剩下的2汤匙橄榄油，放入孜然粉，搅拌至发出嘶嘶声。放入黑婆罗门参和胡萝卜，翻炒使蔬菜均匀裹上油。

调至中高火，加热2分钟，不要翻动，直至蔬菜变为金黄色，用细海盐和黑胡椒碎调味。再翻炒2分钟，直至蔬菜边缘变为棕色。

5. 用叉子搅拌一下古斯古斯面。将古斯古斯面放入装酱料的大碗中，拌匀。放入黑婆罗门参和胡萝卜、鹰嘴豆（如果你吃的话）、欧芹碎、薄荷碎和烤杏仁，轻轻拌匀。必要时可再放些调料调味。

小贴士：你可以用蒜叶婆罗门参代替黑婆罗门参，也可以把根芹、欧洲防风、芜菁甘蓝（我的最爱，用来搭配胡萝卜）、芜菁和红薯等其他根茎类蔬菜放到这道菜中。你可以根据菜谱要求将这些蔬菜提前烤好，或煮半熟后炒好（婆罗门参和胡萝卜也可以直接烘烤）。

衍生做法

在小吃货餐厅，我们会用以色列古斯古斯面（脱壳）配这道菜吃，味道相当不错。像煮意大利面一样，用淡盐水将350克以色列古斯古斯面煮4~5分钟，直至古斯古斯面变软。立即沥去水分，并拌入几茶匙橄榄油。古斯古斯面晾凉后，用手将粘在一起的颗粒分开。之后，按照第5步的步骤放入酱料。

菠菜

　　菠菜是最常见的绿色蔬菜，它配得上世人对它的关注。菠菜味道温和，有益身体健康，且很容易烹饪，熟得特别快。菠菜的品种很多，主要可以分成三类：平叶菠菜、皱叶菠菜和菠菜苗。

最佳食用季节

　　最好是春季和秋季；全年都可购买到。

品种

　　皱叶菠菜、平叶菠菜和菠菜苗。

最佳拍档

　　杏仁、苹果、芦笋、意大利香醋、罗勒、腰果、花椰菜、奶油、鸡蛋、法老小麦、茴香根、菲达奶酪、佛提那奶酪、蒜、姜、山羊奶酪、格鲁耶尔奶酪、韭葱、柠檬、墨角兰、味噌、蘑菇、肉豆蔻、洋葱、橙子、帕尔玛干酪、欧芹、碧根果、开心果、意式玉米糊、土豆、藜麦、红椒碎、意大利乳清奶酪、青葱、芝麻、红葱、雪利酒醋、斯佩耳特小麦、香油、番茄、核桃仁和白葡萄酒醋。

挑选

　　要购买光滑、脆爽的深绿色菠菜；不要购买叶片发黄或变蔫的菠菜。小一点儿的菠菜，叶子较嫩，适合放在沙拉中，大一点儿菠菜的叶子适合做熟后吃。建议你尽量购买有机菠菜或从可信赖的农民那里购买菠菜：菠菜特别容易吸收农药。

储存

　　如果你购买的菠菜是成捆的，买回家后要将其摊开。如果菠菜是湿的，用厨房纸巾将菠菜松松地卷起来，放在敞口塑料袋中冷藏起来。建议你尽快使用，存放不要超过 4 天。

蔬菜的处理

切碎

1. 将菠菜叶上的粗茎择掉，将叶片堆在一起。

2. 将菠菜横着切成宽度相同的条。将叶条堆在一起，再细切。

大厨建议

· 新鲜菠菜中经常有沙子，清洗时一定要仔细。准备一盆冷水，将菠菜浸入冷水，轻轻晃动菜叶。将菜叶从水中捞出时，不要搅起碗底的泥沙。重复上述步骤，直至将菠菜完全洗干净。

· 菠菜都需要冲洗，尤其是皱叶菠菜，因为菜叶中可能有沙子，所以建议你用冷水多冲洗几次。

· 菠菜熟后特别容易收缩——约减少1/3，所以烹饪菠菜时，可多做一些（450克菠菜做熟后，可能还不够1杯）。

· 平叶菠菜和皱叶菠菜的粗茎要去掉。菠菜苗的茎较软，可以留着。

· 平叶菠菜和皱叶菠菜特别适合烹熟后吃；菠菜苗适合生吃（特别适合放在沙拉中；菠菜苗叶子较小，烹熟后会溶化在菜汤中）。不过，如果用量不大，大菠菜和菠菜苗可相互替换，大菠菜将茎择掉后切碎，即可生吃。

最适合的烹饪方法

做菠菜沙拉

将菠菜苗或平叶菠菜（去茎并剁碎）和油醋汁搅拌均匀后，放入腌洋葱（见第224页）、青苹果片、烤腰果和黄葡萄干，拌匀，并用盐和现磨黑胡椒碎调味。在沙拉上再放一些菲达奶酪碎和水煮蛋即可。你也可以在菠菜苗中放入橘子瓣（我喜欢用无核蜜橘）、生茴香碎、红葱丝和烤开心果或烤杏仁，再加些橙醋（见第75页）或柠檬醋（见第40页）。

炒菠菜

在荷兰炖锅中倒入几汤匙橄榄油和/或黄油，中火加热，放入一点儿蒜片翻炒2~3分钟，直至蒜片变软但没变成棕色。一次一捧向锅中放入几千克去茎的干平叶菠菜（菠菜熟后会缩为2杯）。放入盐和1小撮红辣椒碎调味，翻炒。盖上锅盖焖2分钟，直至菠菜开始变软。揭开锅盖，再炒1~2分钟，直至菠菜全部变软。你还可以向锅中放一点儿柠檬汁和柠檬皮屑，用调料调味，最后将菠菜捞出。

蒸菠菜

将干的菠菜放在可折叠蒸笼上蒸3~4分钟，直至菠菜变软且颜色变深。你还可以将洗后带水的菠菜叶放入一口煮锅或炖锅中，放菠菜时一次加一点儿。中火加热3~4分钟，直至菠菜变软。放入盐和现磨黑胡椒碎调味，再在上面放一些黄油和鲜榨柠檬汁，或滴几滴香油，放些烤芝麻。

 烤菠菜奶酪酱

2~6 人份

将烤箱预热至200℃。在一口大炖锅中放入2汤匙橄榄油，中火加热，放入1/3杯红葱丝和2瓣剁碎的蒜，翻炒2分钟，直至红葱丝和蒜泥变软。放入6杯去了粗茎的菠菜苗、1/4茶匙细海盐和1/8杯现磨黑胡椒碎，翻炒2~3分钟，直至菠菜变软。再倒入1/4杯干白葡萄酒，大火炖3分钟，不时搅拌，直至汤汁蒸发完。将菠菜晾凉后放入食物料理机中，搅拌10次左右，大致搅碎。

在一个中等大小的盆中放入1杯全脂意大利乳清奶酪、1杯新鲜佛提那奶酪或格鲁耶尔奶酪碎和1/2杯现磨帕尔玛干酪碎，搅拌均匀。将菠菜糊放入奶酪中，放入1/8茶匙胡椒和1½茶匙鲜榨柠檬汁，搅拌均匀。将菠菜糊放入耐热碗中，在上面撒1/2杯日式面包糠，滴几滴橄榄油。烤20分钟左右，直至耐热碗周边的奶酪开始冒泡且面包糠变得酥脆（不放面包糠的烤菠菜奶酪酱可以提前做好，冷藏可存放3天；烤之前再撒面包糠）。

烤菠菜奶酪酱配焯熟的罗马花椰菜、黑萝卜块和/或薄脆饼干、脆面包片，趁热吃。

烤意大利面
配菠菜花椰菜奶酪酱

6~8 人份

这道晚餐中有喇叭状意大利面、花椰菜、菠菜、丝滑的佛提那奶酪酱和烤面包糠，看起来赏心悦目。学会基本搭配后，你便可以自由发挥，随意替换其中的蔬菜或奶酪。你可以用南瓜和皱叶甘蓝代替菠菜，用野生蘑菇和西蓝花代替花椰菜，还可以用格鲁耶尔奶酪代替佛提那奶酪。总之，你可以随意搭配。

---

1 大棵花椰菜（900~1100 克，处理干净后切成小花球）

450 克喇叭状意大利面（或卷条形意大利面）

1 汤匙特级初榨橄榄油（多准备一些，最后用）

2 汤匙无盐黄油（多准备一些，涂烤盘）

1 个大洋葱（切碎）

2 瓣蒜（切末）

1 捆菠菜（皱叶菠菜或平叶菠菜，300~450 克，去粗茎，粗切；或 150~250 克菠菜苗）

适量细海盐

适量现磨黑胡椒碎

1/2 杯干白葡萄酒（如灰皮诺白葡萄酒或长相思干白葡萄酒）

1¼ 杯全脂牛奶

1/2 杯淡奶油（选用乳脂含量较高的）

1 大杯现磨帕尔玛干酪碎

1½ 杯佛提那奶酪块（约 175 克）

1 茶匙新鲜的迷迭香碎

1½ 茶匙新鲜的百里香碎

1~1½ 大杯现磨粗粒面包糠（见第 19 页）

---

1. 将一大炖锅盐水大火煮沸。放入花椰菜，焯 4~5 分钟，直至花椰菜微微变软。用漏勺将花椰菜捞出，放入滤锅沥干。

2. 重新将水煮沸，放入意大利面（按照包装袋要求煮好）煮约 9 分钟。将意大利面沥干后再放回炖锅中。

3. 将烤箱预热至 230℃。

4. 同时，在一口大炖锅或荷兰炖锅中倒入橄榄油和黄油，中火加热。黄油熔化后放入洋葱和蒜末，炒 3 分钟左右，直至洋葱变软，蒜散发出香味。放入花椰菜，中高火翻炒 6~8 分钟，直至花椰菜微微

变成棕色。

5. 放入菠菜（一次放一点儿，用量视锅的大小而定），不时翻炒，直至菠菜开始收缩。放入 1/2 茶匙细海盐和 1/4 茶匙黑胡椒碎调味。倒入葡萄酒炖 2 分钟左右，不时搅拌，直至汤汁蒸发完。关火，放入牛奶、奶油、3/4 杯帕尔玛干酪碎、佛提那奶酪块、迷迭香碎和百里香碎。

6. 将意大利面倒入蔬菜中，拌匀（如果锅较浅，不方便搅拌，就将蔬菜倒入意大利面）。加调料调味。

7. 准备一个容积为 2.8 升（规格 23 厘米×

33 厘米）的烤盘，用黄油涂抹后，将意大利面混合物倒入烤盘（密封冷藏可存放 1 天）。

8. 在意大利面上均匀撒一层面包糠和剩下的帕尔玛干酪碎（如果用冷藏的意大利面，在放面包糠前将意大利面静置至室温），再在上面滴几滴橄榄油。用烤箱烤 18~20 分钟，直至面包糠变得酥脆，呈浅棕色，且烤盘边缘的汁水在冒泡。将烤好的意大利面静置一段时间，即可食用。

奶油菠菜煎饼

10~12 张

我在克罗地亚附近的一座岛上第一次品尝到了这种煎饼。那家餐厅的位置很特殊，前往那家餐厅像是一趟冒险的旅程（先乘坐渡轮，再骑自行车穿过森林，之后再坐船），令人印象深刻。甜甜的煎饼卷上菠菜，再配上一杯白葡萄酒和脆爽的沙拉，让我觉得不虚此行。

吃煎饼时，你可以配简单的绿叶蔬菜沙拉（见第 197 页），再在沙拉上放一些脆爽的蔬菜，如胡萝卜碎或萝卜片，也可以放一些草莓片和杏仁片。

没吃完的煎饼可以存放。再次食用时，将烤箱预热至 160℃，加热煎饼，并在里面放一些黄油、糖，或用饼卷一些炒鸡蛋、生番茄和牛油果片（最好再放一些没吃完的菠菜）。你还可以用瑞士甜菜、皱叶甘蓝、蒲公英叶或焯熟的荨麻等其他绿叶蔬菜代替菠菜。

---

3 汤匙无盐黄油

1/3 杯红葱碎

2 瓣蒜（切末）

680 克叶菠菜（去粗茎后冲洗并沥干）

1/2 茶匙细海盐（多准备一些，用于调味）

1/4 茶匙现磨黑胡椒碎（多准备一些，用于调味）

2 撮肉豆蔻粉

1 汤匙加 2 茶匙鲜榨柠檬汁

1 杯全脂意大利乳清奶酪

煎饼（做法见文后）

适量新鲜的平叶欧芹碎（做装饰；可选）

---

1. 在一口大平底锅中用中火熔化黄油，放入红葱碎和蒜末，炒 1 分钟左右，直至红葱碎和蒜末变软并发出香味。

2. 将菠菜放入锅中，一次放一点儿，以适应锅的大小。再放入 1/2 茶匙细海盐、1/4 茶匙黑胡椒碎和肉豆蔻粉调味，翻炒 3 分钟左右，直至菠菜收缩、变软。放入柠檬汁，再炒 1 分多钟。

3. 将菠菜混合物放入食物料理机中，并加入意大利乳清奶酪，将混合物搅拌至顺滑。可以做 3 杯奶油菠菜。

4. 将 3 汤匙奶油菠菜涂在温热的煎饼上，将煎饼对折，并趁热食用。

小贴士：你可以用皱叶菠菜代替平叶菠菜，但要将粗茎择掉。皱叶菠菜的叶片上一般藏有泥土，一定要清洗干净。你也可以用冷冻菠菜，但要提前解冻，并挤出多余的水分。如果没有平叶菠菜或皱叶菠菜，你可以用菠菜苗（600~700克），不过菠菜苗的味道有点儿淡。如果不想用菠菜，你可以试试用荨麻或藜。

煎饼

12 张

1½杯全脂牛奶
3个大鸡蛋
1/4茶匙盐
1杯普通面粉
1茶匙糖
2茶匙现磨柠檬皮屑
2汤匙无盐黄油（熔化的）
1茶匙芥花籽油

1. 在一个大碗中放入牛奶、鸡蛋、盐和 1/4 杯水，搅拌均匀。加入面粉、糖和柠檬皮屑，最后加入熔化的黄油。

2. 将烤箱预热至 160℃，在烤盘上铺一层烘焙油纸。

3. 在一口中等大小的不粘煎锅中倒入芥花籽油，小火加热 5 分钟。将芥花籽油均匀涂在锅中，并用厨房纸巾吸去多余的芥花籽油。

4. 将火调至中火，放入 1/4 杯面糊，转动锅使面糊在锅底铺上薄薄的一层。约 45 秒后面糊变干，用刮刀将煎饼边缘铲起，用手配合着将煎饼翻面。再加热 30 秒 ~1 分钟，直至煎饼完全变熟。将煎饼放到烤盘上，放入烤箱中烘烤。将剩余的面糊做成煎饼，期间可随时调整火的大小。

小贴士：煎饼可以提前1天做好，放入封口塑料袋或叠起来后盖一层保鲜膜，放在冰箱中冷藏。在煎饼上放蔬菜时，煎饼要是温热的。如果煎饼是凉的，你可以将煎饼放在铺了锡纸的烤盘中，将烤箱预热至 160℃，烤5分钟左右，加热煎饼。

洋 姜

洋姜常会被误认为是洋蓟的一种。为了避免人们的误解，便有了洋姜这一名称。洋姜是多瘤块茎，原产于北美，属于向日葵科。虽然洋姜看起来像姜，但它的味道和姜的味道一点儿也不像，洋姜很甜，有坚果香。

最佳食用季节

晚秋至仲冬；全年都可购买到。

最佳拍档

苹果、洋蓟、意大利香醋、蓝纹奶酪、刺菜蓟、根芹、菊苣、香葱、佛提那奶酪、蒜、格鲁耶尔奶酪、榛子、薄荷、洋葱、欧芹、梨、土豆、迷迭香、酸奶油、百里香和核桃仁。

挑选

优质的洋姜很结实（千万不要买特别软的）。用洋姜做汤或蔬菜泥时，菜谱会要求将洋姜去皮，这时，你可以挑选大个的洋姜，因为小个的洋姜去皮不方便。

储存

将洋姜放在宽松的封口塑料袋中，冷藏可存放 2 周。如果洋姜变软，你可以处理一下，使其重新焕发生机：将洋姜浸入一碗冷水，冷藏一夜。一般情况下，洋姜会变硬实。

蔬菜的处理

清洗和去皮

　　烹制洋姜前，要先洗去表面凹陷处隐藏的泥土，再用蔬菜清洗刷用力擦洗表皮，并冲洗干净。我只有在做洋姜汤或洋姜泥时才会给洋姜去皮。你可以用 Y 形削皮器给洋姜去皮，用削皮刀处理不规则的部位。去皮后，将洋姜放入柠檬水（见第25 页）中，用的时候再捞出（盖上盖后冷藏，可放 1 个晚上）。你还可以将洋姜放入沸水中焯 2 分钟左右，捞出后用冷水冲洗。给洋姜去皮时，你可以用削皮刀辅助去皮。

切片

　　如果想切又薄又整齐的片，最好用蔬果刨，用厨师刀也可以切出厚度均匀的薄片。

大厨建议

　　·洋姜中含有菊粉，这种膳食纤维可能造成身体不适。建议你不要过多食用洋姜。

　　·洋姜肉呈亮白色，一旦切开就开始氧化。因此，去皮后，你要将其放入柠檬水（见第25 页）中。

　　·洋姜的皮很薄，根据生长土质的不同，颜色呈深浅不同的红色，甚至紫色。如果你要给洋姜去皮，建议你挑选比较大的或中等大小的洋姜，大一些的洋姜清洗、去皮和切片时比较方便。一般我不会给洋姜去皮——我喜欢洋姜皮中的泥土香。

最适合的烹饪方法

烤洋姜片

　　用蔬果刨将未去皮的洋姜刨成 0.3 厘米厚的圆片。在洋姜片中拌入一点儿橄榄油，将其平铺在单层无边烤盘中，每片之间要留空隙。将烤箱预热至 220℃，烤 12~18 分钟，直至洋姜变得金黄酥脆。在洋姜片上撒一些粗粒海盐和 / 或一点儿盐和香草（如新鲜的迷迭香或百里香碎）。洋姜片完全晾凉后即可食用。做好的洋姜片直接吃口感最佳；将洋姜片放在密闭容器中，室温下可存放 2 天。

酥脆洋姜

4 人份

洋姜烹饪时熟得特别快，很容易变得过软而失掉美妙的口感。所以我一般将洋姜蒸至半熟，之后压平，再用油煎。这样，洋姜会变得外脆里嫩。你还可以在上面放一勺味道浓郁的法式酸奶油或辣根奶油酱（做法见文后）。吃的时候，要配一些简单的绿叶蔬菜沙拉或阔叶菊苣日本甜柿沙拉（见第 112 页）。你也可以用酥脆的小土豆代替洋姜，并配花椰菜排（见第 94 页）一起食用。

---

450 克小的或中等大小的洋姜（轻轻擦洗表皮后冲洗干净；见"小贴士"）

2 汤匙特级初榨橄榄油

适量粗粒或片状海盐

适量现磨黑胡椒碎

适量新鲜的香葱碎（或平叶欧芹碎；做装饰）

适量辣根奶油酱（或法式酸奶油；配菜吃；可选）

---

1. 在一口大锅中放入可折叠蒸笼，注入足量的水。大火将水煮沸，将洋姜平铺在蒸笼中。盖上锅盖蒸 10~18 分钟，蒸至洋姜变软（蒸的过程中，要不时检查是否蒸熟——如果削皮刀可以轻易划开洋姜皮且插入其中，就表明蒸好了）。将洋姜擦干。

2. 将洋姜放在两个沙拉盘中间，用力按压至洋姜裂开。注意，洋姜裂开即可，要确保洋姜还是一个整体。

3. 在炉灶边准备一个盘子，上面铺一层厨房纸巾。在一口大煎锅中倒入橄榄油，中高火加热，橄榄油冒青烟后，转动锅使橄榄油均匀铺开。放入洋姜，在锅底铺一层（不要放得太满，可一次放一部分）。在洋姜上撒一点儿海盐和黑胡椒碎，煎 2~3 分钟，直至洋姜变得棕黄酥脆。用刮刀将洋姜翻面，将另一面也煎好。记得在另一面上也撒一些海盐和黑胡椒碎。

4. 将洋姜放在厨房纸巾上，吸去表面多余的油。请趁热食用。也可以在上面再放一些香草和海盐，还可以再放一些辣根奶油酱。

小贴士：尽量挑选大小相仿的洋姜。

辣根奶油酱

1杯酸奶油

1/4杯松散的辣根碎（依照个人口味选择用量；见"小贴士"）

2茶匙鲜榨柠檬汁

1/4茶匙细海盐

1汤匙新鲜的香葱碎（可选）

在一个中等大小的碗中放入酸奶油、辣根碎和柠檬汁，拌匀。如果吃香葱，可以加入香葱碎。将辣根奶油酱放入密闭容器中，冷藏可存放数日。食用前拌匀即可。

小贴士：你可以用柠檬刨刀将辣根刨碎。辣根味道很冲，处理时要小心，最好在通风良好的环境下处理。

奶油洋姜汤
配苹果和核桃油

4~5 人份

洋姜熟后口感软嫩丝滑，适合做成汤或泥，再放入苹果丁和核桃油，就做成了一道丝滑、有坚果香和浓浓洋姜的甜味美食。洋姜用食物搅拌器高速搅拌后做成的汤更加顺滑。

---

4 杯冷水

1/2 个中等大小的柠檬加 1 汤匙鲜榨柠檬汁

900 克中等大小的或大个的洋姜

3 汤匙无盐黄油

1/2 个中等大小的黄洋葱（切成 0.6 厘米见方的块）

1 瓣蒜（剁碎）

1/2 茶匙细海盐（多准备一些，用于调味）

3 杯蔬菜高汤（可自制，见第 20~21 页；或从商店购买；多准备一些，稀释汤）

3/4~1 杯淡奶油（选用乳脂含量较高的）

1/2 个蜜脆苹果（去核后切成 0.3 厘米见方的块，做装饰）

2 汤匙核桃油（做装饰）

2 茶匙新鲜的平叶欧芹碎（或细叶香芹碎；做装饰）

---

1. 洋姜清洗、去皮后放入柠檬水中（盖上盖子，洋姜在柠檬水可冷藏一夜）中。将洋姜捞出并沥干，用厨师刀切成 0.6 厘米厚的片。

2. 在荷兰炖锅中用中火熔化黄油。向锅中加入洋葱和蒜末，炒 2 分钟左右，直至洋葱变透明但没有完全变成棕色。

3. 放入洋姜和 1/2 茶匙细海盐。翻炒 5~7 分钟，直至洋姜开始变软且变半透明。向锅中加入 3 杯蔬菜高汤，煮沸。将火调至中小火炖 5 分钟左右，直至洋姜完全变软。将锅从火上移开，晾一会儿。将洋姜和高汤放入食物搅拌器或食物料理机中，高速搅拌至混合物变得顺滑。搅拌时，你可以放入奶油，调出合适的浓

稠度（我喜欢较稀的奶油状稀汤，汤里有一些小的食物块）。

4. 用湿的厨房纸巾将锅擦干净。将汤重新放回锅中，放入剩下的柠檬汁，小火煮温即可享用。如果汤比较稠，倒一些蔬菜高汤或水将汤稀释（汤最好是稀的奶油状）。放入调料调味。

5. 将汤盛入碗中，并用苹果、核桃油和欧芹碎做装饰。

衍生做法

如果你喜欢稀一点儿的汤，用1杯蔬菜高汤代替菜谱中的奶油。

你也可以用褐化黄油、榛子油、家里最好的特级初榨橄榄油或法式酸奶油代替核桃油。

红薯

红薯有浓浓的甜味，且吃法很多。红薯是秋季的馈赠。红薯的品种有上百种，全年都可以购买到。在秋季和早冬，你会看到各种颜色的红薯。

最佳食用季节

秋季至冬季。

最佳拍档

多香果粉、苹果、黑豆、黑米、红糖、抱子甘蓝、小豆蔻、辣椒、香葱、芫荽、肉桂、椰奶、绿甘蓝、蔓越莓、黑加仑干、法老小麦、蒜、姜、皱叶羽衣甘蓝、韭葱、青柠、枫糖浆、洋葱、橙子、碧根果、葡萄干、红柿子椒、迷迭香、鼠尾草、青葱、瑞士甜菜、百里香、核桃和南瓜。

品种

软红薯：紧实、多肉，有甜甜的南瓜味，常被误认为是山药，品种包括博勒加德红薯、加内特红薯、宝石红薯、森特尼尔红薯和白薯。硬红薯：烹饪后会变得很干、很结实，不太甜，但有浓浓的坚果香，品种包括欧·亨利红薯、黄泽西红薯、白胜利红薯、冲绳红薯和加勒比红薯。

挑选

要挑选中等大小的硬实红薯。优质的红薯无裂缝或碰伤。不要购买有黑点、有霉斑或发芽的红薯。

储存

将未清洗的红薯放在干燥的阴凉通风处可储存2周，不要放在塑料袋或冰箱中冷藏。

蔬菜的处理

将红薯擦洗干净后，根据需要决定是否去皮（见"大厨建议"），之后你可以像处理土豆等圆柱形蔬菜（见第 13 页）一样处理红薯。

最适合的烹饪方法

烤红薯

硬红薯很适合烘烤，软红薯也可以烘烤。用叉子在红薯上戳一些孔，将红薯放在铺了烘焙油纸或锡纸的烤盘上。将烤箱预热至 200℃，烤 45 分钟~1 小时，直至红薯变软，用削皮刀可以轻松插入。在烤好的红薯上划一个 X 形，将 X 形四周的红薯皮按进去，露出红薯肉。在红薯肉上放一些黄油和片状海盐。如果想做红薯泥，划 X 形后用勺子将红薯肉掏出，用土豆捣烂器或叉子背将红薯肉碾碎。如果你希望红薯泥口感顺滑，用食物料理机搅打红薯，并拌入奶油、肉豆蔻和一点儿枫糖浆。

做红薯泥

将红薯去皮后切成 3 厘米见方的块。在一口大锅中放入可折叠蒸笼，注入水。大火将水煮沸，将红薯放在蒸笼上，盖上锅盖蒸 15~20 分钟，直至红薯完全变软。你也可以用一大锅沸盐水，将红薯煮 12~15 分钟，直至红薯完全变软。

红薯蒸 / 煮熟后，用土豆捣烂器或食物料理机打成泥。用盐和现磨胡椒碎调味，再拌入黄油、牛奶或奶油，还可以放一些肉桂粉，再滴几滴枫糖浆。

🍠 烤红薯
配枫糖甜辣酸奶酱
4~6 人份

将烤箱预热至 220℃。将 4 个中等大小的红薯擦洗干净，不用去皮。每个红薯先纵向切成 4 等份，再横着切成 8 份。将红薯、1/4 杯特级初榨橄榄油、1 茶匙细海盐和 1/4 茶匙红辣椒碎搅拌均匀。将红薯平铺在两个铺了烘焙油纸的有边烤盘中，用烤箱烤 20~25 分钟，直至红薯完全变软且边缘变得棕黄酥脆。如果你喜欢蘸酱吃，可以按如下方法做酱料。将 1 杯原味传统希腊酸奶、1 汤匙鲜榨青柠汁、2 茶匙枫糖浆、1 小瓣蒜（用蔬果刨刨碎）、1/2 个或 1 个阿多波烟熏辣椒（切碎）和 1 汤匙新鲜的芫荽碎搅拌均匀。

在红薯上撒一些片状海盐，配着酱料趁热食用。

大厨建议

• 你可以用蔬菜清洗刷在冷水中擦洗红薯，再用削皮刀将发黑或烂的部分切掉。如果想去皮，用旋转刀头削皮器或 Y 形削皮器。

• 如果想提高甜度，你可以在红薯中放入蜂蜜、红糖或枫糖浆；也可以将红薯（块或片）烤至焦糖化且边缘变得酥脆，这样也可以突出红薯的自然甜味。你可以用调料（如烟熏辣椒和孜然）、香草（新鲜芫荽、香菜或姜）或酸性饮品（如青柠汁、苹果酒醋或香槟酒醋）搭配红薯食用。

烤红薯炒瑞士甜菜
配椰奶黑米饭

4~5 人份

在我家，这是一道颇受欢迎的工作日餐。做这道餐既不费脑，也不费时间。我会同时烤红薯、用椰奶蒸米饭和烤松子，再炒瑞士甜菜。最后在菜上洒一些青柠汁，以中和其他原料的甜味。总而言之，这是一道丰盛、清甜、有坚果香，吃起来令人感觉愉悦的美食。菜肴一次吃不完也没关系，可以下次加热后再吃。

---

900 克红薯（约 4 个小的或 2 个大的，切成 1 厘米见方的块）

3 汤匙特级初榨橄榄油

1 茶匙细海盐（多准备一些，用于调味）

1/8~1/4 茶匙红辣椒碎（可选）

1½ 杯黑米（冲洗干净后沥干，见 "小贴士"）

1 罐椰奶（375~390 克，搅拌均匀）

3 汤匙松子

3 瓣蒜（切末）

1 大捆瑞士甜菜（250~350 克，茎叶分离，冲洗干净后沥干；叶切细丝，茎切成 1 厘米见方的块；见 "小贴士"）

适量现磨黑胡椒碎

1 汤匙鲜榨青柠汁（约 1/2 个青柠）

适量青柠块（配菜吃；可选）

---

1. 将烤箱预热至 220℃，并在有边烤盘中铺一层烘焙油纸。

2. 在一个大盆中放入红薯、2 汤匙橄榄油和 1/2 茶匙细海盐，搅拌均匀。如果用红辣椒碎，再拌入红辣椒碎。将红薯平铺在单层烤盘中，烤 30~40 分钟，在最后 8~10 分钟时翻一次面，直至红薯变软且边缘微微变成棕色。

3. 在烤红薯同时，在一口小炖锅中放入黑米、椰奶、1½ 杯水和剩下的 1/2 茶匙细海盐，搅拌均匀。大火煮沸后将火调小，盖上锅盖煮 25~30 分钟，直至黑米将全部汤汁吸收干净。将锅从火上移开，盖着锅盖静置 10 分钟。

4. 在一口不粘锅中用中火烤松子，要不停颠锅，以免把松子烤煳。烤 4 分钟左右，直至松子变成黄棕色。将松子盛入盘中晾凉。

5. 在烤松子的锅中（不必清洗）放入 1 汤匙橄榄油，中火加热。放入蒜末，翻炒 30~60 秒，直至蒜末微微变软且散发出蒜香。放入瑞士甜菜的茎，不时翻炒 4~6 分钟，直至菜茎变软。调整火的大小，以免蒜末炒焦，加入瑞士甜菜叶，一次加一点儿，以适应锅的大小。翻炒瑞士甜菜菜叶，直至菜叶变得蔫软（如果菜叶变干，加入一点儿水）。继续炒 2~4 分钟，直至蔬菜全部变熟，放一点儿细海盐和黑胡椒调味，并在上面洒一些青柠汁。

6. 将烤红薯和烤松子放入锅中，与瑞士甜菜搅拌均匀。这时就可以配上椰奶米饭，享用这道菜了。你还可以配青柠块一起食用。

小贴士：羽衣甘蓝、绿甘蓝和菠菜都可以代替瑞士甜菜，不过瑞士甜菜的茎可以为这道菜增添一种别样的脆爽口感。如果你不想做菜，可以将生的嫩菠菜、红薯和米饭直接拌在一起吃。

瑞士甜菜洗好后，简单甩一甩即可。烹饪时菜叶上的水分有助于将其煮熟。

黑米，也被叫作禁忌之米，颜色呈深紫色，是一种有坚果香的传家宝品种的大米。你可以在大部分小菜店和食品店买到黑米。

红薯饼
配蔓越莓辣椒酱和酸奶油

18 块

这种又甜又脆的红薯饼是我的假日最爱。这种红薯饼还有一大特色，即可以与由阿多波烟熏辣椒和蔓越莓做成的蔓越莓辣椒酱配着吃。在红薯饼上再放一些酸奶油和精致的香葱碎，既好看又好吃。我相信你会爱上并学着做这种红薯饼的。

没用完的辣酱加热后可以涂在三重乳酪上或配奶酪拼盘食用。这种酱放在冰箱中冷藏可存放一周，如果冷冻起来，吃之前要加热解冻。

---

450 克黄瓤红薯（2 个较小的或 1 个大的，去皮）	2 撮肉豆蔻粉
1/2 个洋葱	1/4 杯葡萄籽油（或芥花籽油）
1 个大鸡蛋	适量蔓越莓辣椒酱（配菜吃；做法见文后）
1/4 杯普通面粉	1/4 杯酸奶油（配菜吃）
3/4 茶匙细海盐	适量新鲜的香葱（斜着切成 1 厘米长的条，做装饰）
1/8 茶匙现磨黑胡椒碎	

---

1. 将红薯横着切成两半，竖着放入食物料理机中，料理机要安装刨碎片的刀片。按压按钮，将红薯刨成碎片。将一个洋葱用同样方法刨成碎片（你也可以用四面刨刨整个红薯和洋葱）。将处理好的蔬菜放在一旁备用。

2. 在一个大碗中放入鸡蛋，打成蛋液，拌入面粉、细海盐、黑胡椒碎和肉豆蔻粉。再放入红薯和洋葱，搅拌均匀。

3. 在冷却架上放几张厨房纸巾。在一口大煎锅中放入油，中高火加热，向锅中滴一点儿面糊，测试油温——如果油热好了，面糊会发出嘶嘶声。

4. 用一把主餐勺盛一勺面糊，另一把主餐勺护着面糊，以防红薯掉下来。将面糊放入锅中，用勺子背轻轻按压面糊，使面糊摊开。重复上述步骤，将锅填满，面糊之间要留有空隙。煎面糊 1½~2 分钟，直至底部变成黄棕色；翻面再煎烤 1½~2 分钟，直至两面变得金黄酥脆。将做好的红薯饼放到冷却架上。煎红薯饼时，你可以调整火候大小，以免红薯饼变焦（红薯饼可以提前做好。将红薯饼晾凉，在上面盖一层保鲜膜或放在密闭容器中，冷藏可存放一晚上。重新加热时，将烤箱预热至 230℃，烤 5 分钟左右，直至红薯饼完全变热）。

5. 在红薯饼上放一些蔓越莓辣椒酱、一点儿酸奶油和香葱，趁热吃。

小贴士： 一些红薯含有较多的水分。在第 1 步中将红薯刨成碎片后，如果红薯水分比较大，将红薯和洋葱放在一大块粗纱布上，卷起来，像拧毛巾一样将其中水分拧出，再放入滤锅沥干，最后和鸡蛋、面粉搅拌在一起。

蔓越莓辣椒酱
2 杯

3杯新鲜的蔓越莓（也可以用冷冻的）
1/3杯黑加仑干
1/2杯红糖
1/4枫糖浆
1个烟熏辣椒（2茶匙阿多波酱中的烟熏辣椒，剁碎或打成泥）
1/4茶匙肉桂粉
1茶匙现磨橙皮屑
1汤匙鲜榨橙汁
1/2茶匙细海盐

　　将蔓越莓、黑加仑干、红糖、枫糖浆、1/3 杯水、烟熏辣椒、肉桂粉、橙皮屑、橙汁和细海盐倒入一口中等大小的炖锅中，中高火加热。加热时不盖锅盖，直至蔓越莓崩裂开、变软。将火调小，再加热 10 分钟左右，不时搅拌，直至大部分蔓越莓裂开且汤汁变稠。用勺子背挤压蔓越莓，将其碾碎。将蔓越莓辣椒酱放在密闭容器中，冷藏可存放 5 天。

墨西哥卷饼

3~5 人份

大家都爱吃墨西哥卷饼。考虑用玉米面饼配什么食材，是一件相当有趣的事。做墨西哥卷饼时，我会考虑在里面放什么馅料，在上面放什么装饰性食材（上面放的食材越多，味道越好），如何让它秒杀餐桌上的其他食物。全家人可以一起出动，去农贸市场采购所需的原料，具体购买什么，视季节而定。在夏季，我会用西葫芦、玉米和红皮土豆做馅料，在玉米面饼上放萝卜和番茄桃莎莎酱（见第 297 页）。在秋季，我会用红薯、得力卡特薄皮南瓜和应季的辣椒做馅料，在玉米面饼上放墨西哥软奶酪和卷心菜丝。不论放什么馅料，你都可以再放一些牛油果酱和黏果酸浆莎莎酱来提味。至于配菜，你可以选择加有大米或藜麦的黑豆。墨西哥卷饼最突出的优点是，即使吃不完，第二天依旧相当可口，无菜能比。

墨西哥卷饼馅料原料

2 汤匙特级初榨橄榄油

1 个干的烟熏辣椒（去茎；或浸在阿多波酱中的烟熏辣椒，剁碎）

1 个大的得力卡特南瓜（约 450 克，切成 0.6 厘米厚的半月形片）

1 个大红薯（约 450 克，去皮后切成 0.6 厘米见方的块）

3/4 茶匙细海盐（多准备一些，用于调味）

1 茶匙孜然粉

1/2 个大的红洋葱（切薄片）

1 个波布拉诺辣椒（去蒂、去籽，切成 0.3 厘米宽的条）

2 汤匙鲜榨青柠汁

1 大捧新鲜的芫荽叶和细茎（粗切）

小块白面饼和 / 或玉米面饼（温的）

适量青柠黑豆（做法见文后；可选）

做装饰的原料

1/2 棵小的红叶卷心菜（切细丝）

适量现磨墨西哥软奶酪碎（或菲达奶酪碎或山羊奶酪碎）

适量酸奶油（或原味希腊酸奶）

适量经典牛油果酱（见第 44 页；或牛油果片）

适量黏果酸浆莎莎酱（见第 293 页；或从商店购买的墨西哥青酱或烤番茄莎莎酱）

---

1. 在一口大炒锅中，放入橄榄油，中火加热，向锅中放入烟熏辣椒碎炒 30 秒，注意不要炒焦。放入南瓜、红薯、1/2 茶匙细盐、孜然粉和 3/4 杯水。将火调至中高火，翻炒 6 分钟左右，直至红薯和南瓜开始变软。

2. 向锅中放入洋葱和波布拉诺辣椒，并放入 1/4 茶匙细海盐调味。继续翻炒 6~8 分钟，直至蔬菜变软且边缘变为棕色。放入青柠汁，翻炒 1 分钟，直至汤汁蒸发完。将蔬菜盛到盘中，上面放一些芫荽碎。

3. 取一个玉米面饼，在上面放上馅料，再放些青柠黑豆（如果喜欢吃，就放些；见第 290 页），最后再放一些做装饰的原料。趁热吃墨西哥卷饼。

小贴士：如果你喜欢吃辣一些的墨西哥卷饼，可以用2个干的烟熏辣椒或浸在阿多波酱中的烟熏辣椒。

你可以用去皮、切块的日本南瓜代替得力卡特南瓜。奶油南瓜也不错，只是烹饪的时间比较长，你可以先把奶油南瓜炒一下，再放入红薯和水。

你可以在出锅前加入季末的樱桃番茄，将其炒裂。这样就可以快速做出一道番茄莎莎酱了。

青柠黑豆

3 杯

1杯干黑豆（冲洗，泡一晚上；见"小贴士"）
1茶匙细海盐（多准备一些，用于调味）
1片月桂叶
1汤匙橄榄油
1/2棵食用大黄（或白洋葱，切小丁，约1杯）
2瓣蒜（切末）
1/2茶匙孜然粉
1/8茶匙卡宴辣椒粉
1汤匙鲜榨青柠汁

1. 在一口中等大小的炖锅或荷兰炖锅中注入水，水面距离锅沿约5厘米。向锅中放入黑豆、1茶匙细海盐和月桂叶。将水煮沸后将火调小，锅盖不要盖严，煮40分钟~1小时，直至黑豆变软（必要时可向锅中多加一些水，盖严）。将黑豆捞出、沥干，并预留1杯煮豆水。将月桂叶取出。

2. 在一口中等大小的炖锅中放入橄榄油，中高火加热，放入洋葱翻炒3分钟左右，直至洋葱开始变软。加入蒜末，炒30秒左右，炒出蒜香。将黑豆和预留的煮豆水放入锅中，搅拌均匀。向锅中加大量的细海盐调味，并放入孜然粉、卡宴辣椒粉和青柠汁。小火炖黑豆5~8分钟，直至大部分水分蒸发完，汤汁变浓稠。

小贴士：你可以用冲洗干净的2½~3杯罐装豆代替煮熟的黑豆，跳过第1步，将罐装豆用在第2步中。你还可以用1杯蔬菜高汤（见第20~21页）代替预留的煮豆水。

黏果酸浆

黏果酸浆（实际上是一种水果）上有一层像宣纸一样的外皮——果实成熟后外皮会裂开。通过外皮的缝隙，你可以清晰地看到下面光滑的果皮。黏果酸浆与番茄和醋栗是"近亲"。人们一般喜欢黏果酸浆独特的酸味。黏果酸浆可生吃，熟后酸味会减轻。

最佳食用季节

夏季和初秋。

最佳拍档

牛油果、罗勒、柿子椒、黑豆、辣椒、玉米、芫荽、孜然、茄子、蒜、墨西哥辣椒、青柠、洋葱、牛至、土豆、红薯、番茄和西葫芦。

挑选

优质的黏果酸浆很结实，有光泽，比同等大小的重一些，且外皮包裹得很紧密，只能看到一点儿或看不到果实。不要购买发软、外皮比较湿或有霉斑的黏果酸浆。

储存

如果你准备在一天内就用黏果酸浆，使用前冷藏即可。如果当天不用，不要破坏黏果酸浆的外皮。将黏果酸浆放在纸袋或铺了厨房纸巾的塑料袋中，冷藏可存放2周。如果黏果酸浆已存放了很长的时间，你还打算再存放一段时间，剥掉外皮，将黏果酸浆放入封口的塑料袋。这样可以再多存放几天。

蔬菜的处理

将黏果酸浆洗净、去硬芯后，你可以像处理番茄（见第 296 页）一样处理黏果酸浆。

清洗并去硬芯

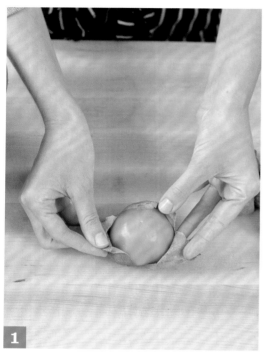

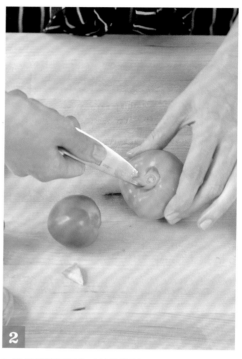

1. 将黏果酸浆的外皮剥开，剥到蒂时拧一下，将外皮和蒂一起剥掉。将黏果酸浆放在冷水中清洗干净。

2. 沿着蒂部用削皮刀斜着将硬芯切下。

大厨建议

· 剥黏果酸浆外皮时，你会发现果实的表面和你的手上会有一层黏黏的薄膜——这是黏果酸浆抵御昆虫的"保护盾"，可以清洗掉。

· 绿黏果酸浆特别酸，尤其小的绿黏果酸浆。

绿黏果酸浆成熟后会变甜。其他品种的黏果酸浆未成熟时是绿色的，成熟后会变成黄色或紫色（紫色的最甜）。

· 墨西哥料理中常用黏果酸浆。黏果酸浆可以用来做莎莎酱、果酱，或当作配料，放入汤中。

最适合的烹饪方法

 黏果酸浆莎莎酱

约 2 杯

准备 680 克黏果酸浆，去皮、洗净并去硬芯，切成两半后放在一个有边烤盘中。在黏果酸浆旁放 2 瓣未剥皮的蒜，在黏果酸浆和蒜上滴 2 汤匙特级初榨橄榄油，并用手将橄榄油涂匀。将烤箱预热至 230℃，烤 20 分钟左右，直至黏果酸浆变软、呈棕色且蒜也变软。晾至可用手触摸时，将蒜剥皮后与黏果酸浆、烤盘中的汤汁一起放入食物料理机或食物搅拌器，搅拌成泥。将黏果酸浆泥放入碗中，拌入 1/4 茶匙细海盐、1/2~1 个墨西哥辣椒（去茎、掏空、剁碎）和 1/3 杯新鲜芫荽（剁碎），还可以加 2 汤匙紫洋葱碎或白洋葱碎。冷藏至少 1 小时，最好一晚上。食用前加入盐调味。

黏果酸浆番茄酱

1½ 杯

你可以试试用这道甜酱配奶酪拼盘中的玉米面包，或涂在黄油烤面包片上，配炒蛋、牛油果和青柠黑豆（见第 290 页）食用。

在一口中等大小的炖锅中放入 450 克黏果酸浆（去皮、去核，大致切碎）、1 个墨西哥辣椒（去茎、掏空并剁碎）和 1 茶匙细海盐，中火加热，翻炒 3~5 分钟，直至蔬菜开始裂开。将火调小，放入 1/4 杯白砂糖、1/4 杯红糖、2 汤匙鲜榨青柠汁和 1/4 茶匙孜然粉，炖 30~35 分钟，不时搅拌，直至汤汁变浓稠。将混合物晾凉后放入食物料理机或食物搅拌器搅拌至顺滑。

将酱放入密闭容器，冷藏可存放 1 周左右。

番茄

没有什么可以与夏日阳光下成熟的番茄相媲美：它们是夏季的精灵。番茄颜色丰富，有红色、黄色、绿色、深紫色……番茄的形状和大小也各异，从蓝莓大小到垒球大小都有。番茄品种不同，味道也不同，有微苦的，也有甘甜多汁的。只要在番茄中放一些片状海盐和几滴橄榄油，味道就不错。我们还可以将番茄用到很多菜肴中，为菜肴增添一丝甜味和酸味；另外，番茄本身也可以做成很多种菜肴。

最佳食用季节

夏季至初秋。

最佳拍档

芝麻菜、牛油果、意大利香醋、罗勒、柿子椒、黑豆、蓝纹奶酪、小麦片、黄油、芹菜、鹰嘴豆、辣椒、香葱、芫荽、玉米、奶油、黄瓜、莳萝、茄子、法拉小麦、茴香根、菲达奶酪、蒜、山羊奶酪、四季豆、格鲁耶尔奶酪、墨西哥辣椒、生菜、薄荷、墨角兰、马苏里拉奶酪、秋葵、橄榄油、帕尔玛干酪、西芹、土豆、藜麦、红葡萄酒醋、意大利乳清奶酪、鼠尾草、青葱、核果类水果、龙蒿和西葫芦。

品种

番茄的品种有上百种，颜色、大小和口感各不相同。这里列出的是一些基本品种：牛排番茄、水果番茄（如樱桃番茄、葡萄番茄、梨形番茄）、李子番茄、圆番茄（普通番茄，即可切片番茄）、绿番茄（一般是未成熟的绿番茄，但有些传家宝品种的番茄天生是绿色的）、传家宝品种的番茄、金太阳番茄和紫樱桃番茄（黑樱桃番茄）。

挑选

优质的番茄颜色较深，果肉结实但不硬，比较重且多汁。不要挑选有碰伤、有疤痕或变软的番茄。有些番茄，特别是传家宝品种的番茄，可能会有疤痕，这没关系。优质的番茄有清香味：你可以闻闻蒂部，以确保有酸甜的清新味。

储存

番茄要在室温状态下存放，不要放在袋子中，同时避免阳光直射。番茄不要冷藏，否则味道会变淡。建议在购买后几日内使用。

蔬菜的处理

去皮

方法 1

1. 在一口中等大小的锅中注入水，煮沸，并在锅边准备一碗冰水。在番茄底部用刀划一个 X 形开口。将番茄（可分批）放入沸水焯 20~30 秒，直至开口附近的番茄皮开始脱落。用漏勺将番茄捞出，并迅速放入冰水中浸泡。

2. 给番茄剥皮。这时番茄的皮很容易剥掉。

3. 用削皮刀将番茄的硬芯挖去。

方法 2

用削皮刀从番茄顶部（蒂部）开始去皮，刀尽量贴近皮，少削下一些番茄肉。转动番茄，将皮全部去掉。

大厨建议

· 快成熟的番茄在适宜的条件下可以被催熟。将快成熟的番茄放在能晒到阳光的地方，但要避免阳光直射。

· 你可以将大量夏季番茄冷冻起来，以备冬季使用。将番茄放在有拉链的袋子中，冷冻起来，解冻后番茄的皮会脱落。你也可以将番茄去皮、去籽后打成泥，将番茄泥放在密闭容器中，再冷冻。番茄泥很适合用来做酱。

去硬芯并去籽

1. 用削皮刀切掉番茄的蒂部。将刀伸进番茄蒂部下方，将硬芯掏出。

2. 将番茄纵向切成两半。

3. 用指尖将果冻状汁液及番茄籽一起掏出。

最适合的烹饪方法

烧烤樱桃番茄

　　烧烤樱桃番茄和其他烧烤蔬菜都适合放入沙拉、拌意大利面或放在布拉塔奶酪上（在奶酪上放手撕罗勒叶或香蒜酱，再滴几滴优质橄榄油）。将木签放在水中浸泡几分钟，用木签将樱桃番茄串起来。在樱桃番茄上刷大量橄榄油，并撒一些细海盐。在烤炉上用中高火烤樱桃番茄，不时翻面，每面烤 2~3 分钟。

烤李子番茄

　　在高温、干热条件下烤后的番茄，可以体现其天然的甜味。烤后的番茄可以放在三明治或脆面包片上，也可以用来煲汤。将烤箱预热至 160℃，将大番茄去硬芯后，

纵向切成两半。将番茄切面向上放在铺了烘焙油纸的烤盘中，在上面撒一点儿细海盐（如果番茄不太甜或比较生，再撒一点儿糖）。在番茄上滴一些橄榄油，用手将橄榄油在番茄表面涂匀。再将番茄切面向上放置，在切面上再撒一些盐，烤 1.5~2 小时，直至番茄开始皱缩，但仍然比较饱满——不要让番茄完全脱水。

　　你也可以在番茄中拌入一些新鲜的百里香和 / 或迷迭香，或在番茄上放一些蒜片。将番茄从烤箱中取出，在上面洒一些意大利香醋，翻动番茄使其均匀吸收香醋。将番茄晾凉。你也可以将烤好的番茄放入食物料理机，打成番茄泥，这样可以做出非常可口的意大利甜面酱。

腌蒜香番茄

2 杯

你可以在涂抹了意大利乳清奶酪或山羊奶酪的烤面包片上放一勺腌蒜香番茄，再撒一些新鲜罗勒食用。将烤箱预热至190℃。在铺了烘焙油纸的有边烤盘中加入4杯樱桃番茄或金太阳番茄、2汤匙橄榄油和1/4茶匙细海盐，搅拌均匀。将搅拌好的番茄放入烤箱，烤30~40分钟，直至番茄变软、开始收缩但仍比较饱满。在一个中等大小的碗中放入1汤匙橄榄油、1汤匙意大利香醋和1/2茶匙糖（如果西红柿不太甜，多加点儿糖），搅拌均匀。再拌入2小瓣蒜（碾碎）、1/4杯罗勒叶（粗切）和温热的番茄。将混合物晾凉后放入密闭罐子，冷藏一晚上。食用前，将番茄静置至室温。放入盐调味。

意大利香醋番茄酱

1/2 杯

在一口小炖锅中倒入1汤匙特级初榨橄榄油，中火加热。向锅中放入1瓣蒜（切末），炒30秒~1分钟，炒出蒜香。放入1/2茶匙细海盐、2杯番茄块或樱桃番茄（切成两半）、1/4茶匙红辣椒碎和2茶匙红糖，翻炒10分钟左右，直至汤汁变浓稠。再拌入1½茶匙意大利香醋，炖2分钟。将番茄倒入食物料理机或食物搅拌器，搅拌成顺滑的番茄泥。

将番茄泥放入密闭容器，冷藏可存放3天。食用前用小炖锅将番茄酱加热。

简易番茄酱

4 人份

在一口大炒锅中加入3汤匙特级初榨橄榄油，小火加热。向锅中加入4瓣蒜（切成薄片），翻炒2分钟左右，直至蒜变软但还未变色。放入1个紫洋葱或黄洋葱（切成小丁），将火调至中火，炒5分钟，直至洋葱开始变软且微微变成棕色。加入1400克番茄（去核、去籽、切成块）及番茄汁、1茶匙盐和1/4茶匙现磨黑胡椒碎。将火调至中小火，锅盖不要盖严炖25~30分钟，不时搅拌，直至番茄溶于汤汁中且汤汁变浓稠（如果你希望汤汁顺滑些，用食物搅拌器或食物料理机搅拌一下再放回锅中）。放入1汤匙无盐黄油，再拌入1茶匙新鲜的牛至碎。最后放入盐和胡椒调味。

番茄桃莎莎酱
配墨西哥辣椒和芫荽

约 3 杯

将4个桃子（焯熟，用第295页番茄的去皮方法去皮，去核后切成0.6厘米见方的块）、450克番茄（切成两半、去籽后切成0.6厘米见方的块）、1个墨西哥辣椒（去蒂、掏空辣椒籽后切成0.6厘米见方的块）、2汤匙鲜榨青柠汁、1个小红洋葱（切成0.3厘米见方的块）、1小瓣蒜（切末）、1/2杯芫荽碎和3/4茶匙盐放在一个大碗中，搅拌均匀。必要时，可放入盐和青柠汁调味。食用前冷藏至少1小时，至多1天。

西班牙番茄冷汤
配自选食材

4~5 人份

我在西班牙安达卢西亚海岸边的一个小镇上吃到了这世上最好吃的西班牙番茄冷汤。当时餐厅给我们上了一大碗汤，还配了碎番茄、黄瓜、红柿子椒、洋葱和脆烤面包丁——这些食材也是做汤的原料。这道汤凉凉的、顺滑可口，口感非常好。在用面包蘸完碗中最后一点汤汁后，我又要了一大碗。

我试过用各种方法做这种汤。试过后我发现，一定要用优质的原料，特别是橄榄油和番茄；另外，汤要冷藏一个晚上。在汤中并非一定要加面包糠，不过传统做法中要求加一些（面包糠可以让汤变浓稠，口感更好）；你也可以准备一些陈面包。做这道汤用的原料的黄金配比并无定论，但是我的菜谱中的配比确实还原了当时那道汤的配比。

---

1 瓣蒜

1400 克中等大小或大的成熟番茄（任何品种，5~6个，去硬芯、去籽后切成 4 等份）

1 根小黄瓜（去皮、去籽后切块，约 3/4 杯）

3 片紧实的白面包（去脆皮后撕成 3 厘米见方的块，约 1 杯；可选）

1 茶匙细海盐（多准备一些，用于调味）

1/2 个小红洋葱（粗切，约 1/2 杯）

1 个红柿子椒（去茎、去籽，粗切，约 1 杯）

1~2 汤匙雪利酒醋（或红葡萄酒醋；多准备一些）

1/2 杯特级初榨橄榄油

1/4 杯现磨黑胡椒碎

适量家里最好的特级初榨橄榄油（配汤喝）

配菜和配料：

1/2 个小红柿子椒（去蒂、去籽，切丁）

1/2 个小红洋葱（切丁）

1/2 根小黄瓜（去籽，切丁）

1/2 个中等大小的番茄（去核、去籽，切丁）

1 杯手撕烤土司片（见第 303 页；或粗粒面包糠，见第 19 页）

适量新鲜的罗勒碎

适量山羊奶酪（或菲达奶酪碎；可选）

---

1. 将蒜放入食物料理机或食物搅拌器，高速将蒜搅碎，放入番茄和黄瓜，打成泥。如果用面包，加进去，并放 1 茶匙细海盐。静置 15 分钟，让面包吸收汤汁。

2. 放入洋葱、柿子椒和 1 汤匙雪利酒醋，搅拌至混合物变得顺滑。搅拌器运转时，通过外接管缓缓注入橄榄油。将搅拌好的混合物放入一个大碗，并在上面覆盖一层保鲜膜，冷藏至少 4 小时，最好一个晚上。

3. 可放入海盐和 1 汤匙雪利酒醋调味，再放入现磨黑胡椒碎。最后在汤中滴几滴特级初榨橄榄油，并在旁边放几小碗配菜和配料，即可享用。

小贴士：过熟的番茄虽然不适合放到沙拉或三明治中，但可以放到西班牙番茄冷汤中。

这个菜谱很灵活。你可以混合使用各种番茄，用量自己定。

番茄百里香司康饼

8个

番茄和百里香搭配在一起，可以做出质朴酥脆、风味极佳的甜司康饼——司康饼特别适合作为早午餐或午餐食用。吃司康饼时，我喜欢在上面放一些软化的黄油，再撒一点儿片状海盐，那味道简直棒极了！

2 杯普通面粉（多准备一些，涂抹在操作台和刮刀）

2 茶匙泡打粉

1/2 茶匙小苏打

1/2 茶匙细海盐

3 汤匙糖

6 汤匙冷藏无盐黄油

1 个大鸡蛋

1½ 杯樱桃番茄（或葡萄番茄或梨形番茄；切成两半或 4 等份）

2 茶匙新鲜的百里香（剁碎）

1/2 杯冷藏低脂或全脂牛奶（必要时可再加 1 汤匙）

适量无盐黄油（室温放置，配司康饼吃）

适量片状海盐（配司康饼吃）

1. 在一个中等大小的盆中放入 2 杯面粉、泡打粉、小苏打、细海盐和糖，搅拌均匀。用四面刨将黄油刨入盆中。用手将黄油和面粉拌匀，并将大块的黄油捏碎。盖上盖后冷冻 15 分钟，或冷藏一个晚上。

2. 将烤箱预热至 200℃。在一个小碗中将鸡蛋和 2 茶匙水搅拌均匀，放在旁边备用。在一个烤盘中铺上烘焙油纸或硅胶烘焙垫。

3. 将番茄和百里香叶拌入冷藏的面中。放入牛奶，轻轻搅拌并揉面，使面团成形。不必过分揉面，里面可以有一些面粉和分散的面块。

4. 在手上蘸一些面粉，将面块揉成面团后放在案板上。轻轻揉面团，再将面团擀成厚 3 厘米、直径 20 厘米的饼。用刀将面饼切成 8 份。将撒了面粉的刮刀插在面饼下，将面饼转移到烤盘上。用刮刀将其余的面饼相继放在烤盘上，再在面饼顶部和四周涂抹一层蛋液。

5. 烤 18~20 分钟，直至表面变为黄棕色，完全熟透且较为紧实。用刮刀将烤好的司康饼放在冷却架上晾 5 分钟，待晾凉后即可食用。当天烤的司康饼，味道最好。司康饼上放黄油和片状海盐，味道会令人赞不绝口。

番茄面包丁沙拉

4~6 人份

吸收了足够阳光的番茄会从藤蔓上掉下来。用我一位农民朋友的话来讲，就是："番茄不需要咱们去摘了，直接切片后上餐桌吧。"冲他这话，我研发了很多款不同的番茄沙拉。我会在传家宝品种的番茄上滴几滴家里最好的橄榄油，再放些片状海盐和手撕罗勒。有时，我还会在上面淋一些意大利香醋、红葡萄酒醋，或放一勺香蒜酱。一般情况下，我会放一些手撕马苏里拉奶酪碎或现磨帕尔玛干酪碎和头一天生产的面包。我还会向沙拉中放一些黄瓜片和红洋葱碎。在不同的沙拉中，盐的用量也不同，这需要在品尝后再调味。

这个菜谱是我最喜欢的沙拉菜谱之一，我建议你尝试一下，做出自己最喜欢的沙拉。一般来说，只要你用了当地最好的番茄，沙拉的味道都不会差。

1/2 个小红洋葱（纵向切成两半，用蔬果刨刨成纸片般薄的半月形片）

1 根中等大小的黄瓜（去皮、去籽，用蔬果刨刨成薄片）

2 汤匙红葡萄酒醋

1100 克传家宝品种的番茄（最好各个品种和颜色的番茄都有）

1/2 杯樱桃番茄

适量细海盐

适量现磨黑胡椒碎

1/4 杯家里最好的特级初榨橄榄油

1 汤匙新鲜平叶欧芹碎（粗切，多准备一些，最后用）

2 汤匙新鲜罗勒碎（多准备一些，最后用）

约 2 杯手撕烤吐司片（做法见文后）

1 杯现撕碎的马苏里拉奶酪（约 125 克；或 1 杯帕尔玛干酪碎，90~125 克）

适量片状海盐

---

1. 将红洋葱和黄瓜放在一个大碗中，分成 2 堆。在洋葱上浇 1 汤匙红葡萄酒醋，静置一段时间。这时，你可以做其他的准备工作。

2. 将传家宝品种的番茄切成适口大小的片。将樱桃番茄切成两半，如果番茄个头特别小，可以不切。将番茄、洋葱和黄瓜拌在一起，并用细海盐和黑胡椒碎调味。

3. 淋入剩下的红葡萄酒醋，再滴入橄榄油。放入欧芹碎、罗勒碎、烤土司片和奶酪碎，并搅拌均匀。最后放一些片状海盐、

欧芹碎和罗勒碎即可食用。也可以将沙拉静置一段时间，让烤面包吸收酱汁入味。

小贴士：食用前再在番茄上撒入细海盐和其他调料（如果太早放调料，番茄会析出很多水分）。可提前1小时将番茄切片，在烤盘上铺一层保鲜膜，将番茄平铺在烤盘上，再在番茄上盖一层保鲜膜。

衍生做法

你可以不加欧芹，也可以将红葡萄酒醋用量减至1汤匙。加入奶酪后，你可以在沙拉上淋一些浓缩的意大利香醋。

手撕烤土司片

约 2½ 杯

4片意大利面包（或夏巴塔；每片2~3厘米厚）
约2汤匙特级初榨橄榄油
适量细海盐

1. 将烤箱预热至 200℃。
2. 用锯齿刀将面包脆皮切下。将面包撕成适口大小，放在有边烤盘中。在面包上滴一些橄榄油，并用细海盐调味（橄榄油不必将面包完全浸透，有橄榄油和细海盐的味道即可）。搅拌均匀后将面包铺在烤盘中，注意面包间要留有空隙。
3. 烤 10~15 分钟，直至面包变成金黄色且边缘变得酥脆。将烤面包完全晾凉后放入封口塑料袋或密闭容器，室温下可存放 3 天。

番茄挞

6~8 人份

巴黎启蒙餐厅的番茄挞是我最爱的美食之一。我在法国上学时，第一次尝到了番茄挞，之后它就成了一道让我魂牵梦绕的美食。此后，我多次带家人和朋友来巴黎玛莱街区的这家餐厅吃这种味道极佳的番茄挞。我在家里尝试做了无数次，以期做出一份与其味道差不多的番茄挞，在经历多次失败后，终于研发出了可以与之媲美的番茄挞。这个菜谱将焦糖化的番茄与罗勒、迷迭香和鼠尾草混合在了一起，上面还有一层有黄油香的酥皮。每次做这道菜，我都会留下美好的回忆，希望你也能与我一样感同身受。

4 汤匙特级初榨橄榄油	1 杯松散的新鲜罗勒（剁碎）
2 个中等大小的红洋葱（切薄片）	1 汤匙新鲜的迷迭香碎（约1小枝）
3/4 茶匙细海盐	1 汤匙新鲜的鼠尾草碎（约5片；可选）
1400 克李子番茄	1 汤匙意大利香醋
2 瓣蒜（横着切成薄薄的圆片）	2 茶匙无盐黄油
1 汤匙加 1 茶匙糖	适量酥皮面团

1. 在一口中等大小的炖锅中注满水，大火将水煮沸。
2. 同时，在一口大炒锅中倒入 2 汤匙橄榄油，中火加热。向锅中放入洋葱和 1/4 茶匙细海盐，翻炒 25~30 分钟，直至洋葱变为棕黄色且焦糖化，放在旁边备用。
3. 在灶边准备一碗冰水。每个番茄底部浅浅地划一个 X 形开口。一次拿一点儿，将番茄小心放入沸水焯 15~30 秒，直至开口周边的皮开始脱落。用漏勺将番茄捞出，迅速浸入冰水中，用滤锅将番茄沥干。用削皮刀辅助去皮（大部分皮可以用手剥掉），并去硬芯。将番茄纵向切成两半，并去籽。

4. 将烤箱预热至 200℃，在烤箱中层放一个烤架。

5. 将洋葱放入一个大碗。将剩下的 2 汤匙橄榄油放入砂锅，中火加热，加入蒜，翻炒 1 分钟左右，直至蒜开始变软且散发出香气。注意不要把蒜烧焦。

6. 向锅中放入番茄、1 汤匙糖和 1/4 茶匙细海盐，轻轻搅拌使番茄均匀裹上调料。在番茄上撒一半罗勒碎、全部的迷迭香碎和鼠尾草碎，加热 2 分钟，不要翻动。番茄变软后再炖一会儿。再放入意大利香醋炖 1 分多钟，使酱汁融合。将锅从火上移开。

7. 在一个 10 寸（25 厘米）陶瓷乳蛋饼盘或 9 寸（23 厘米）玻璃烤派盘的内壁和底部涂一层黄油，在底部均匀撒一茶匙糖。用漏勺将番茄从汤汁中捞出（将蒜片和香草碎也一起捞出），放在陶瓷乳蛋饼盘中（番茄汤汁留下备用）。将番茄切面向上均匀铺开，互相间不留空隙。撒入剩下的 1/4 茶匙细海盐和剩下的罗勒碎，再在上面均匀铺上焦糖化洋葱。

8. 在案板上铺一层烘焙油纸，将面团放在烘焙油纸上，从中心向四周擀开，擀成厚 0.3 厘米、直径 28 厘米的圆面饼。用手托着烘焙油纸，小心将面饼扣在陶瓷乳蛋饼盘上，面饼边缘要耷拉在饼盘外。将烘焙油纸撕下。处理面饼边缘，使面饼大于饼盘边缘约 2 厘米。沿着饼盘边缘（里面的一面）向里捏面饼，使其和饼盘内壁贴合且可盖住下面的番茄。用削皮刀在面饼上划几个细长的口子，划痕的间距要一致（划痕有通风的功能）。

9. 小心将饼盘放在烤箱中层的烤架上，在烤架下方放一个有边烤盘，接滴下的汤汁。烤 45~55 分钟，直至酥皮变成黄棕色、番茄挞边缘汤汁开始冒泡且番茄焦糖化。将饼盘取出，放在冷却架上静置至少 15 分钟，凉至可用手触摸。

10. 食用番茄挞时，先用削皮刀沿着饼盘内壁转一圈，使酥皮与饼盘脱离。在番茄挞上盖一个大的方形盘子或烤盘，将饼盘完全覆盖。按紧烤盘，小心地将烤盘和饼盘倒扣，使番茄挞转移到烤盘上。静置一段时间，使番茄挞从饼盘上完全脱落。如果有的番茄离开了原来的位置，将番茄归位。番茄挞在温热或室温时食用。

小贴士：你可以将预留的番茄汁用中火加热 5~7 分钟，使番茄汁变浓稠，有果酱味。将番茄汁涂抹在番茄挞上，或配奶酪拼盘食用。

芜菁

低温对芜菁的生长很有利，因此春秋时节的芜菁最甜，也最能体现出其独有的辣味。芜菁叶子上的维生素含量丰富、有辣味。如果你买的芜菁上有叶子，你就暗自窃喜吧：芜菁叶可以为菜肴增添风味、丰富口感。

最佳食用季节

春季和秋季。

品种

东京小芜菁、紫头芜菁（超市中最常见的品种）、红芜菁和黄芜菁。

最佳拍档

苹果、苹果酒醋、胡萝卜、香葱、奶油、蒜、格鲁耶尔奶酪、蜂蜜、茎蓝、柠檬、味噌、芥末酱、芥蓝、洋葱、帕尔玛干酪、欧芹、土豆、红葡萄酒醋、大米、白米醋、迷迭香、芜菁甘蓝、青葱、菠菜、红葱、百里香、白葡萄酒醋和南瓜。

挑选

优质的芜菁结实，表面光滑，没有碰伤或裂缝。小个的芜菁比较甜，大个的比较辣，不过熟后辣味会有所缓解。尽量购买带叶子的芜菁，叶子看起来要新鲜、颜色鲜亮且较脆。冬季售卖的芜菁都是在冷库中储存的，所以没有叶子。

储存

将芜菁买回家后，尽快择掉叶子，以免叶子吸收球根的水分、味道和营养。用湿的厨房纸巾将叶子卷起来，放入塑料袋，冷藏可存放1~2天。芜菁要放在敞口塑料袋中冷藏。大一些的芜菁可存放4周（但要尽快使用，否则会变苦）。个头较小的芜菁只能存放几天。

蔬菜的处理

将芜菁处理干净并去皮（见"大厨建议"）后，你可以像处理其他圆形蔬菜（见第15页）一样处理芜菁。

（见第15页）

> **大厨建议**
>
> · 小芜菁表皮光滑、平顺，不需要去皮（擦洗即可），叶子全部可以食用。如果芜菁比较大且上面带叶子，你可以将叶子择下来，备用。叶子上的粗茎和叶脉要切掉，只留细茎和细叶脉。你可以将芜菁叶切成3厘米长的细条（见第116页）。如果芜菁皮又厚又干，你可以用削皮器去皮。记得将芜菁肉上的纤维质削掉。
>
> · 嫩芜菁水分多，既嫩又甜且口感好。相比成熟的芜菁，人们更爱吃嫩芜菁。嫩芜菁很容易处理，如果表皮很软，不用去皮；而且嫩芜菁可以切
>
> 碎、切小丁或滚刀块后生吃。大一点儿的芜菁也很可口（适合做汤或烘烤）。不过，不要购买过大的芜菁（直径超过10厘米），这种芜菁较苦，有木头味且比较硬，不好嚼。
>
> · 芜菁含水量很高，在烹制时熟得特别快（比芜菁甘蓝熟得快，人们很容易把芜菁和芜菁甘蓝弄混）。你可以将芜菁简单地用黄油炖一下、快速炒一下、腌制、炖后做汤或烤至焦糖化。
>
> · 你可以试试用芜菁叶代替西洋菜薹或芥蓝。它们的味道很相似——很辣，有点儿苦。

最适合的烹饪方法

烤芜菁
4 人份

将450~680克芜菁去皮后切成3厘米见方的块。拌入大量橄榄油、细海盐和现磨黑胡椒碎。将芜菁平铺在一个有边烤盘中。将烤箱预热至220℃，烤20~30分钟，直至芜菁变软且呈金黄色。烤芜菁很适合拌在其他根茎类蔬菜沙拉中。

炖芜菁
4 人份

将450~680克芜菁去皮后切成3厘米见方的块。在荷兰炖锅中用中高火熔化2汤匙黄油，放入芜菁，搅拌均匀。向锅中加入1杯蔬菜高汤（见第20~21页）或水、

（见第20~21页）

1茶匙蜂蜜或糖，并用细海盐和现磨黑胡椒碎调味。水沸后，将火调小，盖上锅盖炖10分钟左右，直至芜菁变得脆嫩。揭开锅盖炖2分钟左右，使锅中汤汁变浓稠、芜菁变软且裹上亮亮的酱汁。最后用细海盐和黑胡椒碎调味。

炒酸甜芜菁
4 人份

这道菜既独特又好吃，可以代替日常吃的炒土豆（我愿意每天吃炒酸甜芜菁）。如果你喜欢吃土豆，可以用土豆代替部分芜菁，二者搭配组合的口感也相当好。

在一个小碗中放入1/4杯水、2~3汤匙蜂蜜和1汤匙白葡萄酒醋或香槟酒醋，

搅拌均匀。用一口大炒锅大火加热 2 汤匙特级初榨橄榄油。准备 900 克红芜菁（或其他品种的芜菁），去皮后切成 2 厘米见方的块。向锅中放入芜菁和 1/2 茶匙细海盐，翻炒 5 分钟左右，直至芜菁开始变成棕色。放入小碗中的酱汁，翻炒 7~9 分钟，直至芜菁变成棕色且边缘微微变脆。将锅从火上移开，撒入片状海盐和新鲜的香葱碎。

味噌黄油芜菁

2~4 人份

味噌、黄油、芜菁和芜菁叶搭配起来特别神奇——既甜又辣，还有黄油香。这道菜可以直接吃，也可以配米饭食用。不管配不配其他食物，这道菜都足以让你在秋日的夜晚对其垂涎欲滴。

---

2 汤匙无盐黄油

1680 克东京小芜菁和芜菁叶（叶子去茎，切成 3 厘米长的条，芜菁切成滚刀块；见"小贴士"）

1/4 茶匙细海盐（多准备一些，用于调味）

2 汤匙味淋

2 汤匙白味噌（见"小贴士"）

适量蒸米饭（配菜吃；可选）

---

1. 在一口炒锅中放入黄油，中高火熔化。向锅中放入芜菁块和 1/4 茶匙细海盐，搅拌均匀，翻炒 3 分钟左右，直至芜菁开始变成金黄色。放入味淋（会冒泡），加热 1 分多钟。

2. 将火调至中火，放入芜菁叶。翻炒 1 分钟，直至芜菁叶变熟、变软。

3. 将芜菁拨到锅的一边，锅的中间留出空。在锅底的中间倒入白味噌和 1/4 杯水，将味噌搅碎后，将其与芜菁等食材搅拌均匀。加热 3 分钟，不时搅拌，直至芜菁变软、变成金黄色且表面有光泽。最后用细海盐调味。如果喜欢吃米饭，可以配米饭食用。

小贴士：如果芜菁上没有叶子，你可以用 450 克芜菁配 4 杯菠菜碎和/或芥蓝碎。

味噌是日式发酵面豉酱，有咸鲜味。味噌的品种很多，最基本的有白色、黄色或红色；其中，白味噌的味道最温和，含盐量最少。你可以在大部分超市买到味噌。

烤芜菁和芜菁甘蓝

6~8 人份

美国亥俄州亚历山德里亚的阳光家庭农场里不仅有长得最好、表面最光滑、叶子最新鲜的芜菁，还有大个的紫色芜菁甘蓝。我们的小吃货餐厅收到他们的供货时，都被蔬菜绝好的卖相惊呆了。这些菜早上刚从农场收获，几个小时后就送到我们这了。芜菁和芜菁甘蓝都很新鲜，卖相也好。为了这些绝佳的蔬菜，我研发了这个将芜菁的泥土香和辣味与芜菁甘蓝淡淡的甜味和紧实口感完美搭配的菜谱。将切成薄片的芜菁和芜菁甘蓝球根和有辣味的芜菁叶堆在一起，配上蛋黄酱和格鲁耶尔奶酪，还在上面放了一些蒜香面包糠。这道菜既简单，又好吃。

没吃完的菜下次吃时味道也很好。你可以将烤箱预热至 200℃，烤 10~12 分钟，将菜加热。

适量黄油（或特级初榨橄榄油；涂抹烤盘）

2 瓣蒜（1 瓣纵向切成两半，1 瓣切末）

1 大杯鲜面包糠（见第 19 页）

1 汤匙特级初榨橄榄油

适量细海盐

适量现磨白胡椒碎

450 克芜菁（去皮；最好带绿叶子，叶子去茎后切细丝，叶片为 2 杯的量；见"小贴士"）

450 克芜菁甘蓝（去皮）

1 杯袋装现磨格鲁耶尔奶酪（或佛提那奶酪碎）

1 杯淡奶油（选用乳脂含量较高的）

1/2 杯全脂牛奶

2 个大鸡蛋

1 茶匙新鲜的百里香碎

1/8 茶匙肉豆蔻粉

---

1. 将烤箱预热至 200℃。在一个容积为 2 升的正方形或长方形形烤盘内壁和底部涂抹黄油或橄榄油，再将蒜切成两半，用切面涂抹一遍。

2. 在一个小碗中放入蒜末、面包糠、橄榄油、1 撮细海盐和 1 撮白胡椒碎，搅匀，放在旁边备用。

3. 将芜菁和芜菁甘蓝的底部切掉。手握茎的末端，用蔬果刨将它们刨成 0.2 厘米厚的薄圆片（如果蔬菜太大，不方便刨，先将其切成两半）。

4. 在烤盘底部铺 1/3 芜菁甘蓝，可以重叠，不要留缝隙，用少量细海盐和白胡椒碎调味。再在上面铺 1/3 芜菁，同样用少量细海盐和白胡椒碎调味。如果有芜菁叶，在芜菁上铺 1/3 芜菁叶，最后在上面铺 1/3 奶酪。重复以上步骤，用完所有食材。做完这一步后，密封起来，冷藏 1 天。

5. 在一个中等大小的碗中倒入奶油、牛奶、鸡蛋、百里香碎、肉豆蔻粉、3/4 茶匙细海盐和 1/4 茶匙白胡椒碎，搅匀，蛋黄酱就做好了。将蛋黄酱均匀倒在分层铺好的蔬菜上，用曲柄抹刀或手轻轻按压，盖住蔬菜。

6. 在上面均匀撒一些面包糠。

7. 用锡纸将蔬菜盖严实，放入烤箱烤 30 分钟，移去锡纸再烤 20~30 分钟，直至蛋黄酱定形，蔬菜变软，用削皮刀可轻易插入，面包糠也烤熟且变为黄棕色。静置 10 分钟后，用刀将烤菜切开后即可食用（刚晾凉的烤菜切开后，烤盘底部可能有一些汤汁。烤菜完全晾凉后会将汤汁吸收干净）。

小贴士：做这道菜时，你可以用黄芜菁和紫头芜菁，也可以用其他品种的芜菁。如果芜菁不带叶子，可以不放叶子，或放 2 杯切碎的菠菜、皱叶甘蓝或芥蓝。

野 菜

最佳拍档

苹果酒醋、意大利香醋、罗勒、甜菜、黄油、黑加仑干、鸡蛋、蒜、柠檬、橄榄油、洋葱、橙子、帕尔玛干酪、松子、葡萄干、红葡萄酒醋、白米醋、意大利乳清奶酪、红葱、雪利酒醋、番茄、核桃仁和白葡萄酒醋。

最佳食用季节

见"品种"。

品种

苋菜（春季至初秋最佳）、蒲公英（野生：初春和初秋最佳；种植：全年）、藜（春季和夏季最佳）、滨藜（春季和夏季最佳），马齿苋（夏季最佳）、野菠菜（包括法国野菠菜、花园野菠菜、酢浆草、红野菠菜；春季至秋季最佳）和豆瓣菜（春季至秋季最佳）。如果想了解更多，见"蔬菜的处理"和"大厨建议"。

挑选

优质的野菜叶子新鲜。叶子成长时间越短、叶子越小，味道越温和，越适合做生蔬菜沙拉。叶子较大的野菜需要做熟，以缓解其苦味和辣味。

储存

未清洗的野菜要放在宽松的封口塑料袋中后冷藏，需尽快使用。野菠菜买回来后，你可以用厨房纸巾将其卷起来，放在塑料袋中，在塑料袋上扎几个孔（保证空气流通），放在冰箱中，野菠菜冷藏可存放 5 天（酢浆草需尽快使用）。豆瓣菜买回来后，你可以将其茎部泡在一罐水中，用塑料袋罩住叶子，在冰箱中冷藏可存放 5 天。

蔬菜的处理

清洗

　　野菜上的泥土要洗掉。将野菜放入一碗冷水中，来回晃动，将野菜捞出（捞出时不要搅起沉在碗底的泥沙）。将脏水倒掉后，重复上述清洗步骤，直至将野菜完全洗干净。用滤锅将野菜表面水分沥掉，再用蔬菜脱水机甩干，或用不起毛的厨房毛巾擦干。

豆瓣菜：检查一下豆瓣菜茎的软硬程度。如果茎又脆又软，则可以留着，只去掉茎末端即可。如果茎又硬又粗（一般如此），留下叶子（见第 115 页），茎扔掉。

藜：用剪刀或手将一簇簇的叶子和脆茎从成熟的粗茎上择下（见第 115 页）。粗茎扔掉。小叶子烹饪时间很短，较成熟的叶子烹饪时间长些。

马齿苋：马齿苋需要完全清洗干净。将一簇簇的叶片从主茎上摘下，切成适口大小。特别粗的主茎扔掉。如果有较粗的茎和须根，也除掉。

滨藜：挑选茎细的滨藜。将茎和叶子切成适口大小。如果茎很粗（直径超过 0.6 厘米），将叶子留下，茎扔掉。

野菠菜：使用前将叶子从硬茎上择下。在盛夏，你要特别留意，因为此时的野菠菜的茎可能特别硬。野菠菜做熟后，颜色会变成暗军绿色，所以我一般会留 1~2 片新鲜的叶子，切成极细的丝（见第 116 页），做装饰。

苋菜：如果生吃苋菜，最好将苋菜叶切成细丝（见第 116 页）。处理大叶子时，将叶子从茎上择下，将主叶脉或较粗的叶脉切掉（见第 115 页），并将叶子切成适口大小（茎也可以烹饪，只是烹饪的时间比较长）。

蒲公英叶：将粗硬的叶脉和茎从蒲公英叶上切掉。软小的叶子只需去茎，再将叶子横着切成 2~5 厘米长的条。

•大部分不常见的野菜可以参照菠菜的处理方法处理。

•苋菜富含蛋白质，既可放在沙拉中生吃，也可烹饪。你可以试试用橄榄油和蒜炒苋菜，拌在意大利面里（苋菜会将意大利面染色）或者放在黑米饭上。

•蒲公英叶营养丰富，有泥土香，也有苦味，最好嫩的时候吃。如果想放入沙拉，要用更嫩的蒲公英叶。蒲公英叶也可蒸、炒、焯或煎。用嫩蒲公英叶做沙拉时，用红葱油醋汁调味，再拌入薄茴香根片、柑橘类水果汁、菲达奶酪碎或盐渍乳清奶酪碎和开心果碎。

•藜的外观和菠菜的类似（尽管它和藜麦关系更近），可生吃，也可用橄榄油炒，或放入菜肉煎蛋饼、面包布丁或汤中。

•成熟的滨藜做熟后的味道和口感与菠菜的类似；不过，嫩滨藜更脆，味道更浓，像豆瓣菜的口感。滨藜风味独特，味道浓郁，可以盖过其他菜

的味道，所以，你可以将生的嫩滨藜和其他绿叶蔬菜搭配起来，再放入甜的柑橘风味的油醋汁，再拌入橙子块、烤坚果和菲达奶酪。

•马齿苋营养丰富，味道温和，有淡淡的柠檬香，可以放入沙拉中生吃、炒、蒸或煲汤。生吃时，可以用柑橘风味的油醋汁、烤甜菜、烤核桃仁和山羊奶酪拌着吃。你也可以直接用黄油、红葱或洋葱炒马齿苋，将其放在煎蛋卷或菜肉煎蛋饼中。

•野菠菜有浓郁的柠檬味和温和的酸味（叶子越成熟，味道越冲）。如果把嫩叶子加入沙拉中，沙拉别有一番风味。法国野菠菜和花园野菠菜的味道和外形相似。酢浆草叶子很小，有柠檬味，可以做沙拉的装饰。野菠菜和鸡蛋、奶油、酸奶、酸奶油、豌豆瓣、兵豆、土豆和米饭很配；可炖、焯、蒸或煲汤。

•豆瓣菜有股辣味，适合放在沙拉、三明治或烹炒的菜肴中，也可用一点儿蒜和橄榄油炒几秒钟后食用。

最适合的烹饪方法

炒野菜

嫩野菜（或切成条的叶片较大的野菜）可以拌入沙拉，再加一些可口的油醋汁；而成熟的野菜需要烹熟后才能食用。将成熟的野菜放进沸水中焯2分钟后，再用一点儿蒜和橄榄油（或黄油）炒2~3分钟，直至野菜变软。最后用片状海盐、现磨黑胡椒碎和鲜榨柠檬汁调味。你也可用上述方法炒嫩野菜，只是不需要焯了。

野菠菜豌豆汤
配烟熏红椒粉

4~6 人份

野菠菜独特的酸味为这道有泥土香的豌豆汤增色不少。这道汤中不仅有柠檬、烟熏辣椒和法式酸奶油的混合味道，还有胡萝卜、洋葱和韭葱的微妙甜味。如果你不喜欢吃野菠菜，可以不加，或用菠菜代替。另外，做装饰的原料不仅漂亮，味道也非常很好，让人难忘。

2 汤匙特级初榨橄榄油

1 个中等大小的黄洋葱（切成 0.6 厘米见方的块）

1 棵大韭葱（只要白色和浅绿色部分，洗后擦干，切 4 等份后切细丝）

1 根大胡萝卜（去皮后切成 0.6 厘米见方的块）

2 瓣蒜（切末）

2 杯干豌豆瓣（冲洗干净）

1 茶匙细海盐（多准备一些，用于调味）

1 片干月桂叶

1 汤匙鲜榨柠檬汁（多准备一些，用于调味）

20~24 片新鲜的野菠菜叶（切细丝，约 2 杯；见"小贴士"）

1/4 杯酸奶油（或法式酸奶油或鲜山羊奶酪碎）

适量西班牙烟熏红椒粉（做装饰）

适量现磨柠檬皮屑（做装饰；可选）

适量家里最好的特级初榨橄榄油（做装饰；可选）

1. 在荷兰炖锅中倒入橄榄油，中火加热。向锅中放入洋葱、韭葱和胡萝卜，翻炒 5 分钟左右，直至蔬菜开始变软。放入蒜末、豌豆瓣和 1 茶匙细海盐，翻炒 1 分钟。再放入 6 杯水和月桂叶，大火将水煮沸。将火调小，锅盖不要盖严炖 20~30 分钟，直至豌豆瓣大部分变软，但很筋道。

2. 放入 1 汤匙柠檬汁和大部分野菠菜叶丝（留一些，做装饰）。将月桂叶取出、扔掉。将汤晾凉。

3. 将锅中 1/3~1/2 的汤盛入一个碗中，放在旁边备用。用手持式料理棒将锅中剩下的汤和食材搅拌至顺滑。搅拌时，在锅周围盖一层抹布，防止汤汁飞溅（你也可以用破壁机搅拌，分几次加入汤，每次加的量不要超过搅拌器容积的一半，将汤搅拌至顺滑）。

4. 将汤放回锅中，再搅入预留的汤，中小火加热。可以加 1 杯水，以调出合适的浓稠度。再用细海盐和柠檬汁调味。

5. 将汤盛入碗中，在上面放一点儿法式酸奶油、大量烟熏红椒粉和 1 小撮预留的野菠菜。还可以放一点儿柠檬皮屑和家里最好的橄榄油。

小贴士：记得将野菠菜叶上的茎和叶脉切掉。切的时候，你可以将叶片对折，将叶脉从叶片上切下。

南 瓜

南瓜外形和颜色很有特点，味道很甜、吃法多样。南瓜品种很多，甜度和口感不同。在秋冬季节，你可以用南瓜做各种美食。

最佳拍档

红豆、苹果、苹果酒醋、芝麻菜、意大利香醋、甜菜、西洋菜薹、抱子甘蓝、意大利白豆、鹰嘴豆、芫荽、肉桂、椰子、蔓越莓、孜然、法老小麦、菲达奶酪、佛提那奶酪、蒜、姜、山羊奶酪、格鲁耶尔奶酪、榛子、皱叶甘蓝、柠檬、青柠、薄荷、味噌、肉豆蔻、洋葱、梨、碧根果、松子、藜麦、意大利乳清奶酪、迷迭香、鼠尾草、红薯、瑞士甜菜、百里香和核桃仁。

储存

完整的南瓜放在阴凉、避光且通风良好的地方可存放数月。南瓜切开后，放在封口塑料袋中，冷藏可存放5天。得力卡特南瓜和甜饺子南瓜的保质期较短，需在1个月内使用。

最佳食用季节

秋季至冬季。

品种

橡果南瓜、毛莨南瓜、奶油南瓜、得力卡特南瓜、蓝南瓜、日本南瓜、蜜糖南瓜、红栗南瓜、意大利面南瓜和甜饺子南瓜。

挑选

优质的南瓜像石头一样硬，与同等大小的南瓜相比比较重，没有碰伤，也不会局部变软（变软的部分会烂掉，缩短南瓜的储存时间）。在农贸市场和小菜店，你会看到各种颜色、形状及大小的南瓜。

南瓜一览表

橡果南瓜：较小，皮硬且纹路较深，不容易去皮。橡果南瓜最好切成两半或楔形片后，连皮一起烘烤。南瓜烤好后，你可以用勺子将南瓜肉掏出，用于做菜，或直接吃。烤橡果南瓜时，你可以放入黄油、一点儿枫糖浆、香草、盐和胡椒。

蜜本南瓜：味道甘甜，口感紧实，蜜本南瓜的烹饪方法与奶油南瓜的相同。

毛茛南瓜：有典型的南瓜的外表，南瓜皮的颜色从深绿色到灰蓝色不等。毛茛南瓜很甜，有坚果香和奶油般的口感。

奶油南瓜：味道很甜，口感紧实，似奶油般顺滑，吃法多样。奶油南瓜保质期较长，适合过冬的时候吃。

得力卡特南瓜：皮薄，表面有条纹，味道很甜，烹饪时间较短，烹饪时可不去皮。得力卡特南瓜的保质期比硬实南瓜的短，需尽快使用。得力卡特南瓜适合在里面填充馅料，或者切成环形、半月形后烘烤。

蓝南瓜：形状似泪滴，南瓜皮光滑，呈蓝灰色。嫩一些的蓝南瓜（900~2250 克）比完全成熟的蓝南瓜甜。完全成熟的蓝南瓜更大些，和万圣节时做南瓜灯用的南瓜差不多大。嫩一些的蓝南瓜肉质丰厚，味道甜美，适合做南瓜泥、在内部填充馅料或切成楔形片后烹饪。你可以用嫩一些的蓝南瓜代替红栗南瓜。

日本南瓜：形状矮胖，皮为深绿色或橙色，吃的时候有颗粒感。日本南瓜较干，适合烘烤、做咖喱南瓜或煲汤。日本南瓜的皮是可食用的，但是为了突显南瓜肉的味道，我一般会去皮。

蜜糖南瓜：味道微甜，口感紧实，适合烘烤。一个 1800 克重的蜜糖南瓜可以做 3½ 杯南瓜泥。蜜糖南瓜很容易处理，将蒂部和底部切掉，用削皮器去皮，用勺子掏子，再切块即可。

红栗南瓜：颜色从深红色至橙色不等，圆形，南瓜顶部较尖。红栗南瓜较干，但口感似奶油，味道很甜。红栗南瓜可以做咖喱南瓜。不过，我特别喜欢将这种南瓜烤着吃。

意大利面南瓜：个头较大、较长、呈椭圆形，皮呈黄色，南瓜肉是茂密的丝状。你可以用它代替意大利面。

甜饺子南瓜：和得力卡特南瓜类似，不过两者的形状有点儿差异，甜饺子南瓜像灯笼。条纹状外皮可食用，很甜，很好吃。你可以在其内部填充馅料后烤，也可以切成楔形片后烤。甜饺子南瓜的保质期不长。

蔬菜的处理

去皮并去子
（奶油南瓜）

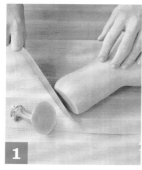

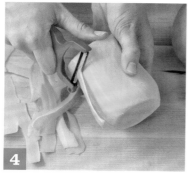

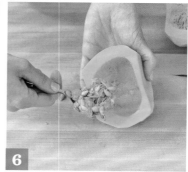

1. 用厨师刀从奶油南瓜顶部切下一小块。
2. 握紧南瓜中部，手靠近底部，将南瓜紧紧按在案板上。将南瓜底部切下一小片，切出一个平面。
3. 将南瓜从中间横着切成两半。
4. 用削皮器去皮，露出橙色的南瓜肉。

5. 你也可以用厨师刀去皮。将南瓜较大的切面向下，立在案板上，转动南瓜去皮。去皮后，将残留的白色纤维质肉切掉。
6. 将南瓜较大的一半再切成两半，用大勺子将南瓜子掏出。

切块
（奶油南瓜）

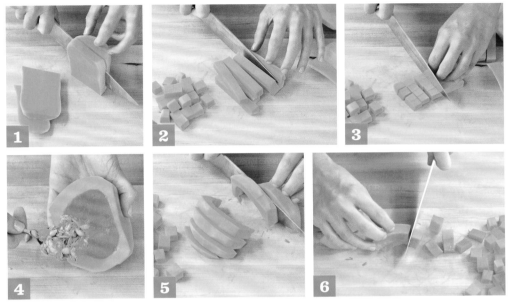

1. 将南瓜较小的一半切面向下立在案板上，将南瓜竖切成1~3厘米厚的片。
2. 将南瓜片切成宽度均匀的长条。
3. 将南瓜条并排放在一起，切成大小均匀的块。
4. 将南瓜较大的一半纵切成两半。用勺子将南瓜子和南瓜瓤掏出、扔掉。
5. 将南瓜切成宽度相同的半月形。
6. 再切成大小均匀的块。

大厨建议

• 南瓜一般在秋季收获，可以存放一个冬季。如果你想将南瓜储存几个月，最好买带蒂的南瓜，因为蒂不仅可以保护南瓜免受细菌的侵害，还可以储存得更久。

• 有些南瓜的皮是可以食用的，不需要去皮，而且很容易处理。硬皮南瓜不太好处理，但也不必太担心。你只要学会如何给南瓜去皮（有时不用）和如何切，就会发现南瓜很容易烹制。

• 南瓜硬蒂不要用刀切，刀刃可能会切坏！你可以将南瓜蒂部切下2厘米厚。

• 如果南瓜上有瘤状物，不必担心，用削皮刀切掉即可。如果南瓜连皮做熟后，你只用南瓜肉，就没必要处理瘤状物了。

去皮并去子

（圆形、矮胖形和泪滴形南瓜，如蜜糖南瓜、甜饺子南瓜、毛茛南瓜、嘉年华南瓜、日本南瓜和胡巴德南瓜）

你可以像处理奶油南瓜一样处理这些南瓜，根据南瓜的形状处理即可。用厨师刀先在南瓜蒂部切下一小片，再在南瓜底部（或侧面）切下一小片，切出平面。将南瓜较大的切面向下放在案板上，横向或纵向将南瓜切成两半。如果南瓜皮既薄又光滑，用削皮器去皮（也可以不用去皮），将南瓜子掏出。切成两半的南瓜可以再切成楔形片或块，或者直接烘烤。

切开并去子

（奇形怪状、厚皮硬肉的南瓜，如橡果南瓜、头巾南瓜和灰姑娘南瓜）

有些品种的南瓜形状怪异、皮厚肉硬，不好处理。你可以像处理奶油南瓜一样先在南瓜蒂部切下一片。一般情况下，用刀尖处理南瓜比较方便。你可以将刀尖插入南瓜，再用力将刀片插入。前后晃动刀片，使南瓜出现裂缝，再在蒂部和尾部各切下一小片。将南瓜较大的切面向下，放在案板上，将南瓜切成两半（由于南瓜的形状比较特殊，有些品种的南瓜蒂部和底部不方便切。这时，你可以先在南瓜中部切一刀——如上所述，晃动刀片，使南瓜出现裂缝）。

你也可以烘烤整个南瓜，使南瓜变软。南瓜凉至可用手触摸时，你可以根据需要决定是否去皮。将南瓜切成两半，并去子；切成两半的南瓜直接使用，或切楔形片后使用。

切半月形或环形片

（得力卡特南瓜）

1. 将南瓜蒂部和底部切掉，将较大的切面向下，放在案板上，将南瓜纵向切成两半（如果南瓜很大、很厚，先切成两半，再分别纵向切成两半，最后切片）。
2. 用大勺子或挖球器将南瓜子和南瓜瓤掏出。
3. 将南瓜肉切成 0.6~1 厘米厚的半月形片。
（你也可以将南瓜切成环形片。将南瓜蒂部和底部切掉后，将南瓜竖着切成两半。将南瓜子和南瓜瓤掏出，再切成环形片）。

最适合的烹饪方法

烤南瓜

将南瓜切成 3 厘米见方的立方体、0.6 厘米厚的环形或半月形片（得力卡特南瓜）或楔形片（不用去皮的橡果南瓜）。在 1~2 个单层有边烤盘中将南瓜、橄榄油、盐和现磨黑胡椒碎拌匀。注意，不要在烤盘中放太多南瓜。将烤箱预热至 220℃，烤 20~35 分钟，中途将南瓜翻一次面，直至南瓜变软且表面出现均匀的棕色；如果是楔形片，硬皮南瓜至多烘烤 45 分钟（薄皮南瓜熟得快一些）。

你也可以用褐化黄油代替橄榄油，并/或在南瓜中拌入枫糖浆、肉桂粉和/或 1 撮肉豆蔻。也可以在南瓜上放一些炸鼠尾草叶（见第 322 页）。

姜味椰香咖喱南瓜

4 人份

日本南瓜适合做这道菜。日本南瓜肉较软且很甜，可以和皱叶羽衣甘蓝、姜、调料和蒜等其他原料混合在一起（特别好吃）。红豆本身有甜味，富含蛋白质，可以让这道菜的口感更细腻。如果你不喜欢红豆，可以不加，或用鹰嘴豆代替。如果你提前将豆子泡好，或者提前一晚上将豆子做好，那么你做这道菜时会省很多时间。我建议你在吃的时候配古斯古斯面（烹饪时间特别短）；不过，这道菜也很配黑米饭或藜麦饭。

日本南瓜的皮不好去，你可以用厨师刀先将蒂部和尾部切下，再从上至下去皮。去皮的时候，你可以根据个人习惯旋转南瓜。

---

1 杯红豆（冲洗干净，泡一晚上，再沥干；或 2 杯罐装鹰嘴豆，冲洗干净后沥干）

1 汤匙无盐黄油（或特级初榨橄榄油）

1 杯生古斯古斯面

1½ 茶匙盐（多准备一些，用于调味）

1 罐椰奶（375~390 克，不要摇晃）

1 汤匙咖喱粉

1 个中等大小的黄洋葱（切成 0.6 厘米见方的块）

3 瓣蒜（切末）

1 汤匙鲜姜（去皮、切末）

800~900 克日本南瓜（去皮、去子，切成 2~3 厘米见方的块）

适量现磨黑胡椒碎

1 捆皱叶甘蓝（300~350 克，去茎，叶片洗后稍微带点儿水，粗切）

---

1. 将红豆放入一大锅水中，大火将水煮沸。小火煮 45 分钟 ~1 小时，锅盖不要盖严，直至红豆变软。将红豆捞出、沥干，放在旁边备用。

2. 在一口中等大小的炖锅中放入黄油或橄榄油，中高火熔化。向锅中加入生古斯古斯面，翻炒 2 分钟左右，直至古斯古斯面开始变成棕色，但没变焦。放入 1 杯水和 1/4 茶匙盐，搅拌均匀。盖上锅盖，将锅从火上移开，静置至少 6 分钟，直至古斯古斯面将水分吸干。揭开锅盖，用叉子搅拌一下。再盖上锅盖。

3. 将椰奶罐中 1/3~1/2 以上的椰奶倒入荷兰炖锅，中火加热。椰奶边缘开始冒泡后，放入咖喱粉，加热 1 分钟。放入洋葱、蒜末和姜末，炒 2 分钟，直至洋葱开始变软。

4. 放入南瓜、1 茶匙盐和 1/4 茶匙黑胡椒碎，翻炒 5 分钟左右，直至南瓜微微变软。放入皱叶甘蓝和 1/4 茶匙盐，翻炒 2 分钟左右，皱叶甘蓝变蔫后倒入剩下的椰奶。在椰奶罐中倒入 1/2 罐水，搅拌使罐壁上的椰奶也溶于其中，将椰奶水倒入锅中并搅拌均匀。将火调成中小火，锅盖不要盖严，炖 10~12 分钟，不时搅拌，直至南瓜变软。

5. 揭开锅盖，拌入红豆或鹰嘴豆后继续炖。最后用盐和黑胡椒碎调味。吃的时候，用勺子将蔬菜和咖喱酱盛在古斯古斯面上。

小贴士：日本南瓜很适合做这道菜，奶油南瓜也不错。奶油南瓜比较结实，炖熟了后有嚼劲，其烹饪时间比日本南瓜的长 5 分钟左右。

意大利面南瓜
配鼠尾草味褐化黄油、柠檬、榛子和帕尔玛干酪

2~4 人份

意大利面南瓜很神奇，南瓜肉一丝一丝的，像细长的意大利面一样！你可以将意大利面南瓜烤熟，用叉子将南瓜肉掏出后拌意大利面酱食用。我喜欢用鼠尾草香味的褐化黄油炸一下南瓜条，再拌入柠檬、榛子和帕尔玛干酪。这道菜能让你品尝到褐化黄油意大利面酱的丰富口味，但是比真正的意大利面的味道清爽一些。

1350 克意大利面南瓜

1 汤匙特级初榨橄榄油

适量细海盐

6 汤匙无盐黄油

20 片鼠尾草小叶片（或几片大的叶片，每片横着切成 2~3 片）

1 汤匙鲜榨柠檬汁

1/8 茶匙现磨黑胡椒碎（多准备一些，用于调味）

1/4 杯烤榛子仁（或烤核桃仁；见第 19 页，粗切）

适量现磨帕尔玛干酪碎

1. 将烤箱预热至200℃。在一个有边烤盘中铺一层烘焙油纸。

2. 将意大利面南瓜纵向切成两半，用大勺子将南瓜子掏出，并在南瓜肉和南瓜皮上刷一层橄榄油。在南瓜肉上撒一点儿细海盐，将南瓜切面向下放在烤盘上，烤30~40分钟。将意大利面南瓜晾至可用手触摸时，用叉子将南瓜肉掏出，放在一个大碗中备用。

3. 在一口大平底锅中放入黄油，中火熔化，加热2~3分钟，直至黄油微微变成棕色。将黄油小心倒入一个碗中。用厨房纸巾将锅擦干净后将褐化黄油倒回锅中，中火加热。向锅中放入1片鼠尾草叶，测油温：油热好时，鼠尾草会发出嘶嘶声。将鼠尾草叶全部倒入锅中，翻炒20~40秒，使鼠尾草叶变脆。用漏勺将鼠尾草叶捞出，放在厨房纸巾上，吸去表面的油，并放一点儿细海盐调味。

4. 放入意大利面南瓜，大火加热。向锅中放入柠檬汁，在南瓜上撒1/4茶匙细海盐和1/8茶匙黑胡椒碎，用夹子翻炒4~6分钟，直至南瓜边缘微微变成棕色。在锅中放入榛子和2/3鼠尾草叶，并将锅从火上移开。搅拌南瓜，装盘。用夹子将南瓜肉呈网状放置，并在上面撒大量现磨帕尔玛干酪碎、黑胡椒碎和剩下的炸鼠尾草叶。

烤南瓜
配藜麦、羽衣甘蓝和南瓜子

4 人份

在秋季和初冬，我每周都会做这道美食，或在这道美食的基础上做一些小改良。得力卡特南瓜肉和皮都可食用，所以这道美食做起来并不费时间。这道美食不论怎么做，量都比较大，你可以自己调整菜量。你可以将菜谱中的炒羽衣甘蓝替换成两杯生的羽衣甘蓝和 1/4 杯柠檬醋（见第 40 页）。这两种做法做出的菜既可温着吃，也可凉着吃。你也可以先烤得力卡特南瓜（200℃，烤 30~40 分钟，直至南瓜变软，用叉子可轻易插入），再在里面放一些藜麦。我敢保证，到时你会纠结用哪种方法做。

---

2 个得力卡特南瓜（约 680 克，切成 0.6 厘米厚的半月形片）

3 汤匙特级初榨橄榄油

适量细海盐

适量现磨黑胡椒碎

2½ 杯蔬菜高汤（可自制，见第 20~21 页；或从商店购买）

1½ 杯生三色藜麦（或 1 杯白藜麦和 1/2 杯红藜麦；冲洗干净）

2 瓣蒜（切末）

1/2 捆托斯卡纳羽衣甘蓝（或俄罗斯红叶羽衣甘蓝；175~250 克，洗后带水，切细丝）

2 茶匙雪利酒醋

1/4 杯烤南瓜子（见第 19 页）

1/4 杯现磨菲达奶酪碎（或盐渍乳清奶酪碎；可选）

---

1. 将烤箱预热至 200℃，在两个有边烤盘中铺上烘焙油纸。

2. 将南瓜放在一个大盆中，倒入 2 汤匙橄榄油，用细海盐和黑胡椒碎调味，拌匀。将南瓜平铺在烤盘中（装南瓜片的盆留着），不要重叠。烤 20~25 分钟，直至南瓜肉变软、变成棕色，且南瓜皮微微变成棕色。

3. 烤南瓜时，将蔬菜高汤倒入一口炖锅中，大火加热。放入藜麦，搅拌一下，煮沸。将火调小，不盖锅盖煮 15~18 分钟（将锅中的浮沫撇出），直至藜麦将蔬菜高汤完全吸收。

4. 在一口炒锅中倒入剩下的 1 汤匙橄榄油，中火加热。放入蒜末，不断翻炒 30~60 秒，直至散发出香味，但蒜没烧焦。放入羽衣甘蓝，一次放一点儿，翻炒 3~5 分钟，直至羽衣甘蓝变蔫。如果羽衣甘蓝粘锅，倒入 1~2 汤匙水。放入细海盐和黑胡椒碎调味后，倒入雪利酒醋再炒 1 分钟。

5. 将羽衣甘蓝盛入盛南瓜的盆中，拌入藜麦，放入南瓜片和南瓜子。轻轻搅拌均匀，但不要将南瓜搅碎。装盘后在上面撒一些奶酪碎。

小贴士：你可以用嘉年华南瓜、毛茛南瓜、奶油南瓜或日本南瓜代替得力卡特南瓜。

南瓜芝士蛋糕

1 个 9 寸（23 厘米）的蛋糕

我特别喜欢用红栗南瓜做甜食。红栗南瓜熟得很快，烤好后可以搅拌成丝滑的南瓜泥。在芝士蛋糕中放入味道浓郁的山羊奶酪后，原本普通的蛋糕顿时变得与众不同。做芝士蛋糕时，一定要选用优质的山羊奶酪。你也可以用奶油南瓜和日本南瓜代替红栗南瓜。

900~1100 克红栗南瓜	2 茶匙香草精
12 块完整的全麦饼干	1/2 茶匙细海盐
3 汤匙红糖	1 茶匙肉桂粉
6 汤匙无盐黄油（熔化的）	1/4 茶匙姜粉
450 克鲜山羊奶酪（室温放置）	1/8 茶匙肉豆蔻粉
1 杯白砂糖	1/8 茶匙丁香粉
1/2 杯枫糖浆	5 个大鸡蛋

1. 将烤箱预热至 200℃，在一个有边烤盘中铺一层烘焙油纸或硅胶烤垫。

2. 将南瓜蒂部和底部切掉，纵向切成两半。用勺子将南瓜子掏出，将南瓜切面向下放在烤盘中。烤 30~35 分钟，直至南瓜皮和南瓜肉完全变软，用叉子可以轻易插入（如果用其他品种的南瓜，烤 25 分钟后要查看）。将烤好的南瓜放在旁边晾凉。

3. 将烤箱预热至 180℃，在一个 9 寸（23 厘米）活底蛋糕模具的内壁和底部涂上黄油（烤盘底部最好有像华夫饼模具上的网格一样的网格）。

4. 将全麦饼干捏碎，放入食物料理机，搅拌使饼干变成沙子一样的饼干碎。放入红糖和熔化的黄油继续搅拌，使饼干变得像湿沙子一样。将饼干碎放在活底蛋糕模具中，摇晃使饼干碎均匀铺在模具中（将食物料理机擦干净，备用）。先后用手掌和刮刀将饼干碎按压紧实。烤 10 分钟，使活底蛋糕模具边缘的饼干碎微微变成浅黄色。将饼干碎晾凉。

5. 将烤箱温度预热至 160℃。

6. 在一个大盆中放入山羊奶酪和白砂糖，用电动打蛋器中速搅拌 1 分钟左右，直至奶酪变得顺滑。放入枫糖浆和香草精，再搅拌 45 秒左右，使混合物混合均匀并呈现出光泽。

7. 用大勺子盛 2 杯南瓜肉，放入食物料理机，再放入细海盐、肉桂粉、姜粉、肉豆蔻粉和丁香粉，搅拌至顺滑。将南瓜泥放入奶酪，中低速搅拌 30 秒左右，使混合物变得均匀。放入鸡蛋，一次放一个，搅拌均匀。将混合物均匀倒在饼干碎上，并将表面抹平。

8. 将 2 张 38 厘米长的锡纸以十字交叉的形式叠放在一起，将活底蛋糕模具放在上面。卷起锡纸，将活底蛋糕模具严密地包起来，放到烤箱的烤盘中，并在烤盘中注入足量热水，使水面至活底蛋糕模具的一半处。

9. 烤 1.5 小时，直至蛋糕中心几乎定形（中间还会轻微晃动）。关掉烤箱，但不要打开烤箱门，让蛋糕在烤箱中静置 20 分钟。将烤盘从烤箱中取出，使活底蛋糕模具在热水里静置 30 分钟。将活底蛋糕模具放在冷却架上，移去锡纸，将蛋糕完全晾凉。在蛋糕上盖一层保鲜膜，冷藏至少 3 小时（最好过夜）。

10. 移走活底蛋糕模具，使蛋糕脱模，蛋糕切开后即可享用。芝士蛋糕冷藏可存放几天，但饼干碎随着时间的推移会变软。

小贴士： 南瓜泥可以提前做好，放入密闭容器，冷藏可存放3天。使用前将南瓜泥静置至室温，并将析出的水分倒出。

芝士蛋糕上出现的水珠可能破坏蛋糕的表面，不过将活底蛋糕模具放在水中静置一段时间就好了。如果蛋糕上有裂痕，在裂痕上涂一些奶油，或沿着裂痕切蛋糕即可。

南瓜燕麦巧克力饼干

48 块

我做甜品时会觉得幸福。天气变冷时，我尤其喜欢做甜品。我会尽可能地将现有的原料放入南瓜中，并配一些做南瓜常用的调料。这种饼干中的所有原料我都很喜欢。如果在秋季你和我一样想念这些食物的味道，就试试做这种饼干吧。这种饼干最突出的特点是，饼干由自制的既好吃又健康的新鲜南瓜泥做成。我敢保证，你会把它当作早餐享用。

1 块无盐黄油（室温放置）	1 汤匙泡打粉
3/4 杯黄砂糖	2 茶匙肉桂粉
3/4 杯白砂糖	1/2 茶匙肉豆蔻粉
2 个大鸡蛋	1/2 茶匙多香果粉
1 茶匙香草精	1/2 茶匙细海盐
1½ 杯南瓜泥（做法见文后）	3 杯传统燕麦片
1½ 杯普通面粉	1½ 杯半甜巧克力豆

1. 将烤箱预热至 180℃，在两个烤盘中铺上烘焙油纸或硅胶烤垫。

2. 用厨师机或在大盆中用手动打蛋器搅拌黄油、黄砂糖和白砂糖，中速搅拌 5 分钟左右，直至将食材搅拌均匀。放入鸡蛋，一次放一个，搅打 15 秒，将混合物搅拌均匀。放入香草精和南瓜泥，搅拌 30 秒，直至将所有原料搅拌均匀且呈奶油状。

3. 在一个大盆中放入面粉、泡打粉、肉桂粉、肉豆蔻粉、多香果粉和细海盐，混合均匀。将面粉放入黄油混合物，中速搅拌均匀。放入燕麦和巧克力豆，用木勺搅拌均匀。

4. 用 1 个直径为 3 厘米的冰激凌勺或 2 个汤勺将面糊盛在烤盘上。每份面糊间留 3 厘米的空隙（面糊水分较多，烘烤过程中会摊开），烤至变成黄棕色；再烤 15~17 分钟至变硬；继续烤 20 分钟至边缘和底部变脆。将烤好的饼干放在冷却架上晾凉。

将饼干放入密闭容器中，室温下可存放 3 天；将饼干放入冷冻密封袋中，冷冻可存放 6 个月。

南瓜泥

1½~2 杯

790~900克蜜糖南瓜（或奶油南瓜或其他品种的南瓜）

1. 将烤箱预热至 200℃，在一个有边烤盘中铺一层烘焙油纸或硅胶烤垫。

2. 将南瓜放在案板上，在一侧切下一小片，切出一个平面。将南瓜切面向下放在案板上，切去蒂部和底部难处理的部分。将南瓜纵向切成两半，较大的切面向下放在准备好的烤盘上。烤 50 分钟左右，直至南瓜肉变软（具体时间视南瓜大小而定）。

3. 南瓜晾凉后，用大勺子将南瓜子掏出、扔掉，将南瓜肉掏出，放入食物料理机中，搅拌至顺滑。

将南瓜泥放在密闭容器中，冷藏可存放 3 天。

小贴士：建议你用蜜糖南瓜或奶油南瓜，这两种南瓜烤后析出的水分不多。注意，如果南瓜析出大量水分，要先沥去，再做南瓜泥。如果有需要，你可以用罐装的南瓜泥。

西葫芦

西葫芦是典型的夏季美食，不仅很容易处理，还可以做清淡新鲜的菜肴，是极好的消夏食品。西葫芦可以烤、炒或生吃，节瓜花可以在里面填馅料，吃法非常多样化。

最佳食用季节

夏季。

品种

罗马条纹葫芦和可可栽利西葫芦、圆形西葫芦、碟形西葫芦，曲颈西葫芦和密生西葫芦（有黄色和绿色之分）。

储存

将西葫芦放入敞口塑料袋中，放在冰箱冷藏柜中温度最高的地方，冷藏可存放 1 周。带花西葫芦可以用厨房纸巾松松地卷起来，放入塑料袋中，建议你当日使用。

最佳拍档

杏仁、罗勒、面包糠、芫荽、玉米、孜然、莳萝、鸡蛋、茄子、茴香籽、菲达奶酪、佛提那奶酪、蒜、山羊奶酪、柠檬、墨角兰、薄荷、马苏里拉奶酪、洋葱、牛至、帕尔玛干酪、欧芹、辣椒、松子、藜麦、大米、意大利乳清奶酪、迷迭香、青葱、瑞士甜菜、番茄、核桃仁和酸奶。

挑选

请购买应季的西葫芦。相比放了一段时间的西葫芦，新摘的西葫芦不太苦，籽较少，口感更顺滑，也更甜。不要购买有棕色斑、裂口深（有些裂口是难免的）或变蔫的西葫芦。优质的西葫芦肉质结实，颜色鲜亮。

建议你去农贸市场购买节瓜花。节瓜花要买颜色鲜亮、水嫩的。

蔬菜的处理

你可以像处理其他圆柱形蔬菜（见第 13 页）一样处理罗马条纹西葫芦、可可载利西葫芦和曲颈西葫芦，可以像处理其他圆形蔬菜（见第 15 页）一样处理圆形西葫芦和碟形西葫芦。

刨片或丝
（圆柱形西葫芦）

西葫芦适合生吃。西葫芦的处理方法很多，下面是我最喜欢的两种方法，既快速又方便。

刨片：

将西葫芦的两端切掉。用常规的手动削皮器或 Y 形削皮器将西葫芦刨成薄片。刨的时候，一只手握紧西葫芦的一端，将另一端牢牢抵在案板上。用刨皮器从上向下刨西葫芦。刨的时候用力要均匀，以刨出厚度均匀的片。按照上述方法一直刨，直至刨到西葫芦的中部。将西葫芦翻面，继续刨，一直刨到不方便刨为止。手握住西葫芦的另一端，将剩下的西葫芦刨成片。

刨丝：

用手动刨丝刀将西葫芦刨成又长又细的条。将西葫芦放好，刨几次后转动西葫芦继续刨，直到西葫芦中部。不方便刨的西葫芦中部扔掉或切成丝。

清洗节瓜花

　　将节瓜花轻轻泡入水中，在水中来回摆动，洗去上面的小虫子或泥土。拿着茎将节瓜花从水中提起，并轻轻甩掉表面水分。将洗好的节瓜花放在几层厨房纸巾上，使表面水分被吸干。如果你想在花中填充馅料，用削皮刀的刀尖将花打开（不管怎么烹饪节瓜花，都要剔除雄花中苦的雄蕊）。

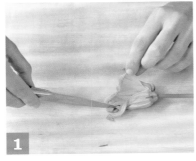  

1. 将节瓜花平放在案板上，用削皮刀轻轻将花的一侧划开。

2. 轻轻地将小花瓣掰开。

3. 如果是雄蕊，择掉。

大厨建议

　　· 如果想吃节瓜花的最佳味道，请尽量购买小的或中等大小的节瓜花。大的节瓜花虽然看起来很诱人，但水分较多，可能有点儿苦，里面的籽也比较多。

　　· 西葫芦不需要去皮，但要削掉上面的棕色斑，冲洗干净，并擦洗掉表面的绒毛。

　　· 节瓜花不要烹饪过度！节瓜花有点儿嚼劲最好吃。节瓜花熟得特别快，会迅速软成糊。

最适合的烹饪方法

烧烤西葫芦

　　将椭圆形西葫芦切成2厘米厚的片（保持最长的长度）或斜着切成椭圆形片；将碟形西葫芦切成2厘米厚的圆片。在西葫芦上刷一层橄榄油，并用盐和胡椒调味。将西葫芦放在烤炉上，中火烤8~15分钟，直至西葫芦外脆里嫩。也可在西葫芦上多撒一些盐和胡椒，再撒一些新鲜的香草碎、柠檬汁和优质橄榄油（也可以在西葫芦上滴几滴罗勒油醋汁，见第179页）。

烤西葫芦

　　将西葫芦切成1厘米或2厘米见方的块，拌入橄榄油、盐和1小撮红辣椒碎。将西葫芦平铺在一个单层有边烤盘中。将烤箱预热至190℃，烤15~20分钟，直至西葫芦变软且呈金黄色。

　　你也可以在烤的最后2分钟放入茴香籽或孜然。

 **生西葫芦条**
配帕尔玛干酪、杏仁和香草
4~6 人份

在一个小碗中放入 2 瓣切成片的蒜、2 汤匙鲜榨柠檬汁、1 大撮盐和 1 大撮现磨黑胡椒碎，搅拌均匀。静置一段时间后，拌入 2½ 汤匙特级初榨橄榄油，放在一旁备用。将 3 个中等大小的西葫芦切成薄薄的宽片或细条，放入一个大碗中，并放入大量的盐调味。

将蒜从小碗中取出，将酱汁浇在西葫芦上，拌匀。将一小撮新鲜罗勒叶、一小撮新鲜平叶欧芹叶和 8 片新鲜薄荷叶（切细丝或大致切碎，留一点儿，做装饰）撒在西葫芦上。放入 1/3 杯烤杏仁片和 1/2 杯现磨帕尔玛干酪碎，拌匀。放入盐和胡椒调味，用夹子将西葫芦装盘，夹起来的时候要抖下汤汁。最后在西葫芦上撒大量的帕尔玛干酪碎和预留的香草。

土耳其西葫芦糕
18~20 块

在一个小盆中将 1½ 茶匙细海盐、1/4 茶匙现磨黑胡椒碎、1/4~1/2 茶匙红辣椒碎、1 茶匙辣椒粉、1/2 茶匙孜然粉和 3/4 杯普通面粉拌匀。将 3 个小的或中等大小的西葫芦、2 根小胡萝卜和 1 个小的或中等大小的黄褐色土豆切成小块，放到一个大盆中。将新鲜薄荷叶、平叶欧芹叶和莳萝各 1/2 杯，剁碎后放入大碗中，并拌入 2 个大鸡蛋。

将面粉倒入盛蔬菜的盆中，拌匀。如果面糊特别稀，多放一些面粉，一次放一汤匙，直至面糊变稠，但不是特别稠（静置一会儿后面糊可能会变稀，你可以再放一些面粉，

最好不超过 1 杯）。

在一口大煎锅中倒入 1 杯植物油，中高火加热。向锅中放一点儿面糊，如果面糊发出嘶嘶声，表明油已热好。用大汤勺将面糊小心舀入锅中，将锅填满，面糊间要留空隙。锅中可以放 6 勺面糊。如果面糊表面不平，轻轻按平。面糊每面加热 2~3 分钟，直至微微变为浅棕色。将两面再各加热 1 分钟，直至变为金棕色。

将做好的西葫芦糕放在铺了厨房纸巾的烤盘中。烤西葫芦糕时，如果面糊表面变为棕色特别快，将火调小，将随后的面糊用量减半。西葫芦糕要趁热吃，也可以在上面放一勺希腊酸奶黄瓜酱（见第 140 页）。如果西葫芦糕需要重新加热，将烤箱预热至 190℃，烤 10~12 分钟，直至西葫芦糕变脆。

炒西葫芦
配孜然、罗勒、薄荷和意大利乳清奶酪
4~6 人份

在一口大炒锅中倒入 2 汤匙特级初榨橄榄油，中高火加热。橄榄油冒青烟后，放入 800~900 克西葫芦（切成 1 厘米见方的块），搅拌使西葫芦裹上油。不翻炒加热 2 分钟。翻炒一下再加热 2 分钟，直至西葫芦变为金黄色。放入 1/2 茶匙烤孜然或 1/4 茶匙红辣椒碎，翻炒 2 分钟，直至西葫芦变软且微微变为棕色。将 1/3 杯新鲜罗勒叶和 1/4 杯新鲜薄荷叶剁碎，各取 2/3 放在西葫芦上。倒入 2 茶匙鲜榨柠檬汁，拌匀后装盘。在菜上放 1/3~1/2 杯全脂意大利乳清奶酪，撒上剩下的香草、滴儿滴优质橄榄油，再撒一些片状海盐即可享用。

炒西葫芦配孜然、罗勒、薄荷和意大利乳清奶酪

西葫芦玉米罗勒通心粉

配松子和马苏里拉奶酪

4~6 人份

我 特别喜欢将西葫芦、甜玉米和罗勒搭配在一起。在这道菜中，我用西葫芦和柠檬汁、松子、马苏里拉奶酪做出了一道清新的通心粉。我保证，吃了后你每天都会想念这道通心粉的。

煮通心粉时，水中要加盐，盐可以为酱料提味。

适量细海盐

340 克优质干通心粉

2 汤匙特级初榨橄榄油

1 个小的紫洋葱（或黄洋葱；切薄片）

2 个大蒜瓣（切末）

2 个中等大小的西葫芦（切成 0.6 厘米 ×7 厘米的条）

2 根新鲜玉米上取下的玉米粒（见第 129 页）

1/4 茶匙红辣椒碎

1 汤匙无盐黄油

1 杯松散的新鲜罗勒叶（粗切）

1/4 杯烤松子（见第 19 页）

60 克马苏里拉奶酪（撕成适口大小）

2~3 汤匙鲜榨柠檬汁

适量现磨帕尔玛干酪碎（做装饰）

适量家里最好的特级初榨橄榄油（做装饰）

适量柠檬块（配通心粉吃；可选）

---

1. 将一大锅水煮沸，放入大量细海盐（每 4 升水放入 1 汤匙细海盐）。通心粉煮 10 分钟左右，直至变得有嚼劲（煮的时候请按照包装袋说明操作）。将通心粉捞出，沥去表面水分。预留至少 2 杯煮面水，做酱料用。

2. 在一口炖锅或荷兰炖锅中倒入橄榄油，中火加热。放入洋葱，翻炒 5 分钟左右，直至洋葱微微变成棕色。放入蒜末炒 30 秒，炒出香味。再放入西葫芦，大火翻炒 6~8 分钟，直至西葫芦变软（如果西葫芦变干并粘锅，可倒 1 杯煮面水，一次倒

一点儿）。

3. 将火调至中火，放入玉米粒、1/2 茶匙细海盐、红辣椒碎和黄油。翻炒 2 分钟，放入通心粉和 1/2 杯煮面水，搅拌均匀。翻炒 2 分钟左右，直至通心粉均匀裹上酱料且酱料变稠。

4. 关火，放入罗勒碎、烤松子和马苏里拉奶酪。再倒入柠檬汁调味，并搅拌均匀。将通心粉盛入碗中，在通心粉上撒上罗勒碎、现磨帕尔玛干酪碎，再滴几滴家里最好的特级初榨橄榄油。也可以配柠檬块吃通心粉。

炸节瓜花

配柠檬山羊奶酪、罗勒和薄荷

10~12 份

在夏季，节瓜花像水果一样多，但是因为花易枯萎，所以市场上并不常见。你可以找卖西葫芦的店家，让他们帮你采购一些节瓜花。炸节瓜花的方法虽然很简单，但味道非常好。炸节瓜花表皮酥脆，有咸味，花里面有奶油香、浓浓的酸味和香草味。将山羊奶酪、柠檬和香草混合后，填充在节瓜花中，用花蘸一些面糊，放入油锅中炸至金黄，配上一些片状海盐或简易番茄酱（见第 297 页）便可食用了。炸节瓜花只能在夏季食用，机会稍纵即逝。

---

1 杯普通面粉	1 汤匙鲜榨柠檬汁
1 杯气泡水（或苏打水或啤酒或自来水）	1 瓣蒜
适量细海盐	1/4 杯松散的罗勒和薄荷（剁碎）
1 个鸡蛋的蛋白	10~12 朵节瓜花（洗净后切开，去雄蕊）
1/2 杯鲜山羊奶酪（或意大利乳清奶酪）	1/2 杯植物油
1/2 茶匙现磨柠檬皮屑	适量片状海盐（做装饰）

---

1. 在一个大碗中倒入面粉、气泡水、1 茶匙细海盐和蛋白，搅拌均匀（不要过度搅拌）。盖上盖后冷藏，使用前再取出，至多提前 1 小时做好。

2. 在一个中等大小的碗中倒入山羊奶酪、柠檬皮屑和柠檬汁，搅拌均匀。用蔬果刨将蒜刨到碗中。再放入罗勒、薄荷碎，搅拌均匀。

3. 在节瓜花中心放 1 茶匙奶酪混合物，用花瓣将奶酪混合物严密地包起来，并将花瓣尖拧起来，以免奶酪混合物漏出。将填好馅的节瓜花放在盘子里。

4. 在一口大煎锅中倒入植物油，中高火加热。将面糊、节瓜花和铺了厨房纸巾的盘子放在灶边。用节瓜花蘸面糊，使面糊完全包裹整株节瓜花，抖落多余的面糊。一次放几个，不要放太多。节瓜花每面煎 2~3 分钟，直至变得金黄酥脆。节瓜花炸好后，放在盘子中（除了第一次，之后每次炸前都要将火调小，以免油温过高）。

5. 在炸节瓜花上撒一些片状海盐，即可享用。

衍生做法

你还可以像上面介绍的一样，在节瓜花中填充馅料，但不用油炸，而是在上面滴几滴优质橄榄油、撒一些片状海盐。你也可将填充了馅料的炸节瓜花分解：将馅料涂在脆面包片（见第20页）上，将炸好的咸咸的节瓜花盖在馅料上。这么吃，味道也不错。

西葫芦蛋糕
配柠檬酱

8~10 人份

你可能以为自己吃过所有用西葫芦做的美食，但我保证你没吃过这种西葫芦蛋糕。这种糕点用了大量橄榄油，且里面有很多西葫芦碎，还搭配了香料、香草精和柑橘类水果。虽然西葫芦蛋糕的味道已非常好，但柠檬酱还可以为西葫芦蛋糕增添一丝甜味和清香（也更好看）。

适量黄油（涂烤盘）

3 杯普通面粉（多准备一些，涂烤盘）

2 茶匙肉桂粉

1 茶匙泡打粉

1 茶匙盐

1/2 茶匙肉豆蔻粉

1/2 茶匙姜粉

1 杯特级初榨橄榄油

1¼ 杯糖

1/2 杯枫糖浆

2 茶匙香草精

3 个大鸡蛋

约 1 茶匙现磨柠檬皮屑

1 汤匙鲜榨柠檬汁

2½ 杯西葫芦碎（1½ 个西葫芦）

1 杯烤核桃仁碎（可选）

适量柠檬酱（做法见文后；可选）

1. 将烤箱预热至 180℃，并在一个 9 寸（23 厘米）中空烤模中涂一层黄油。

2. 在一个中等大小的盆中将面粉、肉桂粉、泡打粉、盐、肉豆蔻粉和姜粉混合过筛。

3. 在一个大盆中倒入橄榄油、糖、枫糖浆和香草精，拌匀。放入鸡蛋，拌匀。再放入柠檬皮屑、柠檬汁和西葫芦碎，拌匀。如果用核桃仁，也放进去，拌匀。注意，不要过度搅拌。

4. 将面糊倒入中空烤模，烤 50 分钟左右，直至上层完全变为金黄色，将牙签插入蛋糕中心，拔出时无异物。将模具放在冷却架上晾 10 分钟。

5. 用黄油刀使西葫芦蛋糕与模具内壁分离。

提起模具中心的管，将西葫芦蛋糕从模具中取出，放在冷却架上晾凉。如果你喜欢吃柠檬酱，在西葫芦蛋糕上涂抹一些。

柠檬酱

约 1/2 杯

1 杯做的糖粉

1 茶匙现磨柠檬皮屑

2 汤匙鲜榨柠檬汁

1 撮盐

将所有原料混合搅拌，直至变得顺滑、有光泽、稀薄，并可滴成水滴形。如果酱料太浓稠，倒一点儿水稀释；如果酱料太稀，放至多 1/4 杯糖粉。

换算表

近似值

1 块黄油 =8 汤匙 =4 盎司 =1/2 杯 =115 克

1 杯普通过筛面粉 =4.7 盎司 =135 克

1 杯白砂糖 =8 盎司 =220 克

1 杯（压实）红糖 =6 盎司 =220~230 克

1 杯糖粉 =4.5 盎司 =115 克

1 杯蜂蜜或枫糖浆 =12 盎司 =375 毫升

1 杯奶酪碎 =4 盎司 =125 克

1 杯干豆 =6 盎司 =175 克

1 个大鸡蛋 = 约 3 汤匙

1 个蛋黄 = 约 1 汤匙

1 个蛋白 = 约 2 汤匙

（注意，换算的数字是近似值，但对烹饪菜肴来说，已经足够。）

液体换算

美制	英制	公制
2 汤匙	1 液量盎司	30 毫升
3 汤匙	1½ 液量盎司	45 毫升
1/4 杯	2 液量盎司	60 毫升
1/3 杯	2½ 液量盎司	80 毫升
1/3 杯 +1 汤匙	3 液量盎司	90 毫升
1/2 杯	4 液量盎司	120 毫升
1/2 杯 +2 汤匙	5 液量盎司	135 毫升
2/3 杯	5⅓ 液量盎司	150 毫升
3/4 杯	6 液量盎司	175 毫升
3/4 杯 +2 汤匙	7 液量盎司	200 毫升
1 杯	8 液量盎司	250 毫升
1 杯 +2 汤匙	9 液量盎司	275 毫升
1¼ 杯	10 液量盎司	300 毫升
1⅓ 杯	11 液量盎司	325 毫升
1½ 杯	12 液量盎司	375 毫升
1¾ 杯	14 液量盎司	400 毫升
1¾ 杯 +2 汤匙	15 液量盎司	450 毫升
2 杯（1 品脱）	16 液量盎司	500 毫升
2½ 杯	20 液量盎司（1 品脱）	600 毫升
3¾ 杯	1½ 品脱	900 毫升
4 杯	1⅗ 品脱	1 升

重量换算

美国/英国	度量值	美国/英国	度量值
½ 盎司	15 克	7 盎司	210 克
1 盎司	30 克	8 盎司	240 克
1½ 盎司	45 克	9 盎司	270 克
2 盎司	60 克	10 盎司	300 克
2½ 盎司	75 克	11 盎司	325 克
3 盎司	90 克	12 盎司	350 克
3½ 盎司	105 克	13 盎司	380 克
4 盎司	120 克	14 盎司	420 克
5 盎司	150 克	15 盎司	450 克
6 盎司	180 克	16 盎司	480 克

烤箱温度

华氏度（℉）	挡位	摄氏度（℃）
250	1/2	120
275	1	140
300	2	150
325	3	160
350	4	180
375	5	190
400	6	200
425	7	220
450	8	230
475	9	240
500	10	260

（注意，带风扇的烤箱，温度要比菜谱中规定的调低 20℃）。